入河排污口布设分区理论与多元优化技术

尹　炜　辛小康　李　建　等　著
杨　芳　卢　路　白凤朋

科学出版社

北　京

内 容 简 介

　　本书系统地介绍入河排污口布设分区理论和入河排污口多元优化技术，主要内容包括入河排污口基本概念、入河排污口布设分区理论和方法、入河排污口位置优化技术、入河排污口负荷优化技术、入河排污口影响预测技术、点源污染源反演技术和污染源追踪技术等。本书扩展和丰富入河排污口布设分区内容，并加入不少实践经验和案例，针对性更强，具有一定的科学理论价值和较强的可操作性。

　　本书可供水利、环境、市政等从业人员，高等院校水利工程、环境工程、市政工程等相关学科的老师和学生阅读参考。

图书在版编目（CIP）数据

入河排污口布设分区理论与多元优化技术/尹炜等著. —北京：科学出版社，
2021.9
　ISBN 978-7-03-069702-8

Ⅰ.① 入⋯　Ⅱ.① 尹⋯　Ⅲ.① 河流-排污口-布设-研究　Ⅳ.① TU992.24

中国版本图书馆 CIP 数据核字（2021）第 180531 号

责任编辑：刘　畅/责任校对：高　嵘
责任印制：彭　超/封面设计：苏　波

科学出版社 出版
北京东黄城根北街 16 号
邮政编码：100717
http://www.sciencep.com

武汉精一佳印刷有限公司印刷
科学出版社发行　各地新华书店经销
*
开本：787×1092　1/16
2021 年 9 月第 一 版　印张：13 3/4
2021 年 9 月第一次印刷　字数：320 000
定价：138.00 元
（如有印装质量问题，我社负责调换）

党的十八大把生态文明建设纳入我国社会主义建设五位一体总体布局，十九大又提出了加快生态文明体制改革，建设美丽中国的总体要求。保护水资源、改善水环境、防治水污染是生态文明建设的重要内容，也是建设美丽中国的重要保证。入河排污口作为保护水资源和水环境的最后一道关口，在流域水资源和水环境保护工作中的地位十分重要。经过 40 余年的实践，我国逐步建立起了水域纳污能力核定、入河排污总量控制、入河排污布局规划、入河排污口设置管理等入河排污口管理制度，在污水总量由 20 世纪 90 年代的 584 亿 t/a 增加到 2018 年 756 亿 t/a 的条件下，全国符合地表水环境质量标准 I～III 类河长比例由 56.4%提高至 81.6%，全国水功能区水质达标率由 2007 年的 41.6%增加至 2017 年的 66.4%，成效十分显著。但由于历史原因、理论支撑不足，取水口和排污口交错布设，污染饮用水水源地的风险较高。入河排污口布局不合理导致局部水域水环境容量超载，使用功能丧失。当前，在不断满足人民群众日益增长的美好生活需要的大背景下，入河排污口监督管理的内涵和外延还需进一步充实完善，入河排污口监督监管思路和方法还需进一步加强。

长江水资源保护科学研究所总结过去入河排污口管理技术支撑经验和教训，总结认识到入河排污口管理还存在三个方面的短板。一是入河排污口布局不合理，对供水安全造成巨大风险，主要表现在我国对排污口布局缺乏顶层设计，取水口、排污口纵横交错，水质风险较高。以长江武汉段为例，20 km 的长江干流河段内，分布有排污口 10 余个，取水口 5 个。取、排水口纵横交错成为目前我国水资源利用的典型特征，亟须建立入河排污口布设分区理论，指导排污口科学合理布设。二是入河排污口设计粗放，未实现低影响排放。由于排污口设置论证、工程设计过程中对排污口的入河方式未开展精细化多方案论证，只考虑了入河污染物浓度是否满足污水排放标准，未考虑排污口位置优选、负荷量优化组合及入河方式的多方案比选问题，亟须研发入河排污口"位置-负荷-方式"三元优化技术，将污染影响降至最低。三是我国在排污口运行监管方面仍存在短板，普遍存在突发水污染事故"有责难追"的问题，环境统计数据表明，我国约 70%的突发水污染事故难以找到污染源，排污口引发的突发水污染事故追踪溯源成为水资源保护管理中的重大难题。要弥补短板，必须在理论和技术上进行总结和完善。

长江水资源保护科学研究所在水利部、长江水利委员会的领导和支持下，从长江经济带取水口、排污口和应急水源布局规划，长江干流鄂州段排污布设规划，汉江中下游入河排污口布设分区研究等项目实践中，创造性地提出了以协调论为核心的入河排污口布设分区理论；从重庆长寿化工园污水处理厂、鄂州葛华污水处理厂、湖南巴陵石化分公司等 30 余项建设项目入河排污口设置论证项目实践中,系统总结了基于层次分析法的排污口位置优选模型、基于改进遗传算法的排污量组合优化方法及基于高精度数值模型的入河排污口"位置-负荷-方式"多元优化技术;从 2014 年"8·13 千丈岩水库水质污染"、2015 年"11·27 西汉水污染"、2017 年"5·8 嘉陵江四川广元段铊含量超标"、2018 年"9·7 湘江水污染"等突发水污染事故应急响应工作实践中,综合数值模型反演、"3ST 指纹识别"等技术的优点,集成了水污染事故追踪溯源技术。这些理论创新和技术创新成果,有必要及时与同行业行政管理人员、专家学者进行共享和交流,有利于促进新时期入河排污口监督管理工作。

本书重点围绕上述三个方面的创新成果,较为系统地介绍入河排污口布设分区理论与多元优化技术,共分为 7 章。第 1 章主要介绍入河排污口的定义与分类,以及入河排污口布设分区、多元优化、污染源预测与追踪技术研究进展;第 2 章介绍入河排污口布设分区理论、布设分区模型和实例;第 3 章介绍入河排污口位置优化原则、方法和实例;第 4 章介绍入河排污口负荷优化原则、方法和实例;第 5 章介绍入河排污口影响预测技术,包括一维影响预测模型、二维影响预测模型、河流三维水质数值解模型,以及入河排污口影响预测技术应用实例;第 6 章介绍入河排污口污染源反演技术及其应用实例;第 7 章介绍入河排污口污染源追踪技术,包括化学污染源追踪技术、营养盐污染源追踪技术和细菌源污染追踪技术及其应用实例。

本书第 1 章由尹炜、卢路撰写,第 2 章由辛小康、李建、杨芳、熊昱撰写,第 3 章由李建、杨芳、白凤朋、李超撰写,第 4 章由辛小康、白凤朋、卢路、李超撰写,第 5 章由杨芳、白凤朋、李建、贾海燕、范晓志撰写,第 6 章由白凤朋、周琴、辛小康撰写,第 7 章由卢路、贾海燕、李超、熊昱、范晓志撰写,全书由尹炜、辛小康审定统稿。

本书在撰写过程中得到了长江水资源保护科学研究所领导的大力支持,华祖林、杨中华、史晓新和王雨春等专家对书稿提出了宝贵的意见,长江流域生态环境监督管理局(原长江流域水资源保护局)等单位为本书的撰写提供了案例和素材,以上单位和个人的大力支持使得本书得以圆满付样,在此一并表示感谢!

由于机构改革以后,入河排污口监督管理的部门职责分工发生了调整,入河排污口监督管理的法律法规和技术规范仍在进一步发展和完善,囿于作者有限的认识水平和专业水平,书中难免存在疏漏之处,敬请读者批评指正。

作　者

2021 年夏

目录

第 1 章

绪　论

1.1　入河排污口的定义与分类

1.1.1　入河排污口的定义

排污口是指排放污染物的口门，按照其所输送的物质进行划分，可分为污水排污口、废气排污口、噪声排污口等。污水排污口也称入河排污口，指专门排放废污水的口门，有时也包含排放废污水的沟渠、管道、涵闸等设施，通常简称"排污口"。与简称"排污口"相比，"入河排污口"名称相对专业化、技术化和正规化，常作为科研、法律、法规、规范和办法等书面用语使用，而排污口则较为宽泛和通俗，常在口语和非正式场合中使用。

《入河排污口监督管理办法》（水利部令第 47 号）、《入河排污口管理技术导则》（SL 532—2011）将入河排污口定义为"直接或者通过沟、渠、管道等设施向江河、湖泊（含运河、渠道、水库等水域）排放污水的口门"。《地表水和污水监测技术规范》（HJ/T 91—2002）中入河排污口指"向江河、湖泊、水库和渠道排放污水的直接排污口，包括支流、污染源和市政直接排污口"。全国水利普查入河（湖、库）排污口调查对象为县域范围内江河湖库上的所有入河（湖、库）排污口，但不包括排入不与外界联系的死水坑塘的排污口，入河雨水排放口，农田沥水及排涝水、灌溉退水排放口，以及未作为排污用的截洪沟和导洪沟汇入口。2019 年生态环境部入河（湖、库）排污口溯源技术指南将入河排污口定义为直接向河流（含运河、沟、渠等）、湖泊、水库等排放各种类型工业废水、生活污水及可能造成污染的城市雨水、洪水和农田退水的口门等。一些学术研究报告将入河排污口定义为"企事业单位或个体工商户、家庭单元直接或者间接通过沟、渠、管道等设施或天然沟、渠向江河、湖泊排放污水的出口"。通过以上定义，可以发现入河排污口有如下特征。

（1）入河排污口有明确的主体。入河排污口具有明确的所有权主体，可以是企事业单位，也可以是市政公用部门。

（2）废污水必须是通过沟、渠或管道等设施排放。污染物的量和质具有单独可控性，目的是在出现污染事故及由其引起法律纠纷时，主管部门便于进行行政裁定。

（3）污水排放去向必须是江河、湖泊和水库。有些排污口的污水去向为陆地或人工基坑，这类排污口不属于入河排污口范畴。

由以上特征可以发现，无法明确所有权主体的小河沟，尽管接纳污水量大，且成为排污河沟后，最后汇入江河、湖泊或水库，但这种排污河沟由于所有权主体不明晰，不能纳入入河排污口范畴。另外，一些人口集中聚集的场镇，由于未建设生活污水收集管网和污水处理厂，生活污水自然汇集后形成的自然冲沟进入江河、湖泊和水库，污水来源分散、不明确，这类排污河沟也不能纳入入河排污口的范畴。一些排污口虽然设置主体明确，污染量也很大，但由于排污主体不明，如雨污分流的雨水排放口，也不属于入河排污口的范畴。以上类型的排污口，属于排污范畴，但由于排污口所有权主体或排污主体不明确，所以都不纳入入河排污口的范畴。同时，一些排污口虽然有明确的排污主体，但污水不是直接排入地表水体或江河湖泊，也不属于入河排污口定义的范畴。例如，将污水直接接入市政截污管网，污水最后进入市政污水处理厂的排污口，以及工业洗矿排入人工基坑的管道和沟渠。

1.1.2 入河排污口的分类

根据不同的分类方式，入河排污口可以分为不同的类型。目前，我国入河排污口按照废污水排放的性质可以分为工业废水入河排污口、生活污水入河排污口和混合废污水入河排污口三大类。工业废水入河排污口指专门排放工业废水的入河排污口；生活污水入河排污口指专门排放生活污水的入河排污口；混合废污水入河排污口指排放废污水类别等于或多于两种的入河排污口。例如，第一次全国水利普查将入河排污口按污水来源分为工业废水排污口、生活废水排污口和混合废水排污口，同时也按污水排放规律将入河排污口分为连续排污口和间歇排污口，前者指常年不间断排放废污水入河的排污口，后者指时断时续排放的排污口（包括季节性和昼夜间歇性的排污口）。而在"入河排污口设置申请书"中将排污口按设置类型分为新建排污口、改建排污口和扩大排污口三种类型。"入河排污口登记表"中按排污口的性质将排污口分为企业排污口、市政排污口和其他排污口。

通过以上分析，可将入河排污口按 4 种方式进行分类，形成 14 种不同的排污口类型。

按污水来源，入河排污口可以分为工业废水入河排污口、生活污水入河排污口、雨洪入河排污口、农田退水排污口和混合废水入河排污口。工业废水入河排污口指企事业单位设置的用来排放本企业废污水的口门；生活污水入河排污口一般指城镇用来排放生活废污水的口门；雨洪入河排污口指城市雨水排口、合流制管网溢流口和城市排涝口；农田退水排污口指由农田向环境水体排放农业灌溉退水或农田雨水、涝水的口门；混合废水入河排污口指市政排水系统废污水或污水处理厂尾水的入河排污口。对于接纳远离城镇、不能纳入污水收集系统的居民区、风景旅游区、度假村、疗养院、机场、铁路车站，以及其他企事业单位或人群聚集地排放的污水，如氧化塘、渗水井、化粪池、改良化粪池、无动力地埋式污水处理装置和土地处理系统处理工艺等集中处理方式的入河排污口，可结合实际情况视为混合废水入河排污口。

按污水入河方式，入河排污口可分为直接入河排污口和间接入河排污口两类。直接入河排污口指直接设置了入河建筑物设施的排污口，包括排污管道、排污涵闸、排污渠道、排污泵站等作为建筑物直接将废污水排入河道或湖泊的出口。其中，单一企业设置的专门排放本企业生产、生活产生的废污水的建筑物，城市下水道管理单位设置的以排污为主要功能的建筑物均为直接入河排污口。间接入河排污口指利用干沟、暗管等向河道排污的排污口。这类排污口在山区和河流上游地区没有堤防的河道，通过明渠、管道将废污水排入自然形成的干沟，废污水再通过干沟流入河道，以排入干沟的排污口作为入河排污口。

按设置主体，入河排污口可分为工业入河排污口、市政综合入河排污口、共用入河排污口和开发区集中入河排污口。工业入河排污口指企业设置的将自身生产、生活过程中产生的废污水排入水体的排污口。市政综合入河排污口指市政单位通过下水道、泵站、涵闸、明渠和污水处理厂等设施设置的市政综合排污口。共用入河排污口指排污口设施产权归两个或两个以上单位所有，多个单位都通过该设施向江河、湖库排放污水的出口。开发区集中入河排污口指开发区园区管委会设置的排污口，主要汇集来自园区企业产生的废污水。

按照行政管理的性质，入河排污口可分为新建入河排污口、改建入河排污口和扩大（含扩建）入河排污口三类。其中：新建是指入河排污口的首次建造或者使用，以及对原来不具有排污功能或者已废弃的排污口的使用；改建是指对已有入河排污口的排放位置、排放方式等事项的重大改变；扩大（含扩建）是指提高已有入河排污口的排污能力。入河排污口的新建、改建和扩大（含扩建），统称入河排污口设置。

1.2　入河排污口管理的意义

水污染严重影响人民群众的身体健康和生产生活。由于水污染引起的上下游之间的水事纠纷近年来也有增加的趋势。此外，水污染还危及堤防安全，影响行洪。一些排污企业未经批准，随意在行洪河道偷偷设置入河排污口，对堤防和行洪河道的安全构成了潜在的威胁。当发生洪水时，污水将随着洪水蔓延，扩大污染区域，也使洪水调度决策更加复杂。水污染已成为经济发展和城市建设的制约因素，控制水污染已成为当务之急。

入河排污口管理就是水行政主管部门按照国家法律法规，采用一定的行政、经济、科学技术手段对入河排污口进行管理，减少或减轻人为排污造成的水环境破坏。根据2003 年度《中国水资源公报》，2003 年全国污水排放量约为 680 亿 t。在河道、湖泊任意设置排污口已经造成了极大的危害。一是废污水排放量逐年增加，严重污染水体，加剧水资源短缺。从 1997 年到 2003 年，废污水排放量分别为 584 亿 t、593 亿 t、606 亿 t、620 亿 t、626 亿 t、631 亿 t 和 680 亿 t，造成了北方地区河流有水皆污，丰水地区守在河边找水吃，许多城市被迫放弃附近的水源而另外寻找新水源，如上海市（南方城市）曾经多次上移城市取水口，牡丹江市、哈尔滨市都因为城市供水水源地污染而另外建设新的水源地。南方丰水地区河流湖泊也受到污染，如长江干流沿岸城市附近水域形成数十千米的岸边污染带、南京附近的长江干流附近取水口与排污口纵横交错，严重影响了供水安全。2003 年淮河流域水资源保护局对全流域（不包括山东半岛地区）的入河排污口进行调查，共查出 966 个入河排污口，淮河水体受到严重污染，成为全社会关注的焦点。2017 年长江水利委员会对长江流域（片）（不含太湖流域）规模以上的入河排污口进行现场核查，初步确定了 6 092 个规模以上入河排污口。2003 年以来，全国重大水污染事件频繁暴发。比较典型的有 2005 年吉林松花江特大水污染事件及广东北江镉污染事件、2007 年江苏巢湖和太湖蓝藻大暴发、2010 年吉林七千化工桶游弋松花江事件、2013 年山东潍坊地下水污染事件、2019 年四川沱江重大水污染事件。

以上事故调查结果表明大部分水污染事故是由入河排污口管理不善造成的，大量的污染物进入水体导致河流水系的水质受到严重威胁。出现的水污染事件对河流或湖泊沿线水环境造成一定影响，特大污染事件还引起了社会缺水性恐慌，部分城市由于突发性水污染甚至出现过全城停水的情况，严重影响了人民群众的身体健康和生产生活。因此，实施入河排污口管理是十分必要和迫切的。

1.3 入河排污口管理的相关法律法规

防治水污染、保护水资源是水行政主管部门的重要职责。入河排污口监督管理是水资源保护的一项重要制度。实施入河排污口监督管理，是维持河流生态健康的必然要求，是水质水量并重管理的重要实践，是改善水环境、保护水资源、保障居民饮用水安全和经济社会全面协调可持续发展，促进水资源可持续利用的重要措施之一，是实行最严格的水资源管理制度的一项重要内容。

我国对入河排污口的管理落后于西方国家，国家水行政主管部门很早就注意到了这个问题，并着手起草和修订了多部涉及入河排污口管理的条例和法规。1988 年修订通过的《中华人民共和国河道管理条例》第三十四条规定："向河道、湖泊排污的排污口的设置和扩大，排污单位在向环境保护部门申报之前，应当征得河道主管机关的同意。"这是我国法律上第一次对水利部门管理入河排污口做出的规定，管理的目的在于河道管理和防洪的需要。1996 年修订通过的《中华人民共和国水污染防治法》（以下简称《水污染防治法》）第十三条规定："在运河、渠道、水库等水利工程内设置排污口，应当经过有关水利工程管理部门同意。"限于当时认识的局限性，该条规定对水利部门管理入河范围仅限定于运河、渠道、水库等水利工程范围内，但监管的目的已经从过去的保障防洪安全的河道管理转变为保护水资源和防治水污染，这是入河排污口管理理念的重大转变。2002 年修订的《中华人民共和国水法》（以下简称《水法》）第三十四条规定："禁止在饮用水水源保护区内设置排污口。在江河、湖泊新建、改建或者扩大排污口，应当经过有管辖权的水行政主管部门或者流域管理机构同意，由环境保护行政主管部门负责对该建设项目的环境影响报告书进行审批。"这是我国第一次在法律上赋予了水行政主管部门对入河排污口管理的职责，并确立了包括入河排污口管理在内的水资源保护制度。2003 年修订通过的《水功能区管理办法》第十四条规定："新建、改建或者扩大入河排污口的，排污口设置单位应征得有管辖权的水行政主管部门或流域管理机构同意。"这又是一部涉及入河排污口管理的办法。2004 年水利部审议通过我国第一部专门针对入河排污口的管理办法《入河排污口监督管理办法》（水利部（2004）第 22 号令）。作为《水法》的配套法规，对入河排污口的管理提出了包括入河排污口设置审批、入河排污口登记制度、建立入河排污口档案和入河排污口监督检查等具体要求。2005 年水利部又颁布了《关于加强入河排污口监督管理工作的通知》（水资源（2005）79 号），对《入河排污口设置申请书（试行）》《入河排污口登记表（试行）》《入河排污口设置论证基本要求（试行）》做了统一要求，表明了水行政主管部门对入河排污口的管理开始规范化和制度化。2008 年修订的《中华人民共和国水污染防治法》第十七条明确规定："建设单位在江河、湖泊新建、改建、扩建排污口的，应当取得水行政主管部门或者流域管理机构同意。"依法对入河排污口实施监督管理，是保护水资源、改善水环境、促进水资源可持续利用的重要手段，是全面落实《中华人民共和国国道管理条例》和《入河排污口监督管理办法》的重要内容，也是落实《水法》和《水污染防治法》确定的水功能区划制度和饮用水水源保护区制度的主要措施，更是落实科学发展观、保护水生态环境、维持河流健康生命的必然要求。加强入河排污口监管工作，积极预防和避免各种突发性水污染事件，也是全面落实最严格水资源管理制度"三条红线"的必然要求。"水功能区限制纳污红线"是根据水资源保护目标，核定水功能区水域纳污能力，所提出的污染物控制总量及各年度削减量指标最终都将分解落实到各个入河排污口上。由此可见，入河排污口管理是加强水资源保护，防治水污染的重要手段，严格入河排污口管理是控制污染物排放总量的关键性措施。

现有法律法规对入河排污口管理工作的目的、任务都有了明确规定。如《入河排污口监督管理办法》明确对入河排污口管理主体、管理对象、监管程序和管理要达到的目标提出了具体要求。其中，入河排污口管理的内容包括入河排污口设置申请及行政审批、入河排污口登记、入河排污口监督管理、入河排污口规范化整治和入河排污口统计管理等，如图 1.3.1 所示。

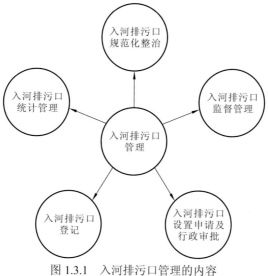

图 1.3.1 入河排污口管理的内容

入河排污口管理的任务主要包括入河排污口水环境管理、入河排污口设置管理、入河排污口水质管理、入河排污口规范化建设管理及入河排污口信息化管理等内容。各省级水行政主管部门和各流域管理机构在此管理办法的基础上出台了本辖区的入河排污口监督管理办法和实施细则。这些办法和细则在入河排污口的设置、变更审批原则、审批程序、监管程序和制度等方面，提出了入河排污口管理的具体要求。入河排污口管理就是水行政主管部门按照科学可持续发展的要求，以改善水环境和保护水资源为目的，维持河湖健康生命，为经济社会的可持续发展提供水资源保障。在此管理过程中，水行政主管部门需要利用管理学、系统工程学、水文学、水资源学、水环境学、经济学、统计学等数十门学科的专业知识。因此，入河排污口管理是一项系统工程，涉及的因素包括以下 4 个方面。

第一，必须弄清楚入河排污口的基础信息，摸清家底。入河排污口随着设置主体的变化而发生变化，可能发生关闭、搬迁、扩大、改建等行为，水行政主管部门想要实现动态管理，必须为这些入河排污口建立信息档案，并利用现代化的信息管理技术，对其实施跟踪。

第二，入河排污口管理的根本目标是保护水环境，因此无论是分析已有入河排污口的污染效应，还是分析新设排污口对河段水质的叠加影响，都必须明确入河排污口排放污水的影响范围及程度。这必须依赖相关环境科学技术手段来深入了解这些潜在信息，在入河排污口设置申请阶段，便出现了入河排污口设置论证和审查工作。

第三，管理是让行政相对人遵守法律和法规，按照法律设定的规则实施排污行为。因此，管理必须实时监督、检查入河排污口设置主体是否在行政许可的范围内利用入河排污口，这需要对入河排污口进行监控。

第四，为科学决策入河排污口设置，行政管理部门需明确水域能够容纳多少污染物负荷，这从客观上要求其核算水域纳污能力、核定水功能区纳污红线等。

由于我国相关法律法规尚不完善，监管体制不健全，企业排污口、城市综合排污口和取水口设置无序，加之部分废污水未经有效处理直接排放，使我国主要江河湖泊周边城市大部分主要取水口不同程度地受到岸边污染带的影响。随着经济社会的快速发展，城市废污水的排放量进一步增大，若对入河污水不加以控制、入河排污口不严格管理，不仅恶化近岸水质，还会对饮用水源造成严重影响。需要对河流水质进行治理，而对入河污水实施治理的前提是全面掌握入河排污口及污染源的布局、规模、性质、污水排放规律及其对江河水体的污染程度。查清入河排污口分布及布局，掌握废污水及污染物入河量，分析入河排污口布局的合理性，是做好入河排污口监督管理工作很重要的环节。因此，进一步完善入河排污口法律法规制度，提高入河排污口管理技术手段和完善入河排污口监控技术体系是当前入河排污口管理的重要任务。同时，采用高新技术进行入河排污口管理，特别是实现数字化，是解决入河排污口规范化管理的有效措施之一。对入河排污口进行信息管理是加强水资源管理和实施饮水安全工程的重要举措，实时、全面、准确、直观、高效地对入河排污口进行管理，对于加强入河排污口的监管具有十分重要的意义。

1.4 入河排污口管理理论与技术

1.4.1 入河排污口管理理论

根据《入河排污口设置论证基本要求（试行）》中的要求，入河排污口设置论证的主要内容包括：①入河排污口所在水功能区（水域）管理要求和取排水状况分析；②入河排污口设置后污水排放对水功能区（水域）的影响范围；③入河排污口设置对水功能区（水域）水质和水生态影响分析；④入河排污口设置对有利害关系的第三者权益的影响分析；⑤入河排污口设置的合理性分析。入河排污口设置论证关键技术主要是针对以上入河排污口设置论证的内容，以判定入河排污口设置是否满足设置要求为目的，为入河排污口设置提供技术支撑。

入河排污口设置论证技术是指以保护水资源和改善水环境为目的，采用统计学、管理学、系统工程学、水文学、档案学等自然科学和工程科学相关知识，结合模拟实践经验总结发展起来的一种对入河排污口设置的可行性和合理性进行分析和协调的方法和技能，主要技术包括污染物扩散运移模拟技术、水环境影响模拟技术。入河排污口设置论证的重要任务之一是确定排污口的最大允许排污量，简称允排量。允排量的确定需依赖水质数学模型的运用及河段控制断面的水质标准，通常采用的方法为入河排污口水质模型模拟。当研究河段只有一个排口时，计算较简单，但存在若干个排口时，各排口允排量的数值并不唯一，具有多种组合，此时要定出一组既能降低污水处理费用，又能使河流水质满足标准的允排量，需用数值计算方法求解水质方程，并反复试算方能确定。入河排污口设置论证的另一个重要任务是预测入河排污口设置对水功能区、水生态、第三者权益的影响，以及分析入河排污口设置的合理性。水环境模拟数学模型是实现这一任务的有效工具。利用数学模型可以定量计算排污口废污水排放后污染物在水中的物理特性、化学特性和生物特性，评价排污口废污水排放后对水环境造成的影响。

1.4.2 入河排污口管理技术

入河排污口管理技术是指以保护水资源和改善水环境为目的，采用自然和工程科学相关知识，结合管理实践经验总结发展起来的一种对入河排污口进行管理和组织协调的方法和技能。根据入河排污口管理的内容，结合入河排污口管理需完成的任务，提出完成任务所涉及的管理技术。本小节将针对入河排污口管理的任务，通过对完成入河排污口管理任务需要的关键技术进行分析，从完成入河排污口管理任务的角度对入河排污口管理技术进行概述。

1. 入河排污口水环境管理

入河排污口水环境管理的目的搞清楚现状入河排污口的污染效应和分析新设排污口

排污对水质可能产生的影响，明确入河排污口排放污水的影响范围及程度。入河排污口水环境管理主要技术有水环境信息收集与输入技术。

为了快速完成入河排污水环境现状调查情况，搞清楚入河排污口位置、排污方式、入河排污量、排污种类、入河污染物排放量等情况，先进的技术是入河排污口快速调查与信息管理的重要手段。目前对入河排污口信息的采集、定位、图片的快速传输和管理一般以现场调研、现场定位和现场收集信息的方式进行，采集设备主要由 GPS 定位仪、数码相机、数码摄像机等组成。传输主要由笔记本电脑通过有线电话或无线上网来实现。采用现场查阅相关审批文件、现场测量和计算、数学统计等方法对数据进行现场分析和评估。入河排污口信息收集需要将电子地图资料（流域地形及各种专题图片）、入河排污口信息（经纬度、污水性质及检测项目等）、入河排污口登记（申请）表等数据输入计算机；以当前国内外通用的地理信息系统软件为支持，在此平台上完成入河排污口基础数据、图文信息的输入。先进的信息收集和数据输入技术是入河排污口登记工作的基础。

2. 入河排污口设置管理

入河排污口设置管理的目的是确定水功能区纳污总量，为入河排污口设置审批管理提供技术支撑。入河排污口设置管理主要技术包括入河排污口设置论证技术和水环境影响模拟技术。

入河排污口布设分区是入河排污口设置论证的主要内容之一。

水环境影响模拟技术的主要任务是确定污染物扩散对其周边环境的影响，为水功能区管理提供技术支持。该技术一般以模型模拟污染物运动的方式进行，为定量计算排污口入河系统中水的物理特性、化学特性和生物特性影响，评价排污口的废水排放的影响及其他各种点源和非点源污染物负荷的影响，需建立相应的水质数学模型，应根据不同水域类型、排放类型（深水-三维）（浅水-岸边、中心）及污染物类型（油污）分别采用相应的模型进行入河排污口污染物的排放对河流水环境的影响模拟预测。该方法将河流类比为一个确定性转换系统，遵循水量平衡、时段递推、物理概化和逻辑完整等原则，构成一个有机联系的推理计算体系，能定量确定污染物对河流水质、水温、生态的影响。

3. 入河排污口水质管理

入河排污口水质管理的目的是保证入河排污口排放的废污水水质在允许排放的范围以内，保障水功能区水环境安全。入河排污口水质管理主要技术为入河排污口监控技术。

入河排污口监控技术主要拟解决的问题包括入河排污口排污水质标准和入河排污口水质监测制度的制定。入河排污口水质标准包括确定监测项目、监测项目浓度排放标准和入河排污总量计算方法。入河排污口水质监测制度指入河排污口水质监测频率，包括人工监测和自动监测两方面。健全的入河排污口监控技术是实施污染物控制过程中每个环节都必需的技术基础。对污染源进行必要的监控可以保障污染物总量控制的准确性和有效性；在水环境功能区划和水环境容量的计算过程中，也需要通过一定的监控、监测手段了解水环境质量的基本信息，从而划定各类环境功能区，并模拟计算出相应的环境容量；在总量削减和分配方案的制订和实施过程中，更需要通过排污口的监控监督各项控制指标的落实情况，并通过水环境质量监控来评定其实施效果。通过人工监测、连续自动监测和卫星遥感监测等技术采集数据，从发生的入河排污口事故的调查和事故原因分析等方面，快速诊断排污口事故发生地点和危害程度，建立流域水环境信息平台，实现流域水环境质量的评价、模拟和预警，为可持续的流域管理提供决策依据。目前，我国的水质标准与监测分析方法脱节、水质监测与污染源监测脱节，尚未建立统一的监测方法和监控体系。监控设备与技术水平参差不齐，监测的目的、指导思想还不够明确，监测指标较为简单，采样能力不足，监测频率较低，机动监测能力不足，现场监测能力较低，自动水环境监测站数量更少，缺乏自动测报能力，较难获得全面的实时数据，无法准确反映水环境质量状况；已经获取的有限监测数据，在数据共享、数据分析挖掘方面，远远不能支持环境保护工作的开展。排污口监测技术应朝着综合应用多手段对排污口水环境进行监控的方向发展。

4. 入河排污口规范化治理

入河排污口规范化治理包括入河排污口布设规划、入河排污口整治及规范化建设，其主要技术为入河排污口规范化管理技术。

入河排污口规范化管理技术是指管理者采用系统学、规划学、统计学等理论方法制订入河排污口排污水域、限制排污水域、禁止排污水域、水污染治理方案和入河排污口规范化建设内容和建设制度的一种手段。通过该技术可以使入河排污口规范化治理达到系统化、流程化、常态化、标准化、专业化、数据化和信息化，并大大提高入河排污口规范化整治工作的效率。

5. 入河排污口信息化管理

入河排污口信息化管理内容包括入河排污口统计管理和入河排污口档案管理。涉及的技术包括入河排污口信息管理系统维护和构建技术、入河排污口信息处理与评估技术。

入河排污口信息管理系统维护和构建技术。系统维护技术是在 GIS 支持下，采集、存储、管理、检索、分析和描述空间物体的定位分布及相关属性数据的一种技术。该技术能快速回答和高效解决用户问题。注重 GIS 支持下的入河排污口基本信息统计和档案信息系统维护，能使排污口基本信息和基本档案资料通过可视化的形式较逼真地展现出来，方便入河排污口的管理。系统维护是排污口信息化管理对信息技术提出的重大需求。对入河排污口进行快速调查与信息管理也是加强水资源管理和实施饮水安全工程的重要举措。实时、全面、准确、直观、高效地对入河排污口进行管理，对于加强入河排污口的监管具有十分重要的意义。建立入河排污口档案管理平台是为了有效地解决排污口信息采集过程中设备复杂、图片信息与定位信息相分离、不能与 GIS 相结合等问题，可为入河排污口的监督管理提供高效的信息化手段。入河排污口信息化管理就是要建立以全流域入河排污口档案管理为着眼点，以河排污口管理部门作为项目的实施地点，通过软件开发和硬件配置为入河排污口管理搭建起分层次的信息采集和管理平台。该技术使入河排污口的管理系统化、形象化、简单操作化，提高入河排污口管理的工作效率，同时使传统的统计方法和档案管理方法数值化、形象化、具体化，这也是排污口信息化管理对信息技术提出的重大需求。

入河排污口信息处理与评估技术可用于对收集的资料进行信息处理并对数据的可靠性、合理性、查阅的简易性等进行评估。此技术可以将分离的图片信息和定位信息及其他监测数据进行整合，剔除冗余数据并对整合的数据进行分类整理，再对整合的数据进行评价，使图片信息的安全性与可靠性增强，提高其运行效率，保证监测采集数据的信息完整，提高环境质量数据和污染源排放信息的质量，保障入河排污口信息化管理的真实性和高效性。

1.5 入河排污口布设分区、多元优化、污染源预测与追踪技术研究进展

1.5.1 入河排污口布设分区理论研究进展

入河排污口布设分区理论与技术主要包括水功能区划、水域纳污能力计算和限制排污总量方案三个方面。

1. 水功能区划

水功能区划是根据区划水域的自然属性，结合社会需求，协调整体与局部的关系，确定该水域的功能及功能顺序，为水域的开发利用和保护管理提供科学依据，以实现水资源的可持续利用。世界上大多数国家对水体进行了功能区划，以平衡水资源利用与保护工作。我国于 2000 年左右开始尝试水功能区划研究工作，2003 年长江水利委员会提出两级 11 类的水功能区划体系，2010 年出台了《水功能区划分标准》（GB/T 50594—2010），首次完整地提出了水功能区划分的技术方法。我国目前的水功能区划方法按照水域使用功能采用两级 11 分区制。两级即一级区划和二级区划。一级功能区分 4 类，即保护区、保留区、开发利用区、缓冲区；二级功能区分 7 类，即饮用水源区、工业用水区、农业用水区、渔业用水区、景观娱乐用水区、过渡区、排污控制区。我国水功能区两级 11 分区系统见图 1.5.1。水功能区划与当地的自然、社会、经济条件相适应，随着这些指标的发展变化，水功能区划方案可变化调整。我国根据长江流域片各流域自然环境及社会经济状况，根据水功能区划分的基本要求、程序和方法，将长江流域（片）划分一级水功能区 681 个，其中保护区 130 个、缓冲区 52 个、开发利用区 193 个、保留区 306 个；长江流域（片）共划分一级功能区 648 个、其中保护区 116 个、缓冲区 49 个、开发利用区 190 个、保留区 293 个；西南诸河共划分一级功能区 33 个，其中保护区 14 个、缓冲区 3 个、开发利用区 3 个、保留区 13 个。

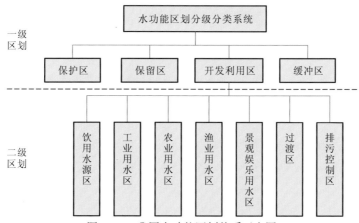

图 1.5.1　我国水功能区划体系示意图

在国外，欧美国家和地区与水资源保护有关的功能区划有水环境（水）功能区划和生态功能区划，其中水环境（水）功能区划已基本形成完整的体系并得到广泛应用，而生态功能区划还处于研究探索阶段。其中，美国各州对水体进行了功能区划，并制订了水质标准和等级，英国将水体功能分为 9 类，日本分为 6 类，欧洲国家分为 4 类。

美国没有统一的地表水环境质量标准，但美国国家环保局制定了《水质评价方法指南》指导各州的水质评价工作，各州制订自己的评价方法。在其 2000 年环境质量报告书中，设定的水环境功能主要包括 10 个方面：水生物生命支持、饮用水支持、渔业用水、贝类养殖、第一类接触性娱乐（游泳）、第二类非直接接触娱乐（体育）、农业用水、补充地下水、野生生命栖息地和文化用途。其他指定用途还包括濒危物种保护、珊瑚礁保护、指示物种等。例如，纽约州规定的等级与功能类型为：AA—不需过滤处理的公共给水及其他用途；A—需过滤处理的公共给水及其他用途；B—游泳及其他用途（不包括公共给水）；C—养鱼及其他用途（不包括公共给水及游泳用水）；D—天然排水道、农业与工业用水。

英国水体功能分为 9 类：①饮用水源的储备水源；②直接作为饮用水的水源；③渔业用水；④保护水生生物及野生动物的用水；⑤灌溉用水；⑥畜牧用水；⑦工业用水；⑧浴场和水上运动场用水；⑨美学景观用水等。各功能区对水体均有相应的水质标准。英国在划分水环境功能区时，同时考虑了污水的直接受纳水体和最终受纳水体。当水体兼有多种功能和用途时，则遵循按高功能保护的原则，以水质要求最高者作为保护目标。

日本的水质标准制定和功能区划由日本环境厅和都道府县各级地方政府主管部门负责，跨县的水体标准则由国家制定。水域划分为：①自然环境保护区（包括风景区和其他自然保护区）；②生活饮用水源区（分为一级供水、二级供水、三级供水）；③渔场用水区（分为一级渔场用水、二级渔场用水、三级渔场用水）；④工业用水区（分为一级工业用水、二级工业用水、三级工业用水）；⑤浴场用水区；⑥环境保护区等。

欧洲各国水功能区分区对于水资源的应用各不相同。在地中海国家，分区水资源主要用于农业灌溉。而对于北欧诸国来说，分区水资源主要用于满足居民、公众事业、商业的需求。欧盟在 1975 年通过了有关地表水的法规，将水资源分为不同类型和不同用途的水源：①渔业养殖水；②贝类养殖水；③游泳水；④地下水。

2. 水域纳污能力计算

水域纳污能力概念的雏形是 20 世纪 60 年代日本学者在描述水环境承载能力时提出的水环境容量，后来经国内学者发展，于 1998 年《全国水资源保护规划》中首次提出"纳污能力"的概念。水域纳污能力就是在设计水文条件下，满足计算水域的水质目标要求时，确定该水域所能容纳的某种污染物的最大数量。水域纳污能力计算是进行入河污染物总量控制的前提，也是当前实施最严格水资源管理制度划定入河（湖）限制排污总量控制红线的主要依据，是开展入河排污口布设分区的前提。

20 世纪 70 年代，我国开始对水环境容量进行研究，经过 40 多年的研究和发展，水环境容量理论得到快速发展，其应用范围也日益广泛。国内的研究可大致分为四个阶段。

第一阶段，20 世纪 70 年代末至 80 年代初，国内相关学者在长江南京段、汉江、漓江及渤海、黄海等项目环境质量评价中探讨水体自净、水质模型、水质排放标准等，从不同角度提出了环境容量的概念。这一时期研究采用的模型以稳态和准动态为主，模型多采用解析解，如 Streeter-Phelps 模型、Thomas 模型、Camp-Dobblins 模型等，主要研究对象为耗氧有机污染物。

第二阶段，"六五"科技攻关期间，国内开展污染物水环境容量的研究。这时期主要对污染物在水体中的理化性质进行了探讨，并在模型参数率定、流体力学方程和扩散方程等模型理论研究和应用方面取得一定成果。例如，在研究黄浦江、杭州湾和长江口水污染扩散规律过程中，采用水文和水质同步实测数据和染料示踪试验，建立二维扩散模型。此外，国内还建立模型分别对汉江、洞庭湖、鄱阳湖和深圳河等主要河湖污染物的扩散规律进行了研究和应用。

第三阶段，"七五"期间，国内将水环境容量理论推向系统化、实用化。这时期环境容量概念从简单刻画水体对污染物的稀释、自净能力扩展到以实施总量控制和优化负荷分配服务的水体纳污能力方向。污染物的研究对象也从一般好氧物质和重金属扩展到氮、磷负荷；研究范围扩展到国内六大水系，涉及 26 个湖泊、18 个省市的 32 个城市。这期间出现了多目标综合评价模型。在应用方面也取得重大突破，其间编制了我国水污染总量控制计算方法，全国范围内多数城市完成了水污染综合防治规划、污染物总量控制规划及水环境功能区划。水环境容量理论已成为我国水质目标管理的科学基础，成为实行排污许可证制度，制定水环境综合整治规划的重要技术方法。

第四阶段，20 世纪 90 年代以后，水环境容量研究全面进入应用阶段，并向水域纳污能力转变。环境容量理论在国家"八五""九五"武汉东湖、滇池等污染综合防治攻关项目中得到应用。1998 年"纳污能力"提出来后，国内学者将水环境容量的概念延伸到水域纳污能力并在全国多个水域开展了纳污能力的研究，对我国水资源管理工作的科学化和污染物总量控制的实施起到了重要作用。许多学者对我国的许多重要河流的纳污能力进行了研究，成果大量涌现。尤其是 2003 年完成了全国地表水环境容量核定，为污染治理和水资源保护提供了科学依据，拓展和丰富了水环境容量的理论和方法。

在国外，水域纳污能力仍是环境容量的一部分。20世纪60年代末，日本为了改善水和大气环境质量状况，提出了污染物排放总量控制的问题，即把一定区域内的大气或水体中的污染物总量控制在一定的允许限度内，这个允许限度实际上就是环境容量。随后，日本环境厅发表《1975年环境容量计算调查研究》的报告，成为污染物总量控制的理论基础。欧美的学者较少使用环境容量这一术语，而多用"同化容量""最大允许排污量"或"水体容许污染水平"等概念。国外对环境容量概念的理解大致经历了三个阶段。

第一阶段，20世纪60年代，日本学者根据总量控制的基本原则，提出了环境容量的定义，即污染物允许排放总量与环境中污染物浓度的比值。

第二阶段，20世纪70年代，环境容量被定义为污染物允许排放总量与该污染物在环境中降解速率的比值。环境容量是环境对污染物的自净同化能力。

第三阶段，20世纪80年代以后，该阶段环境容量指环境所能容纳污染物的最大允许排污量。日本学者提出"环境容量是按环境质量标准确定的一定范围的环境所能承纳的最大污染物负荷总量""环境容量是由自然还原能力，人工处理设施和人们对环境的意见等所规定的整个生活圈内所允许的活动容量"等概念。

环境容量理论的一个重要应用领域是为环境标准的制定提供经济技术可行性的理论依据。如英国直接应用稀释容量概念制定有机污染指标及悬浮物排放标准；苏联/俄罗斯主要用满足生态和健康需要环境能够承受的污染物最高允许浓度作为水质标准，但在对这些标准进行可达性分析时广泛采用了"容量"这一概念。美国、德国等发达国家也有类似的规定。

3. 限制排污总量

限制排污总量就是使某一时空环境领域内受纳水体的水质满足规定的水质标准时，污染源的允许排放负荷。污染排放总量的大小与污染源、污染物、自然环境的承载力及环境管理水质目标等因素密切相关。总量控制规划，就是要提出超标总量控制因子的削减负荷分配方案，所以必须对研究区域进行水质评价和污染物评价，找出超标总量控制因子，同时进行污染源评价，找出主要污染源作为总量控制对象。在水环境功能区划的基础上计算超标因子的水环境承载力，进而提出削减负荷分配方案。

我国的水环境承载力与总量控制技术研究始于20世纪70年代，从"六五""七五"直到"十五"，取得大量研究成果，为我国总量控制实施奠定了较好的理论基础。"六五"期间，我国对部分流域的水环境承载力进行了研究；"七五""八五"期间，对排放水污染物许可证、水环境保护功能区划分和水环境综合整治规划等技术进行研究；"九五""十五"期间，推行污染物排放目标总量控制制度；"十一五"期间开始进行以容量总量为基础的总量核定工作。

在国外，美国从1972年开始在全国范围内实行水污染物排放许可证制度，并使之在技术路线和方法上不断得到改进和发展。欧洲各国采用水污染物总量控制管理方法后，使60%以上排入莱茵河的工业废水和生活污水得到处理，莱茵河水质明显好转。其中，瑞典实施广泛的氮削减总量控制计划，到 2000 年，30%～35%的城市污水处理厂设有除氮工艺过程，使氮的排放量在 1985 年的基础上削减 40%。其他国家如苏联/俄罗斯、韩国等国也都相继实行以污染物排放总量为核心的水环境管理方法，取得了一定的效果。澳大利亚也以污染物排放总量控制为核心制定环境保护法令和制度，在污染控制和改善环境质量上也取得了良好效果。

1.5.2　入河排污口多元优化技术研究进展

入河排污口多元优化技术是入河排污口优化设置的核心，该技术是在入河排污口布设分区的基础上，分析入河排污口排污总量的前提下，评估入河排污口设置对水功能区、水生态和第三者权益的影响，根据水域纳污能力和限制纳污总量控制方案、水生态保护等要求，提出已有排污口位置优化方法和排污量优化模型和方法，优化入河排污口设置空间布局，为各级水行政主管部门或流域管理机构审批入河排污口，以及建设单位合理设置入河排污口提供科学依据，以保障生活、生产和生态用水安全。

入河排污口的布设规划研究工作已进行多年，出现了一些代表性的成果，邓义祥等（2009）采用线性规划和水质模型相结合的方式，研究了长江口区入河排污口的污染物（高锰酸盐指数 COD_{Mn} 和氨氮）允许排放量。韩龙喜等（2002）从模拟水域需要满足的水环境功能提出约束条件，以污水处理费用最小为目标函数，采用遗传算法求解了污染源的合理排污量问题。王烨等（2015）采用分段最优线性化方法，以河流水环境容量和污水处理费用为约束，对浑河的各排污口的污水允许排放浓度进行了优化分配。但以往的入河排污口布设规划方法只关心入河排污口的允许排污量，而忽略了排污口的位置规划，或者是应用数学平面二维水力水质数学模型法，通过计算不同方案条件下排污口污染影响范围和程度，挑选对水质影响最小的方案组合。但此方法仅从水质的角度对排污口位置的选择进行了分析，而忽视了经济性、生态安全等方面的要求，长江水资源保护科学研究所以排污口最为集中的攀枝花金沙江东区饮用、工业用水区为规划研究江段，采用了基于层次分析模型的综合优化方法，综合考虑水环境因素、自然因素、生态因素和经济因素，选定了排污口位置的最佳组合方案。

归纳起来，排污口布设原则要遵循可持续发展思路，使水生态系统功能尽量不受影响。首先要考虑敏感区保护原则，优先保护饮用水源保护区、鱼类产卵场、育肥场和洄游通道、旅游景区等生态敏感区，使排污口的设置不会对生态敏感区产生不良影响。其次要考虑合理利用河流稀释和自净能力，水域纳污能力是排污口布局的关键因素，合理利用水域纳污能力，既可实现对水质、水生生态敏感区域的有效保护，又可充分利用河流稀释与自净能力。根据以上原则分析，可将排污口位置优化布设问题归结为在给定连续区域内排污点的选择问题。即在水域纳污适应性和排污口设置适宜性较好的区域内确定排污口的位置。

1.5.3 入河排污口污染源预测与追踪技术研究进展

水质影响预测预报包括水质影响预测和水质影响预报两方面内容。入河排污口水质影响预测主要是根据入河排污口排污实际资料，运用水质数学模型推断水体或水体某一地点的水质在未来的变化。在预测中，把河流水体看作一个系统，河流水质的变化与入河排污口排放的污水、废热水、受纳水体的水量有关。入河排污口影响预测为入河排污口设置论证和后期管理提供技术手段。入河排污口水质预报是预估未来某个时间如几小时、几天后的水质变化。主要预报枯水期严重污染(如缺氧)和某些突发事故（如过失排污或沉船）引起的水体污染。

入河排污口水质预测预报一般是基于数学模型模拟结果，经专家判断后给出预测值。水质预测预报模型是基于水动力学理论建立的物质平衡方程，基本方程为 N-S 方程或圣维南方程，分别用于描述三维水流运动和浅水水流运动，圣维南方程是 N-S 方程沿水深方向积分的形式，一般采用有限体积、有限差分、有限元等数值方法进行离散求解。

国内学者和科技工作者在入河排污口水质预测预报模型研究和应用方面做了不少工作，取得了一些成果。例如，上海市科学技术委员会采用河海大学开发的 Hwqnow 模型对上海苏州河水质进行模拟，并采用模拟结果对水体进行了整治，取得了预期效果。国内学者模拟三峡库区现状排污、规划截污在 175 m 水位下污染物的扩散情况，预测污染物对重庆主城区河段水质的影响。武汉大学的沈虹等（2011）针对排入汉江的 NH_3-N、硝氮、总磷（total phosphorus，TP）等污染物及浮游植物的迁移转化规律建立了一维河流综合水质生态模型，对排污口排放的污染物对河流水质造成的影响进行了数值模拟。长江水资源保护科学研究所借助一维水动力水质数学模型，完成了治理深圳河第四期工程环境影响评价工作中的水质影响预测、汉江中下游水质预测、乌东德水电工程水质影响预测、三峡水库水质预测等项目 10 余项，均取得不错效果。

在国外，20 世纪 20 年代中期，斯特里特·费尔普斯首次构建了河流水质模型用于对水质的预测和预报。此后，水质模型的开发与研究可分为以下四个阶段。

第一阶段，20 世纪 20 年代至 60 年代中期，受计算机发展限制，入河排污口研究对象一般为河流和河口，方法一般采用一维计算方法，模拟内容主要考虑生化需氧量（biochemical oxygen demand，BOD）和溶解氧（dissolved oxygen，DO）。该阶段属于地表水质模型发展的初级阶段。

第二阶段，20 世纪 60 年代中期至 80 年代中期，随着人们对水域化学耗氧过程的逐步认识和计算机的推广，将 BOD-DO 二线性水质模型扩展为 6 个线性系统模型。其关系由传统的线性关系发展至非线性关系，非线性系统水质模型得到进一步发展，模型不仅考虑营养物质氮、磷的运移规律，还考虑了这些营养物质在运移过程中与浮游生物、阳光、温度的关系。水质模拟方法从一维发展到二维，模拟范围扩展至湖泊和海湾。

第三阶段，20 世纪 80 年代中期至 90 年代中期，随着认识的深入和计算机的发展，该阶段水质模型研究得到快速发展，模型中状态变量数目大幅增加，有 20 个或更多状态变量的水质模型不断出现，模型变得复杂化，由于模型参数约束条件增多，预测的主观性也大大降低。空间尺度从二维发展到三维。

第四阶段，20 世纪 90 年代中期至今，研究对象也从单纯的地表水和地下水水质污染，发展到将地表水、地下水的水质水量与大气污染相互结合，建立地下-地表-大气耦合模型。同时，由于水环境问题的复杂性和不确定性，在水质模型计算过程中，考虑水质的非确定性，更准确地对污染物运动进行模拟与预测，为水质监控与管理提供更为科学的理论依据。

随着新的监测技术和人工智能技术不断涌现，新的反演方法开始得到研究者的关注。水质模型反演方法被用于点源的反演识别工作中，Kabala 和 El-Sayegh（2002）将非线性最小方差法和水质解析解模型相结合，对单一点源污染源进行了识别，Alapati 等（2009）根据水质监测井提供的实测数据，采用一维或二维水质数学模型对污染带进一步正向模拟，使之衰减至可接受水平，然后利用校正系数优化法（correlation coefficient optimization）推算污染源的位置和污染物质量。曹小群等（2010）、闵涛和毕妍妍（2012）、杨中华等（2018）采用伴随同化方法和启发式优化算法对点源的位置、负荷量反演开展了初步研究，但并未揭示其"不适定"问题。"指纹"识别法或稳定同位素法也被用于面源的追踪解析工作中。对于大多数物质而言，氮、氧稳定同位素组成有一定的范围，而且不同来源的稳定同位素组成不相同，用氮或氧的稳定同位素的丰度能较好地示踪氮素的来源。邬剑宇（2018）采用三维荧光光谱结合平行因子分析对不同水体的溶解性有机质荧光组分特性，通过对比荧光组分的差异，间接识别不同水体污染来源。刘姝等（2012）采用氮稳定同位素技术对南淝河等 4 条河流的硝态氮来源进行了追踪，结果表明，南淝河硝态氮污染的主要来源为城市生活污水和工业废水。杨隆丽等（2017）利用 ^{15}N 稳定同位素丰度的差异，结合水质监测数据，分析得出董铺水库 2016 年 8 月的硝态氮 ^{15}N 稳定同位素丰度分布范围为 12.819‰～17.761‰，表明污染来源为人畜粪便、城市生活污水。

第 2 章

入河排污口布设分区理论

2.1 概　　述

入河排污口布设分区是指科学划分禁止排污、限制排污的水域，使取水、排污、渔业、生态保护等水体使用功能互相协调，互不影响，从而达到人水和谐。禁止排污和限制排污的概念是在国内水资源保护工作实践中长期积累和发展形成的。2010 年，长江水资源保护科学研究所编制的《三峡库区水资源保护规划》中最早提出了排污分区的概念，并对不同区域新设排污口提出了设置原则和要求（李迎喜和王孟，2011）。2011 年，《入河排污口管理技术导则》（SL 532—2011）中规定入河排污口管理单位应按照水功能区水质管理目标及限制排污总量控制要求，对区域入河排污口布局进行统一规划，提出禁止、限制设置入河排污口的水域范围。2011 年，长江水资源保护科学研究所编制的《长江流域重点水功能区入河排污口布设规划——金沙江攀枝花江段入河排污口布设规划》中，在禁止排污区和限制排污区的基础上，进一步将限制排污区划分为严格限制排污区和一般限制排污区。随后，禁止排污区、严格限制排污区和一般限制排污区的概念被纳入《全国水资源保护规划（2015～2030 年）》。2016 年，水利部印发《长江经济带沿江取水口、排污口和应急水源布局规划》，进一步细化了禁止排污区、严格限制排污区和一般限制排污区的分区方法。

目前，我国河湖等地表水体仍存在入河排污口布局不合理、取水口排水口犬牙交错和相互影响等问题（张守平，2013；郭文 等，2013）。入河排污口作为控制污染物入河的最后一道关口，在流域水资源保护管理工作中具有重要地位。如何科学划定排污分区，协调水资源保护与利用之间的关系，尚缺乏科学理论方面的指导（周琴 等，2018；杨芳 等，2018），迫切需要建立入河排污布设分区理论。

系统论是研究系统的结构、特点、行为、动态、原则、规律及系统间的联系，并对其功能进行数学描述的理论，最早由美籍奥地利理论生物学家贝塔朗菲在 1932 年提出，其基本思想是把研究和处理的对象看作一个整体系统来对待（常绍舜，2011）。20 世纪 70 年代，德国物理学家赫尔曼·哈肯教授在系统论基础上发展了系统协调理论，提出系统相变过程是通过内部自组织来实现的，系统走向何种秩序和结构取决于系统在临界区域时内部变量的协同作用，这种协同作用可以用协调度进行度量（汤铃 等，2010）。目前系统协调论被广泛应用于社会-经济、社会-环境、环境-经济等发展模式的定量评价和预测工作中（孙立成，2009）。

系统协调论思想在入河排污布局工作中有很好的指导意义，入河排污布局问题实际上是一个流域整体性、关联性、层次性和动态性都很强的多目标优化问题(汪亮 等,2012；屠姗姗,2012；彭飞翔 等,2000；万珊珊和郝莹,2009),需要坚持把系统论思维作为顶层设计的方法论,才能协调好保护与发展、区域与区域、部门与部门、当前与长远之间的复杂关系。

本章采用系统协调度概念构筑入河排污口布设分区理论,综合反映保护与发展、区域与区域、部门与部门、当前与长远 4 个维度的协调关系按照评判协调度优劣的规则对入河排污口进行布设分区,该理论弥补了国内关于入河排污口布设分区理论上的空白。

2.2　入河排污口布设分区理论框架与协调关系

2.2.1　理论总体框架体系

针对我国江河湖泊中普遍存在的入河排污口布局不合理,取、排水口纵横交错,相互影响等问题,在系统论思维的基础上,统筹考虑多方面影响因素之间的协调关系,从目标、关系、规则、行为等方面构建入河排污布设分区的系统协调理论框架,见图2.2.1。

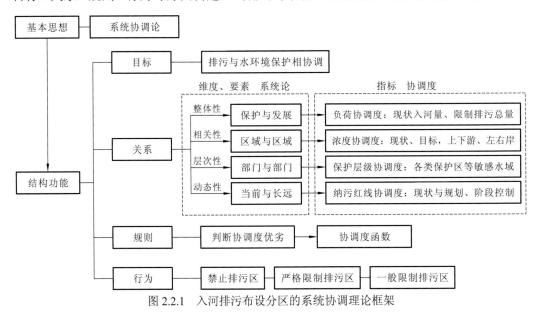

图 2.2.1　入河排污布设分区的系统协调理论框架

1. 理论的思想内涵

系统论的基本思想是把研究和处理的对象看作一个整体系统来对待。系统论的主要任务就是以系统为对象,从整体出发来研究系统整体和组成系统整体各要素的相互关系,从本质上说明其结构、功能、行为和动态,以把握系统整体,达到最优的目标。系统论的主要出发点是考虑研究对象的整体性、关联性、层次性和动态性。

入河排污口布局问题是一个流域整体性、关联性、层次性和时序性都很强的多目标优化问题，只有坚持把系统论思维作为顶层设计的方法论，才能有效解决保护与发展、区域与区域、部门与部门、当前与长远之间的关系。

基于系统协调度的入河排污口布设分区理论的具体内涵可以描述为：以系统论协同学为基本思想，以排污与水环境保护相协调为目标，综合反映基于整体性的保护与发展统筹、基于相关性的下上游、左右岸之间的区域与区域协调、基于层次性的部门与部门管理协同、基于动态性的当前与长远平衡 4 个维度的协调关系，按照协调度最优的规则，实现以水功能区为基本河段单元，以禁止排污区、一般限制排污区和严格限制排污区为主要组成的入河排污口布设分区。

2. 理论的结构功能组成

1）目标

入河排污口布设分区的总体目标是实现排污与水环境保护相协调，具体可分解为保障水功能区水质达标、保障流域（区域）人民身体健康和生态安全，促进社会经济和生态的可持续发展。

2）关系

入河排污口布设分区理论的核心是分别从系统的整体性、相关性、层次性和动态性角度，协调保护与发展、区域与区域、部门与部门、当前与长远 4 个维度的关系。其中，保护与发展的协调关系表现为现状入河量与水功能区限制排污总量指标之间的约束关系，区域与区域的协调关系表现为上下游、左右岸断面水质现状浓度和目标浓度指标之间的约束关系，部门与部门的协调关系表现为各部门管理下各类水体功能指标之间的约束关系，当前与长远的协调关系表现为河段单元与区域水体整体水质不同阶段达标率指标之间及现状与规划指标之间的约束关系。

3）规则

入河排污口布设分区理论的规则是通过判断协调关系中各维度要素之间的协调度优劣，进行入河排污布设分区。针对 4 个维度要素的约束指标与对应要素现状值的关系，构建协调度曲线和系统协调函数，根据系统协调函数值确定入河排污布设分区。

4）行为

入河排污口布设分区理论的行为，也是最终的协调结果是完成禁止排污区、严格限制排污区和一般限制排污区的划分。

2.2.2　基于系统整体性的保护与发展关系协调

1. 入河排污口布局与保护和发展的关系

整体性是系统科学方法论的基本出发点，要求把研究对象作为一个整体对待，系统内各要素不是孤立存在的，而是相互联系、相互作用，构成一个整体。从这个角度出发，入河排污口布局系统就是一个整体，该系统与水生态环境保护和社会经济发展的关系十分密切。

科学划定入河排污口布设分区可有效促进区域经济社会和生态的可持续发展。在一定的生产力水平下，入河排污量的多寡一方面标志着经济社会的发展程度，另一方面直接关系受纳水体的水环境质量。在当今经济社会快速发展的大背景下，很多区域的水环境承载能力逐渐逼近上限，取水口、排水口纵横交错，互相影响，区域水环境保护与经济发展推动的排污需求之间的矛盾越来越突出。为了缓解这种矛盾，保障水体水质达标，最终实现社会经济和生态的可持续发展，需要从整体上考虑保护与发展的协调问题，通过科学划定入河排污口布设分区，从宏观尺度上确定合理的入河排污口布局，为区域保护与发展的协调平衡提供重要支撑。

区域经济社会的发展变化反过来也对区域入河排污口布局产生动态影响，迫使入河排污口布设分区必须根据水生态环境保护形势和经济发展趋势做出适应性调整。例如，随着区域经济社会发展，有些河道由保留区变更为开发利用区，或者新划定了饮用水水源保护区和国家级自然保护区等，水体使用功能发生变化的水域，其入河排污口布局就需要做出相应变化。

纵观发达国家水环境保护历史，这些国家均不可避免地陷入了先污染、后治理的道路。以牺牲环境为代价，高速发展经济，经济发展到一定程度以后反哺环境治理。以日本为例，从20世纪50年代后期到70年代经济快速发展，这段时期既是日本成为世界经济大国的时期，也是日本环境污染最为严重的时期，特别是由污水排放引起的公害病，其中一些公害病引发的后遗症至今都无法彻底消除。水俣病出现于20世纪50年代初日本九州岛水俣镇。水俣病患者口齿不清、面部发呆、手脚发抖、精神失常，久治不愈，最终全身弯曲，悲惨死去。该镇共4万居民，几年中先后有1万人不同程度地患有此种病症，而后附近地区也出现居民患病。经数年调查研究，日本熊本大学医学院于1956年8月发布研究报告证实，此病由居民长期食用水俣湾海域中含有汞的海产品所致，而污染来自该镇的一个合成醋酸工厂。痛痛病（itai-itai disease）出现于1955年日本富山县神通川流域，痛痛病患者开始是腰、背、手、脚等各关节疼痛，随后疼痛遍及全身，数年后骨骼严重畸形，骨脆易折，甚至轻微活动或咳嗽，都能引起多发性病理骨折。这种病由此得名为"骨痛病"或"痛痛病"。痛痛病在当地流行了20多年，至1968年5月，共确诊患者258例，其中死亡128例，到1977年12月又死亡79例。经调查发现，痛痛病是神通川河岸的锌、铅冶炼厂等排放的含镉废水污染了水体，使稻米含镉。当地居民因长期饮用受镉污染的河水、食用含镉稻米，致使镉在体内蓄积而中毒致病。镉进入人体后，人体骨骼中的钙大量流失，使病人骨质疏松、骨骼萎缩、关节疼痛。水环境污染让日本付出了极其惨重的代价。受日本民众反对环境污染的强大意愿的推动，日本从地方到中央政府开始逐渐重视治理环境污染。1958年日本就制定了《公共水域水质保全法》，之后又出台了《水质污染防治法》《海洋污染防治法》《自然环境保护法》等一系列环保法律，基本形成了环境法规体系，为治理水污染打下了良好的法律基础。随后又开展了一系列针对水质恢复的治理措施。

20 世纪，美国、澳大利亚、英国、法国、新西兰、德国、加拿大等国家先后开展了流域和区域相结合的水环境管理，通过行政机关，采取行政命令、指示、指标、规定等行政措施来调节和管理水环境保护与排污需求之间的矛盾问题，其中最为重要的措施是实施排污总量控制，例如美国国家环境保护局提出的最大日负荷总量计划。当前，我国入河排污口管理以行政法规为依据，以水功能区纳污能力计算的纳污红线为入河污染物总量控制基础，以入河排污口设置的行政审批为根本，以排污量逐年按比例削减的行政命令为途径。国内外在入河污染物总量控制管理方面的成功经验，为入河排污口布设分区理论的提出和实施提供了重要基础。

2. 保护与发展的协调指标

保护与发展的协调主要集中于污染负荷的协调，具体的协调指标包括污染物现状入河量和限制排污总量。

1）污染物现状入河量

以水功能区为单元，统计污染物现状入河量，计算方法可分为实测法、调查统计法和估算法。

（1）实测法程序：①根据规划和管理要求，确定计算水域代表性污染物；②根据入河排污口的排放方式，拟定入河排污口监测方案；③实测入河排污口水量和污染物浓度；④计算污染物入河量；⑤合理性分析和检验。

（2）调查统计法程序：①根据规划和管理要求，确定计算水域代表性污染物；②调查统计污染源及其排放量；③分析确定污染物入河系数；④计算污染物入河量；⑤合理性分析和检验。

（3）估算法程序：①根据规划和管理要求，确定计算水域代表性污染物；②调查影响水功能区水质的陆域范围内人口、工业年产值、第三产业年产值等；③调查分析单位人均、万元工业产值和第三产业万元产值污染物排放系数；④估算污染物排放量；⑤分析确定污染物入河系数；⑥计算污染物入河量；⑦合理性分析和检验。

2）限制排污总量

在入河排污口布设分区理论中，禁止排污区是严格依据法律法规的禁止性规定确定的一类水域。而严格限制排污区、一般限制排污区的确定都与限制排污总量控制方案是相关的。限制排污总量是一个管理目标，是改善流域（区域）水功能区水环境质量的重要举措和途径，实施主要污染物限制排污总量控制，才能发挥水域纳污能力测算的作用，改善环境质量，并促进治理污染、产业结构优化、资源节约和技术进步，推动经济增长方式转变。

3. 保护与发展的协调机制（I）：限制排污总量确定与分配

1）限制排污总量确定原则

根据流域（区域）水功能区的水质现状、水功能区水质管理目标、现状入河排污量、纳污能力计算结果、总量控制目标分析成果，结合流域（区域）水功能区水污染防治规划、经济和社会发展规划，综合考虑流域（区域）水功能区经济社会发展的水平及近期水环境污染治理的实际能力，以水功能区管理控制目标为基础，从水质偏安全的角度出发，对流域（区域）水功能区提出入河排污口主要污染物限制排污总量方案，确定污染物限制排污总量应遵循以下具体原则。

（1）严格贯彻执行《中华人民共和国水法》《中华人民共和国水污染防治法》等法律法规，实现流域（区域）水功能区水环境保护的总体目标，水质状况不差于现状水质。

（2）入河排污口主要污染物限制排污总量的主要确定依据是不同水功能分区的纳污能力和现状入河排污量，另外综合考虑排污企业水耗产污、工艺水平、行业属性等多个要素，以保证后续总量分配的公平性。

（3）对污染物现状排放量已经超过了纳污能力计算值的江段，要求严格按照纳污能力限制其区域主要污染物的排放总量。

（4）对一般限制区中开发利用程度较高的区域，而且污染物现状排放量尚未超过纳污能力控制目标的，结合功能区水质达标及污水处理设施建设情况，提出主要污染物的限制排污总量。

（5）对水质现状满足水功能区管理目标的区域，可再利用的纳污能力较大的，需要按照国家"一控双达标"的环保规定进行限制排污总量控制。

2）限制排污总量确定方法

总量控制目标是水环境管理部门在流域规划、保障区域水质安全的重要环节。因此，制订公平合理、切实可行的容量总控目标，并将其科学可行、公正公平地转化为可操作性强的总量分配值，落实削减污染物入河量，已成为保护区域水质安全，实现区域经济社会可持续发展迫切而现实的一项重要任务。

确定污染物限制排污总量，需要协调考虑容量科学计算的理论值及污染物现状排放量，并且要根据排污企业所属行业、工艺水平、水耗产污等多要素对污染源的现状排放量进行适当、合理、科学的调整，以保证后续总量分配的公平。

为体现效益与公平并重的原则，使容量总量控制目标得到更有效的实施，需要引入能综合体现单位经济效益排污量，即单位经济产污率、单位经济效益耗水量，即水资源利用率，以及不同行业等量 GDP 贡献率条件下其产污、能耗，即行业排污因子等"影响因子"，以体现对功能区内所有污染源企业排污权责的统筹分配。该"影响因子"也就是平权现状排污量。假定功能区河段内共有 n 个点污染源，则该功能区的平权现状排污量由各污染源的实际排污量加权得到，即

$$Q_p = \sum_{i=1}^{n} \left[\left(\frac{b_i}{a_i} f_i \right) Q_{p_i} \right] \tag{2.2.1}$$

式中：$a_i = \dfrac{c_i}{C_i}$，$b_i = \dfrac{e_i}{E_i}$，$f_i = \dfrac{h_i}{H_i}$，$\dfrac{b_i}{a_i} f_i$ 称为平权排污因子；Q_{p_i} 为第 i 污染源的实际排污量，t/a；a_i 为经济产污率因子；c_i 为第 i 污染源经济产污率，第 i 污染源经济产污率=年

排污量/年总产值，t/万元；C_i 为该功能区内 n 个工业污染源平均单位经济产污率；b_i 为水资源利用率因子；e_i 为第 i 污染源水资源利用率，第 i 污染源水资源利用率=年总产值/年新鲜用水量，万元/万 t；E_i 为该功能区内 n 个工业污染源平均水资源利用率；f_i 为行业排污因子；h_i 为第 i 污染源行业排放标准下限值，mg/L；H_i 为该功能区内 n 个工业污染源行业排放标准下限值的平均值。

同时，污染源所处的地理位置与容量利用程度因子有很大关系，容量利用程度因子 β 是指功能区内所有污染源单位对应排污口距该功能区末端控制断面的沿河长距离与该功能区总长的加权比（当生活污染源不在同一排污口时可将其概化到同一个排污口），其中，考虑的权重是污染源单位污染排放量。β 可以由式（2.2.2）表示。

$$\beta = \frac{\sum_{i=1}^{n}(l_i \cdot Q_{p_i})}{L \cdot \sum_{i=1}^{n} Q_{p_i}} \tag{2.2.2}$$

式中：l_i 为第 i 污染源对应的排污口至该功能区末端控制断面的沿河距离，km；L 为功能区河段的总长，km。

不同的功能区对应的污染源所处地理位置有所不同，而这项不同是在一定时期内长期存在的。由于水环境容量的利用是通过污染物在功能区的迁移扩散来实现，当污染源位置集中在功能区上游时，污染源就可以更加充分地利用功能区污染物的水环境容量；而当污染源位置集中在功能区下游时，对水环境容量的利用程度相对减少。所以，不同的功能区对污染物水环境容量的利用率是不同的，引入容量利用程度因子 β 可以体现这一不同。引入容量利用程度因子 β 可以从污染源的空间地理布局和污染排放量上反映对水体稀释、自净功能的实际利用情况。

容量总量控制目标 Q 的确定，取决于河段各功能区平权污染物现状排放量 Q_p 及水功能区主要污染物纳污能力 Q_R，这两者是一对矛盾体。容量总量控制目标 Q 越接近功能区平权污染物现状排放量 Q_p，则越具现实操作可行性，但水环境质量目标未必能得到保障。相反，若容量总量控制目标 Q 越接近污染物纳污能力 Q_R，则环境质量目标越有保障，但可能会因脱离污染物现状排放量的实际情况而降低该控制目标实施的现实可行性。因此，此时引入目标合理性因子 σ 作为调节的参数，通过控制目标合理性因子的大小，可以调节不同时期、不同阶段的容量总量控制目标值，使政府职能部门从宏观上把握污染治理的强度和灵活度，控制环境质量达标的速度与进度，进而保证容量分配的效益性和现实可行性。

根据国内外水环境污染治理的实践经验，在实施污染物容量总量控制的初期阶段，目标合理性因子 σ 不宜取值过高，取值一般在 0.5～0.6，同时，目标合理性因子 σ 取值也会受地方政策法规及功能区河段水体功能、受保护程度等因素的约束。本书目标合理性因子采用经验值区间 0.5～0.6。

计算得到的水功能区纳污能力是污染物允许排放的理论值，也就是该功能区河段的最大允许排放量，从可持续发展的角度考虑，此容量不宜全部利用，应预留一定的比例以备社会经济发展或是突发性水污染事件之需。

容量总量预留比例 γ 是为政府考虑预留了一定的发展量、调节量和改善量，结合经济发展与环境保护两方面的需求来确定。在分配容量总量控制目标时，政府往往不会一次性分配全部排放量给各污染源，因为除了输入的点源，功能区水质还会受面源污染或者其他方面污染的影响。另外，从发展的角度来看，有必要为将来新增的污染源预留一部分可调节的容量。管理决策者可以根据城市社会经济的发展规划，在不同的功能区内选用不同的容量总量预留比例，总量预留比例一般取值为 0.8～0.9。

综合考虑污染源单位的行业属性、水资源利用率、单位经济产污率、容量现状可利用程度、管理目标合理性、总量预留比例等要素，结合前述分析，确定功能区容量总量控制目标的公式为

$$Q = \gamma[(1-\sigma)Q_p + \sigma Q_R \beta] \tag{2.2.3}$$

容量利用程度因子从污染源布局空间位置及其排污量两方面综合考虑，对理想值进行更加合理的修正。

3）限制排污总量优化分配

I. 优化分配的影响因素

确定好控制区域内的排放总量控制目标后，总量分配的方案可有多种，如按照等比例的分配方法、费用最小的分配方法，或者是按照贡献率进行分配，最终满足功能区总量削减的目标。因此，总量控制的核心问题是如何将污染物总量目标科学、合理、可行地分配到控制区域内的每个污染源。

目前，我国实行的是排污权无偿分配的方式。而在污染物总量控制目标的分配过程中，体现公平优先、效益最大是首要考虑的两个重要原则。政府职能部门直接把排污权分配给排污者，明确了各排污单位在一定时间、一定空间范围内的排污权利和减排削减义务，实质上也就明确了排污者之间的利益分配。

因此，在容量分配的具体操作方式和操作过程中，公平性最应该得到优先保证。公平的分配方式对维持社会的稳定发展，解决排污问题的纠纷、水环境管理上的困难有一定的积极作用。

实现公平合理地分配污染物允许排放量，最终达到污染物总量控制的目标，涉及的因素有很多，概括起来有以下几个方面。

（1）现状排放量 Q_{p_i}。在相同的条件下，污染源分配得到的削减量与该污染源现状的排放量呈正比，"多排污多治污"，排污量大就需要相应地投入更多的物资，并加大治污力度，这是排污者的责任所在。

（2）水体自净力 S_i。污染源的水体自净力与污染源所处的空间地理位置有直接关系。距离所在功能区指定末端控制断面远的污染源，其排放的污染物可充分利用河段水体的稀释、扩散、自净能力进行降解，其水体自净力相对较低；同比之下，距离所在功能区指定末端控制断面近的污染源则不能充分地利用水体的自净能力，所以其传输率相对较高。因此，针对同一功能区河段内处于不同空间地理位置的污染源，在体现容量分配公

平优先的原则上，要充分考虑对功能区河段水体自净能力利用的程度，可用水体自净力 S_i 来表示。水体自净力可由污染源排污口位置距离功能区初始断面的距离与功能区河段全长的比值来确定：

$$S_i = 1 - \frac{l_i}{L} \tag{2.2.4}$$

式中：l_i 为第 i 污染源排污口至功能区初始断面的距离，km；L 为功能区河段总长，km。

（3）单位经济产污率。在相同条件下，污染源分配得到的污染物环境容量与该污染源的单位经济产污率呈反比。单位万元产值能耗高、排污量大、工艺水平落后的排污单位，应该减少分配的容量所得。这样可以鼓励落后产能单位运用先进手段，提高生产力水平，清洁生产，加大污染治理投入力度，确保污染物达标排放。

（4）水资源利用率。在相同条件下，污染源分配得到的污染物环境容量应与该污染源水资源利用率呈正比。社会的发展和进步，使水资源日益成为制约未来工业发展的瓶颈。因此，对水资源利用率越高的排污单位应该给予适当鼓励，不断提升其清洁生产、资源循环利用的水平。

（5）行业排污率。在相同条件下，污染源分配得到的污染物环境容量应与该污染源所属行业排放标准的下限值呈正比。

（6）功能区排污削减系数。它是指水质超标的水功能区污染负荷消减至水质达标时需消减的污染负荷与该水功能区纳污能力的比值。

II. 总量控制优化分配模型

已有研究学者提出了关于平权排污量、污染物传输率、排污削减系数、公平指数的分配模型。结合容量总量控制目标确定的影响因素，在考虑上述各要素的基础上，还应考虑单位经济产污率因子、水资源利用率因子、行业排污因子的平权排污因子，这几个因子是强调公平优先的容量总量分配模型的关键修正因子。综合考虑上述影响因素，确定容量总量分配模型为

$$Q_{m_i} = G(Q_{p_i}, S_i, a_i, b_i, f_i, j) = \frac{\left(\dfrac{b_i}{a_i} f_i\right) Q_{p_i}}{a + S_i^\lambda j} \tag{2.2.5}$$

$$Q = \sum_{i=1}^{n} [S_i Q_{m_i}] \tag{2.2.6}$$

式中：Q_{m_i} 为第 i 污染源分配的容量，t/a；Q_{p_i} 为第 i 污染源实际的排污量，t/a；Q 为容量总量控制目标，t/a；S_i 为水体自净力；j 为功能区排污削减系数；λ 为水功能区公平指数，一般取经验常数值 0.5。

4. 保护与发展的协调机制（II）：水域纳污能力核定

我国当前经济社会发展已达到一个比较高的水平，是否仍然要走先污染后治理的老路？这关系未来我国经济社会发展格局，党的十八大以来国家高度重视生态文明建设，把生态文明建设纳入中国特色社会主义建设"五位一体"总体布局。党的十九大报告指

出并强调"必须树立和践行绿水青山就是金山银山的理念"。在此背景下,我国出台了《水污染防治行动计划》。对于一个流域,有整体水质目标,例如长江干流整体保持 II~III 类水质标准。围绕整体水质目标布局国民经济和社会发展,需要以水定城、以水定地、以水定人、以水定产,需要定出明确的水环境容量利用上限,本书构建成套的水域纳污能力计算技术,并制定水域纳污能力计算规程,确保在发展经济社会的同时,不超过水体承受能力。

1)水功能区纳污能力计算程序

开发利用区需采用数学模型法计算纳污能力,具体工作步骤如下,计算过程见图 2.2.2。

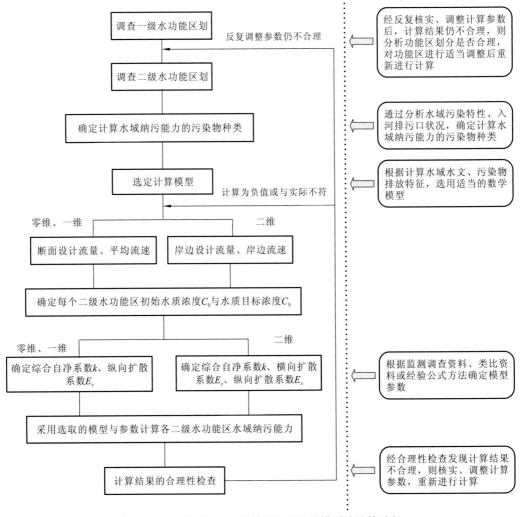

图 2.2.2　开发利用区水域纳污能力数学模型法计算过程

（1）分析水域污染特性、入河排污口状况,确定计算水域的污染物种类。

（2）根据设计条件计算河段断面设计流量或岸边设计流量。

（3）计算设计流量条件下相应的断面平均流速或岸边平均流速。

（4）将开发利用区上一个一级功能区的污染物控制浓度值作为该开发利用区第一个二级功能区（开发利用区内最上游的二级功能区）初始断面的污染物背景浓度 C_{01}。

（5）根据功能区水质管理目标及下一功能区情况确定第一个二级功能区的污染物控制浓度 C_{s1}。

（6）将第一个二级功能区的污染物控制浓度 C_{s1} 作为第二个二级功能区的污染物背景浓度 C_{02}，并按照第（5）步骤的方法确定第二个二级功能区的污染物控制浓度 C_{s2}，然后依次确定以下各二级功能区的污染物背景浓度 C_{0n} 及污染物控制浓度 C_{sn}。

（7）确定计算河段内各污染物的综合自净系数、横向扩散系数等参数。

（8）将上述各参数代入已选定的水质模型，计算各二级功能区的水域纳污能力。

（9）对计算结果进行合理性检查。如水域纳污能力计算结果为负值或明显不符合当地实际情况，则说明计算结果不合理。

（10）如合理性检查表明计算结果不合理，则要核实、调整计算参数，重新进行计算，并再次进行合理性检查。

（11）如经反复核实、调整计算参数后，计算结果仍不合理，则分析水功能区调整是否合理，对水功能区再次优化调整后重新进行计算，直至计算结果合理为止。

保护区、保留区、缓冲区等基于污染负荷法（图 2.2.3）计算纳污能力，采用实测法、调查统计法或估算法确定水功能区调整后污染负荷。实测法以调查收集或实测入河排污口资料为主；调查统计法以调查收集工矿企业、城镇废污水排放资料为主；估算法以调查收集工矿企业和第三产业产量、产值及城镇人口资料为主。根据管理和规划要求，根据实测法、调查统计法和估算法计算得到的污染物入河量确定水功能区纳污能力。

根据污染物入河量分析确定水功能区纳污能力时，若现状水质达标，可将污染物入河量作为纳污能力，考虑经济欠发达地区发展需要，也可取适当大于污染物入河量的值作为规划水平年纳污能力；若功能区现状水质超标，则须采用模型法重新计算核定水功能区纳污能力。

2）河流开发利用区纳污能力数学模型计算方法

I. 一般规定

（1）按照计算河段多年平均流量，将计算河段划分为三种类型，不同类型河段选择不同的数学模型计算纳污能力：$Q \geqslant 150 \text{ m}^3/\text{s}$ 的为大型河段；$15 \text{ m}^3/\text{s} < Q < 150 \text{ m}^3/\text{s}$ 的为中型河段；$Q \leqslant 15 \text{ m}^3/\text{s}$ 的为小型河段。

（2）按照河段几何形态，可分情况对河道特征和水力条件进行简化：断面宽深比不小于 20 时，简化其为矩形河段；河段弯曲系数不大于 1.3 时，简化其为顺直河段；河道特征和水力条件有显著变化的河段，应在显著变化处分段。

（3）根据排污口的分布状况、污水排放量及污染负荷量，对排污口进行简化。

（4）有较大支流汇入或流出的水域，应以汇入或流出的断面为节点，分段计算水域纳污能力。

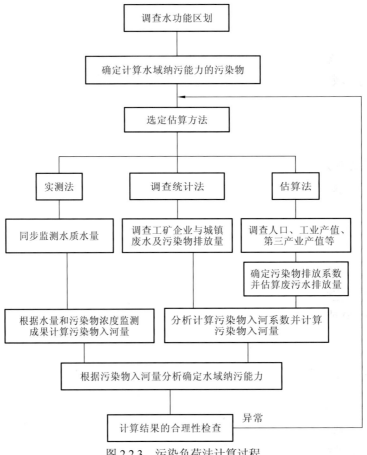

图 2.2.3　污染负荷法计算过程

II. 基本资料调查与收集

数学模型计算河流水域纳污能力的基本资料包括水文资料、水质资料、入河排污口资料、旁侧出入流资料及河道地形资料。水文资料包括计算河段的流量、流速、比降、水位等，资料条件应能满足设计水文条件及数学模型参数的取值要求。水质资料包含计算河段内各水功能区的水质现状、水质目标等，资料应能反映计算河段的主要污染物，又能满足计算水域纳污能力对水质参数的要求。入河排污口资料包括计算河段内入河排污口分布、排放量、污染物浓度、排放方式、排放规律及入河排污口所对应的污染源等。旁侧出入流资料包括计算河段内旁侧出入流位置、水量、污染物种类及浓度等。河道地形资料包括计算河段的横断面和纵剖面高程，应能反映计算河段河道地形状况。

III. 确定计算污染物

在选择纳污能力计算污染物指标时，应坚持以下原则。

（1）根据流域或区域规划要求，应以规划管理目标所确定的污染物作为计算河段水域纳污能力的污染物。

（2）根据计算河段的污染特性，应以影响水功能区水质的主要污染物作为计算水域纳污能力的污染物。

（3）根据水资源保护管理的要求，应以对相邻水域影响突出的污染物作为计算水域纳污能力的污染物。

Ⅳ. 设计水文条件

计算河流水域纳污能力，一般采用 90%保证率最枯月平均流量或近 10 年最枯月平均流量作为设计流量，但同时需要注意以下特殊情况。

（1）对于季节性河流、冰封河流，所选取的最小月平均流量样本应不为零。

（2）对于流向不定的河网地区和潮汐河段，宜采用 90%保证率流速为零时的低水位相应水量作为设计水量。

（3）对于有水利工程控制的河段，可采用最小下泄流量或河道内生态基流作为设计流量。

（4）以岸边划分水功能区的河段，计算纳污能力时，应计算岸边水域的设计流量。

Ⅴ. 河流零维模型

"零维"是一种理想状态，把所研究的水体看作一个完整的体系，假设污染物进入水体后，立即达到完全均匀混合的状态。对于较浅、较窄的河流，当满足河水流量与污水流量之比大于 20 或不需要考虑污水进入水体的混合距离时，可概化为零维模型。零维模型污染物浓度计算公式为

$$C = (C_0 Q + C_p Q_p) / (Q + Q_p + KV) \tag{2.2.7}$$

式中：C 为污染物浓度，mg/L；C_p 为排放的废污水污染物浓度，mg/L；C_0 为初始断面的污染物浓度，mg/L；Q_p 为废污水排放量，m^3/s；Q 为初始断面的入流流量，m^3/s；K 为污染物综合衰减系数，s^{-1}；V 为均匀混合段水体容量，m^3。

其对应的水域纳污能力计算公式为

$$M = (C_s - C)(Q + Q_p) \tag{2.2.8}$$

式中：M 为水域纳污能力，g/s；C_s 为水功能区水质管理目标。

Ⅵ. 河流一维模型

河流一维模型适用于稳态、均匀，且污染物在横断面上均匀混合的中、小型河段。同时，忽略弥散作用，只考虑污染物的降解。其污染物浓度计算公式为

$$C_x = C_0 \exp\left(-K \frac{x}{u}\right) \tag{2.2.9}$$

式中：C_x 为流经 x 距离后的污染物浓度，mg/L；x 为沿河段的纵向距离，m；u 为设计流量下河道的平均流速，m/s。

在稳态条件下，且不考虑纵向离散作用，当概化后的排污口位置距离上断面为 x 时，其对应的水域纳污能力计算式为

$$M = \left[C_s - \frac{Q}{Q + Q_p} C_0 \exp\left(-K \frac{L}{u}\right)\right] \exp\left(K \frac{L-x}{u}\right)(Q + Q_p) \tag{2.2.10}$$

当入河排污口位于（或概化至）计算河段的中部时，即 $x = \dfrac{L}{2}$ 时，水功能区下断面

的污染物浓度计算式为

$$C_{x=L} = \frac{Q}{Q+Q_p}C_0 \exp\left(-K\frac{L}{u}\right) + \frac{m}{Q+Q_p}\exp\left(-K\frac{L}{2u}\right) \tag{2.2.11}$$

式中：m 为污染物入河速率，g/s；$C_{x=L}$ 为水功能区下断面污染物浓度，mg/L。

相应的水域纳污能力计算公式为

$$M = \left[C_s - \frac{Q}{Q+Q_p}C_0 \exp\left(-K\frac{L}{u}\right)\right]\exp\left(K\frac{L}{2u}\right)(Q+Q_p) \tag{2.2.12}$$

一般 Q_p 相比于 Q 可忽略不计时，式（2.2.12）可写为

$$M = \left[C_s - C_0 \exp\left(-K\frac{L}{u}\right)\right]\exp\left(K\frac{L}{2u}\right)(Q+Q_p) \tag{2.2.13}$$

VII. 河流二维模型

污染物在河段断面上非均匀混合，可采用河流二维模型计算水域纳污能力。主要适用于 $Q \geqslant 150\ \text{m}^3/\text{s}$ 的大型河段。对于顺直河段，忽略横向流速及纵向离散作用，且污染物排放不随时间变化时，二维对流扩散方程为

$$u\frac{\partial C}{\partial x} = \frac{\partial}{\partial y}\left(E_y\frac{\partial C}{\partial y}\right) - KC \tag{2.2.14}$$

式中：E_y 为污染物的横向扩散系数，m²/s；y 为计算点到岸边的横向距离，m。

对于顺直均匀河段（概化为矩形河道），污染物岸边连续恒定排放，假定排污口位于上断面，则下游距离上断面 x 处污染物浓度的解析公式为

$$C(x,y) = \left[C_0 + \frac{m}{h\sqrt{\pi E_y x u}}\exp\left(-\frac{u}{4x}\cdot\frac{y^2}{E_y}\right)\right]\exp\left(-K\frac{x}{u}\right) \tag{2.2.15}$$

式中：$C(x,y)$ 为计算水域代表点的污染物平均浓度，mg/L；h 为设计流量下计算水域的水深，m。

当以岸边污染物浓度作为下游控制断面的控制浓度时，即 $y=0$，则岸边污染物浓度计算公式为

$$C(x,0) = \left(C_0 + \frac{m}{h\sqrt{\pi E_y x u}}\right)\exp\left(-K\frac{x}{u}\right) \tag{2.2.16}$$

假定水功能区长度为 L，排污口距离上断面为 x，以岸边污染物浓度作为下游控制断面的浓度时，即 $y=0$，此时的排污口下游任意一点污染物浓度的数学表达式为

$$C(x,0) = \left[C_0\exp\left(-K\frac{x}{u}\right) + \frac{m}{h\sqrt{\pi E_y(L-x)u}}\right]\exp\left(-K\frac{L-x}{u}\right) \tag{2.2.17}$$

据此反推纳污能力计算公式得

$$M = \left[\frac{C_s - C_0\exp\left(-K\frac{L}{u}\right)}{\exp\left(-K\frac{L-x}{u}\right)}\right]h\sqrt{\pi E_y(L-x)u} \tag{2.2.18}$$

当 $x = \dfrac{L}{2}$ 时，式（2.2.18）可变为

$$M = \left[\frac{C_{\mathrm{s}} - C_0 \exp\left(-K\dfrac{L}{u}\right)}{\exp\left(-K\dfrac{L}{2u}\right)} \right] h\sqrt{\pi E_y u \frac{L}{2}} \tag{2.2.19}$$

当污染物为非恒定排放时，也可按差分法推求数值解。

用数值解法求得水域代表点的污染物平均浓度 $C(x,y)$，按式（2.2.18）计算水域纳污能力。

VIII. 河口一维模型

对于受潮汐影响的河口水域，可采用河口一维非稳态水质模型计算水域纳污能力，其计算公式为

$$\frac{\partial C}{\partial t} + u_x \frac{\partial C}{\partial x} = \frac{\partial}{\partial t}\left(E_x \frac{\partial C}{\partial x} \right) - KC \tag{2.2.20}$$

式中：u 为水流纵向流速，m/s；E_x 为纵向扩散系数，单位为 $\mathrm{m^2/s}$。

潮汐河段的水力参数可按高潮平均和低潮平均两种情况简化成恒定流进行计算，得到下列计算公式。

涨潮（$x<0$，污染物自 $x=0$ 处排入）：

$$C(x)_{\text{上}} = \frac{C_{\mathrm{p}} Q_{\mathrm{p}}}{(Q+Q_{\mathrm{p}})N} \exp\left[\frac{u_x x}{2E_x}(1+N) \right] + C_0 \tag{2.2.21}$$

落潮（$x>0$）：

$$C(x)_{\text{下}} = \frac{C_{\mathrm{p}} Q_{\mathrm{p}}}{(Q+Q_{\mathrm{p}})N} \exp\left[\frac{u_x x}{2E_x}(1-N) \right] + C_0 \tag{2.2.22}$$

式中：N 为中间变量；$C(x)_{\text{上}}$、$C(x)_{\text{下}}$ 分别为涨潮、落潮的污染物浓度，mg/L。

$$N = \sqrt{1 + 4KE_x/u_x^2} \tag{2.2.23}$$

相应的水域纳污能力计算公式为

$$M = \begin{cases} (C_{\mathrm{s}} - C_0)\exp\left[-\dfrac{u_x x}{2E_x}(1+N) \right] \cdot N \cdot (Q+Q_{\mathrm{p}}), & C_{\mathrm{s}} = C(x)_{\text{上}}, \quad \text{涨潮} x<0 \\[3mm] (C_{\mathrm{s}} - C_0)\exp\left[-\dfrac{u_x x}{2E_x}(1-N) \right] \cdot N \cdot (Q+Q_{\mathrm{p}}), & C_{\mathrm{s}} = C(x)_{\text{上}}, \quad \text{落潮} x<0 \end{cases} \tag{2.2.24}$$

2.2.3　基于系统相关性的区域与区域关系协调

1. 入河排污布局与区域协调性的关系

系统相关性指系统的各要素、系统与要素、系统与系统、系统与环境，以及系统的结构、功能、行为之间普遍联系的特征。这种联系主要表现为相互依存和制约、协同与

竞争的关系。它们之间的依存、合作、协同是维持和发展系统的整体性；它们之间的制约、竞争是维持部分自身的独立性。

在开展河流或湖库水域纳污能力核定时，所建立的模型需要确定正确而清晰的边界条件，对于上下游、左右岸而言，这些边界条件是相互关联、相互制约的。不能孤立地从单一的河流片段来计算水域纳污能力，需要从上下游、左右岸、干支流系统相关性的角度开展设计。

以长江干流武汉—鄂州—黄石段为例，上游为武汉河段、中游为鄂州河段、下游为黄石河段。假设划定为三个水功能区，武汉保留区（水质目标为 III 类）、鄂州工业用水区（水质目标为 III 类）和黄石保留区（水质目标为 III 类），中间鄂州河段为研究的目标河段，采用数学模型法计算目标河段化学需氧量（chemical oxygen demand，COD）纳污能力，如图 2.2.4 所示。

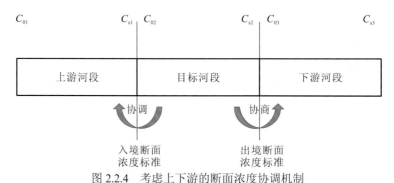

图 2.2.4　考虑上下游的断面浓度协调机制

在传统水功能区管控模式下，计算大型河流水域纳污能力[式（2.2.19）]，存在以下两个不协调因素。

（1）如何确定背景浓度 C_0 存在矛盾。由图 2.2.4 可知，对于连续的河段而言，鄂州河段的背景浓度 C_{02} 应与上游武汉河段水质目标浓度 C_{s1} 相等，而目前采用的背景浓度则是鄂州河段上游断面的实测值，这个实测值与未来武汉河段入河 COD 负荷量达到水域纳污能力时鄂州河段的上游断面的浓度值有明显的差别，当武汉河段排污量达到纳污能力时，则会导致鄂州河段连锁超标的问题。

（2）如何确定目标浓度 C_s 存在矛盾。因为河段水质管理目标都是 III 类，COD 控制浓度可以为 III 类的上限值 20 mg/L。那么当最上游武汉河段将水功能区下游断面的目标浓度 C_{s1} 设定为 20 mg/L 以后，下游鄂州河段、黄石河段为了充分利用水环境容量也将会把目标浓度 C_{s2} 和 C_{s3} 设定为 20 mg/L，而由于最上游河段的背景浓度只能是天然背景值，这样导致的结果是武汉江段有大量的稀释容量可利用，而鄂州、黄石仅剩下自净容量可供利用，最终形成上游过度浪费而下游过度紧张的局面，导致不公平。

由于河段的水质目标按照水质类别来设定，无法精准指导河段水域纳污能力核定，同时引起不同河段在水环境容量的使用上产生矛盾，就必须精确至浓度值，在确定各江段控制目标浓度时，存在环境权益分配的科学技术问题。

2. 区域与区域的协调指标

区域与区域协调关系的刻画指标主要指上下游、左右岸的现状水质浓度和目标水质浓度。

现状水质浓度决定水质背景浓度，一般采用近 3～5 年实测项目的平均浓度作为研究河段的背景浓度；目标浓度目前普遍采用水功能区划确定的水质管理目标，鉴于以水质类别设定水质目标浓度容易引起不同河段在水环境容量使用上的矛盾问题，可以考虑浓度分配技术进行出境断面水质目标浓度的确定。

3. 区域与区域的协调机制：出境断面水质目标浓度分配

1）基于公平的初次分配平衡方法（按照人口数量分配）

考虑河流本身的地形地貌因素，扣除天然背景浓度，与国家设定的河流水质保护目标类别相比之间的差值 ΔC，就是人类可以利用的河流水体稀释容量，而河流对该污染物的自净能力 $\Delta C'$，就是人类可以利用的河流水体自净容量。按照环境公正的定义，人人平等地享有和利用环境资源，公平地分担环境责任。那么流域境内的所有人口均平等地享有利用排污资源的权利，出境断面浓度初次分配需要考虑环境公正性。

$$C_{si} = C_0 + \frac{P_i}{\sum\limits_{i=1}^{n} P_i}(\Delta C + \Delta C') \qquad (2.2.25)$$

式中：C_{si} 为第 i 个江段出境断面的目标控制浓度；P_i 为第 i 个江段对应流域范围内的人口数量；C_0 为河流天然背景浓度。

2）基于效率的再次分配平衡方法（按照河段人均 GDP 修正）

由于流域内、地区间社会经济发展不平衡，存在部分地区水环境容量占而不用、部分地区水环境容量与经济发展严重不匹配等问题，考虑流域内部的平衡，引入效率系数，依据河段人均 GDP 对出境断面浓度进行修订。

$$\eta = \frac{G_i}{\frac{1}{n}\sum\limits_{i=1}^{n} G_i}, \quad C'_{si} = \eta C_{si} \qquad (2.2.26)$$

式中：G_i 为流域内第 i 个行政区内人均 GDP。

3）基于市场交易的三次分配方法（生态补偿机制、排污权交易）

排污权是排放污染物的权利，即排放者在环境保护监督管理部门分配的额度内，并在确保该权利的行使不损害其他公众环境权益的前提下，依法享有的向环境排放污染物的权利。1968 年，美国经济学家戴尔斯首先提出排污权概念，其内涵是政府作为社会的代表及环境资源的拥有者，把排放一定污染物的权利像股票一样出卖给出价最高的竞买者。污染者可以从政府手中购买这种权利，也可以向拥有污染权的污染者购买，污染者相互之间可以出售或者转让排污权。

2.2.4 基于系统层次性的部门与部门关系协调

1. 入河排污口布局与部门协调性的关系

系统层次性是指系统各要素在系统结构中表现出的多层次状态的特征。任何系统都具有层次性。一方面，任何系统都不是孤立的，它和周围环境在相互作用下可以按特定关系组成较高一级系统；另一方面，任何一个系统的要素，也可在相互作用下按一定关系成为较低一级的系统，即子系统，而组成子系统的要素本身还可以成为更低一级的系统。任何系统总是处于系统阶梯系列中的一环。

入河排污口布局与部门协调的关系主要体现在不同部门在水体使用功能、保护对象方面具有单独的管理要求和排污限制，水体保护对象又分为不同层次，其保护的优先级存在差异，例如饮用水水源保护区的一级保护区、二级保护区和准保护区，自然保护区的核心区、缓冲区和实验区等。这种具有保护优先级和排污限制的情况，是系统论中的层次性的具体表现。

2. 部门与部门的协调指标

部门与部门的协调指标主要针对水体使用功能和保护对象，包括饮用水水源保护区、自然保护区、风景名胜区、国家和国际重要湿地、水产种质资源保护区、水功能区、水质不达标水体等。

（1）饮用水水源保护区：分为一级保护区、二级保护区和准保护区。

（2）自然保护区：分为核心区、缓冲区和实验区，有国家级和地方级之分。

（3）重要湿地：分为国家级（纳入中国国家重要湿地名录）、国际级（纳入国际重要湿地公约）。

（4）水产种质资源保护区：分为核心区和实验区。

（5）水功能区：一级区分为水域水源保护区、缓冲、开发利用区及其保留区；二级区分为饮用水源区、工业用水区、农业用水区、渔业用水区、景观娱乐用水区、过渡区和排污控制区。

（6）水质不达标水体：是指水质现状未达到管理目标水质、需要削减入河污染负荷的水体。

3. 部门与部门协调机制：保护优先级确定

部门对河段的管理思路主要体现在法律、部门制定的规章、规范性文件中，协调排污布局与部门管理之间的关系就是梳理不同法规之间的层次关系和逻辑关系。现有对入河排污口布局进行约束的法律法规，主要有：《中华人民共和国水法》（全国人民代表大会常务委员会，2016 年修订）、《中华人民共和国水污染防治法》（全国人民代表大会常务委员会，2017 年修正）、《中华人民共和国自然保护区条例》（国务院，2017 年修订）、《饮用水水源保护区污染防治管理规定》（环境保护部，2010 年修正）、《水产种质资源保护区管理暂行办法》（农业部，2011 年）、《水功能区监督管理办法》（水利部，2017 年）、《风景名胜区管理条例》（国务院，2006 年）、《湿地保护管理规定》（国家林业局，2017 年修改）。

根据法律、法规和部门规章的位阶和适用规定，对部门与部门之间事权的保护优先级进行梳理，如图 2.2.5 所示。

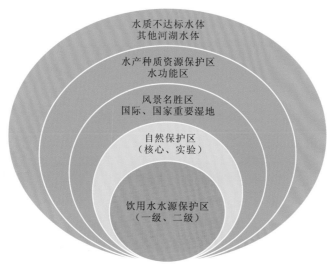

图 2.2.5　协同部门与部门之间事权的保护优先级

2.2.5　基于系统动态性的当前与长远关系协调

1. 入河排污口布局的动态调整属性

系统的动态性是指一切实际系统由于其内外部联系复杂的相互作用，总是处于无序与有序、平衡与非平衡相互转化的运动变化之中，任何系统都要经历一个系统发生、系统维生、系统消亡的不可逆的演化过程。也就是说，系统存在在本质上是一个动态过程，系统结构不过是动态过程的外部表现。而任一系统作为过程又构成更大过程的一个环节、一个阶段。

入河排污口的布局也存在动态特性，需要结合当前与长远进行统筹考虑。具体来说，入河排污口布局的动态属性主要体现在经济社会发展水平的动态性、污染治理水平的动态性和水文条件的动态性三个方面。

（1）经济社会发展水平的动态性：沿河不同区域的经济社会发展水平是随时间快速变化的，例如改革开放以来，长江干流沿线各市经济社会同全国其他地区一样，经历了一个快速发展的过程，虽然当前经济增长速度有所减缓，但是总体上仍然保持快速发展水平；当前，长江沿江工业园密集分布，各区域废污水排放需求和实际入河排污量逐年增加，新增工业园区和城市化建设，使沿江一些保留区逐渐变为实际意义上的开发利用区，而随着长江大保护战略的提出，有些水域被划为新的保护区，所以为了新的发展和保护需求，需要对入河排污布局进行动态调整。

（2）污染治理水平的动态性：随着经济社会发展水平的提高，不同行业废污水排放标准正在逐步从严，例如城镇生活污水处理厂大部分已经由原来的《城镇污水处理厂污染物排放标准》（GB 18918—2002）一级 B 标准提升为一级 A 标准，有些水环境承载能力接近上限的水域也率先实施了地表水准 IV 类等更高标准；这些污染治理水平的提高，也在一定程度上影响着入河排污布局，是入河排污口布设分区需要考虑的重要因素之一。

（3）水文条件的动态性：随着引调水工程和梯级水库建设，以及气候变化影响，国内大多数流域的水文条件正在发生深刻变化，设计水文条件的变化必然导致水功能区纳污能力和污染物限制排放总量相应发生变化，从而对入河排污布局产生影响，入河排污口布设分区需要考虑水文条件的这种动态属性。

2. 当前与长远的协调指标

针对入河排污口布局的动态属性，进行入河排污口布设分区时需要考虑的当前与长远的协调指标可以用河段单元与区域在不同水平年的水质达标率，以及入河污染物分阶段限制排放总量来表征。

（1）河段单元与区域在不同水平年的水质达标率：以河段为单元的水功能区水质达标率与以行政区为单位的总体水质达标率之间存在一定的协调关系，当河段单元的水质达标率不能满足区域现状或未来设定的总体水质达标率时，就需要对该河段单元的入河排污量进行严格限制。

（2）入河污染物分阶段限制排放总量：在统筹保护与发展的协调关系时，需要考虑入河污染物限制排放总量在河道空间上的分配关系；而在统筹当前与长远的协调关系时，则需要进一步考虑入河污染物限制排放总量在时间上的分配关系。

3. 当前与长远的协调机制：分阶段排污总量控制

按照流域规划水平年水功能区达标率控制指标分解目标要求，根据规划水平年水功能区纳污能力计算成果及不同类型功能区限排控制原则，制定不同水平年水功能区分阶段限制排污总量，由此为入河排污口布设分区提供协调约束条件。

对于规划水平年要求达标的水功能区，按照纳污能力、预测入河排放量及水功能区特殊保护要求等原则确定限制排污总量。其中，对于水质达到管理目标的水功能区，根据污染物入河预测量和水域纳污能力，合理确定污染物入河控制量，确定的污染物入河控制量不得大于水域纳污能力。

对于污染物入河预测量超过水域纳污能力的水功能区，根据水域纳污能力和水污染治理状况，以小于污染物入河预测量的某一控制量或水域纳污能力作为污染物入河控制量，并结合区域经济社会发展、水资源利用与保护、水污染防治等特点分析其合理性。具体分阶段排污总量可考虑以下三种控制方案。

（1）根据水功能区污染程度，考虑社会经济发展水平、污染治理水平及其可达性，按一定的入河削减百分比提出分阶段污染物限排总量。

（2）考虑地区水资源条件、水功能区现状水质、现状污染物入河排放量及污染治理水平等因素，采取 75%、50%或其他保证率设计条件计算的纳污能力作为阶段污染物限排总量。

（3）按不同时段（汛期、非汛期或者丰水期、平水期、枯水期）分期计算水功能区纳污能力，并以此确定合理的分期限排总量，在实施中根据分期水量情况，对污染物入河量进行动态控制。

2.3　入河排污口布设分区模型

2.3.1　排污口布设分区概述

水具有资源和环境二重属性：一方面人类需要清洁的水环境；另一方面，人类生产和生活必定会产生污染物，需要利用水的资源属性。水资源可分为水量资源、水环境资源，从资源的功能的角度，又有生态功能、景观功能、饮用水供水功能、工业供水功能、农业供水功能、渔业养殖功能、景观娱乐功能。任何天然水体，均具有一定的稀释污染物和衰减污染物的能力，称之为水环境容量或水域纳污能力（M）（图 2.3.1），人类需要高效利用这种资源。

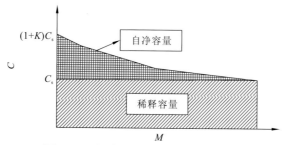

图 2.3.1　水域具有可利用的水环境容量

为了高效利用水环境容量，又不影响水域的其他资源属性，必须对水域进行分区使用。在 2002 年《中华人民共和国水法》实施以后，水利部会同 7 大流域机构开展了水功能区划，将水域按照使用功能划分为了 4 种水域类型。但由于当时的认识水平，对水域内排污口设置问题考虑不周全，致使多种水功能区内都设置有入河排污口，形成了目前排污口、取水口纵横交错，交互影响，水环境风险极大，生态破坏也较为明显的现象。非常有必要根据排污布局的需要，对水域类别进行划分，经过比较研究，将水域划分为禁止排污区、严格限制排污区和一般限制排污区三种水域较为合适。

（1）禁止排污区是指禁止设置入河排污口的水域，水域内已经存在的入河排污口，应由地方人民政府限期拆除。多为现行法律法规明确禁止设置入河排污口的水域，如饮用水水源保护区一级区、二级区，自然保护区核心区和缓冲区等。

（2）严格限制排污区是未满足某种水环境保护措施之前，禁止新增入河排污口的水域，如水域对应的水功能区水质不能达标、现状入河量超过了水域纳污能力、区域水功能区达标率低于红线目标等。

（3）一般限制排污区是按照相关法律法规履行行政许可手续后可新建、改建和扩建入河排污口的水域，一般情况下，是可设置入河排污口的水域。

2.3.2　系统协调论与协调度模型

协同协调度指的是系统内的子系统之间或者系统的各要素之间在发展过程中彼此和谐一致的程度，体现系统由无序走向有序的趋势。系统走向有序的机理不在于系统现状的平衡或不平衡，也不在于目前系统距离平衡状态多远，关键在于系统内部各子系统间项目关联的"协同作用"，它左右着系统相变的特征和规律，协调度正是系统协同作用的量度。

目前系统协调论被广泛应用于社会-经济、社会-环境、环境-经济等发展模式的定量评价和预测工作中，本小节将这套方法应用于入河排污口布设分区研究工作中，使排污口布局规划具备了定量化分区手段。

系统协调发展定量评价方法的核心是协调度模型，现有的协调度模型包括离差系数最小化协调度模型（廖重斌，1999）、隶属函数协调度模型（陈长杰 等，2004；曾珍香和顾培亮，2000）、几何平均协调度模型（孟庆松和韩文秀，2000）、线性加权平均协调度模型（吴越明 等，1996）等。

1. 离差系数最小化协调度模型

离差系数最小化协调度模型，就是在建立模型时考虑了离差系数的思想，当各子系统的发展程度（协调指数）离散化程度越低，则该系统的协调度越高。

$$C = \left[\frac{\sum\limits_{i \neq j} x_i x_j}{\left(\frac{1}{m} \sum\limits_{i=1}^{m} x_i \right)^2} \right]^k \tag{2.3.1}$$

式中：C 为系统协调度函数；i 为系统中的第 i 个子系统；m 为子系统的总个数；x_i 为该子系统的协调度；k 为调节系数。该模型规定，系统协调度 C 值越大，则系统越协调。

在一定的综合发展水平 $\left(\dfrac{1}{m} \sum\limits_{i=1}^{m} x_i \right)^2$ 条件下，若各子系统协调度 x_i 越接近其综合发展水平，

离差系数越小，协调度越高，协同越协调。适用于多个子系统综合协调评价。

2. 隶属函数协调度模型

隶属函数协调度模型是基于模糊数学中隶属函数的一种协调度模型，该模型利用隶

属函数模型，构建各子系统对其他子系统的相对协调度模型，并在此基础上，计算系统协调度，该模型中，各子系统对其他子系统的相对协调度模型和全系统的协调度模型分别如下。

各子系统对其他子系统的相对协调度模型：

$$C(i / \bar{i}_{m-1}) = \exp\left(-\frac{(x_i - x_i^*)^2}{\sigma_i^2} \right) \tag{2.3.2}$$

全系统的协调度模型：

$$C = \begin{cases} \dfrac{\min\limits_i \{C(i / \bar{i}_{m-1})\}}{\max\limits_i \{C(i / \bar{i}_{m-1})\}}, & m = 2 \\[3mm] \dfrac{\sum\limits_{i=1}^{m} C(i / \bar{i}_{m-1}) C(\bar{i}_{m-1})}{\sum\limits_{i=1}^{m} C(\bar{i}_{m-1})}, & m \geqslant 3 \end{cases} \tag{2.3.3}$$

式中：x_i^* 为其他子系统对子系统 i 要求的发展协调值，未知，一般用回归拟合的方法求得；σ_i^2 为子系统 i 的发展度方差；$\bar{i}_{m-1}$ 表示除子系统 i 以外的其他 $m-1$ 个子系统组成的小复合系统；$C(i / \bar{i}_{m-1})$ 为子系统 i 与小复核系统 $\bar{i}_{m-1}$ 比值的协调度；$C(\bar{i}_{m-1})$ 为小复合系统 $\bar{i}_{m-1}$ 的协调度。可知，当子系统数目 $m > 2$ 时，其系统协调度模型是一个递推公式，需要计算出各小复合系统的协调度，过于复杂。

同样，由该模型可以看出，评价结果 C 越大，则判定系统协调度越高。

3. 几何平均协调度模型

几何平均协调度模型直接求各子系统或因素协调度的几何平均值，代表系统的综合协调度：

$$C = \sqrt[m]{\prod_{i=1}^{m} x_i} \tag{2.3.4}$$

4. 线性加权平均协调度模型

对每一个子系统或者因素的协调度配以权重系数，则系统的协调度函数可表示为

$$C = \sum_{i=1}^{m} w_i x_i \tag{2.3.5}$$

式中：w_i 为各子系统或者因素协调度的权重系数，即

$$\sum_{i=1}^{m} w_i = 1 \tag{2.3.6}$$

本节选取简单直观的几何平均法作为评价各水域分区排污协调性的建模方法。

2.3.3　排污影响因素协调度曲线

根据入河排污口布设分区理论框架，入河排污口的分区布局需要统筹考虑保护与发展统筹、区域与区域协调、部门与部门协同、当前与长远平衡4个评价维度。结合目前我国水资源保护已有的工作基础，选取确定了每个维度的量化评价指标（表 2.3.1）。

表 2.3.1　排污影响因素及量化评价指标

排污影响因素（维度）	评价指标	约束指标	协调度曲线
保护与发展统筹	现状入河污染负荷	水域纳污能力	污染负荷协调度曲线
区域与区域协调	出境断面污染物浓度	出境断面水质目标浓度	污染物浓度协调度曲线
部门与部门协同	保护优先级	法律层级	水域保护层级协调度曲线
当前与长远平衡	水功能区水质达标率	水功能区限制纳污红线	纳污红线协调度曲线

1. 污染负荷协调度曲线

污染物现状入河量（Q_p）是指水域内现有经过入河排污口进入水体的 COD、氨氮等主要污染物负荷。通过调查水域现有的入河排污口，包括排污口位置、名称，污水量，主要污染物浓度及其年排放量，最后确定现状入河量。水域纳污能力（Q_m）是指水域所能容纳 COD 和氨氮等主要污染物的能力，采用数学模型法反算得出。以水功能区为基本单元，对比污染物现状入河量与水域纳污能力的关系，评判该水域水资源保护与社会经济发展的关系，从而达到保护与发展的统筹。为此，本小节建立了入河排污口布设分区的排污负荷协调度曲线（图 2.3.2）。

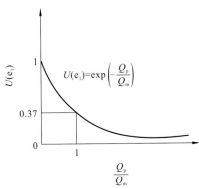

图 2.3.2　排污负荷协调度曲线示意图

对某一确定的水域而言，当污染物现状入河量小于水域纳污能力时，则处于水环境容量可承受的范围，水域不会因容纳污染物而质量严重下降，仍可以新设入河排污口排放污染物以满足社会经济发展的需要，因此该水域排污协调度越高，其排污负荷协调度

$U(e_1)$ 越接近 1。当污染物现状入河量大于或等于 1 倍水域纳污能力时，该水域已经不适合新增入河排污口，社会经济要进一步发展，只能采取增产不增物、以新带老等方式置换，该水域的排污负荷协调度小于 0.37（即 $\frac{1}{e}$）。可见，排污负荷协调度 $U(e_1)$ 随 $\frac{Q_p}{Q_m}$ 的增加而减小。

若考虑多个水质指标，偏安全的角度而言，选择排污负荷协调度最小值参与综合协调度计算。

2. 污染物浓度协调度曲线

出境断面浓度（C）是指水域的下游控制断面（河流）或边界控制断面（湖泊）实际监测的主要污染物浓度（如 COD、氨氮等）。可以当前水功能区划为基础，以最严格水资源管理制度考核中水功能区水质监测体系为依据，按年度换算水域单元的出境断面浓度。出境断面浓度是一个很关键的控制指标，因为上一个水域的出境断面浓度就是下一个水域单元的背景浓度，上一个水功能区水质不达标常常伴随着连续多个水功能区水质不达标等连锁反应。水功能区水质目标（C_s）是指水行政主管部门组织开展水功能区划时确定的各个水功能区的水质控制目标，一般情况下，每个水功能区对应一个水质类别目标。但水质类别对应的污染物浓度区间范围广、弹性太大，根据目前的实践状况，按照水质类别来管理水功能区水质已不满足区域与区域协调的内在要求，必须按照精细化管理的要求，细化每个水功能区出境断面主要污染物的管理浓度。

以水功能区为基本单元，对比出境断面的现状监测浓度与水质管理目标浓度，评判该水域上下游、左右岸相互协调状态，从而达到区域与区域的平衡。为此，本小节建立了入河排污口布设分区的污染物浓度协调度曲线（图 2.3.3）。

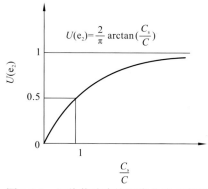

图 2.3.3　污染物浓度协调度曲线示意图

对某一确定的水域而言，当出境断面某污染物的现状浓度 $C \leqslant$ 目标浓度 C_s 时，说明该水域的排污量小，水质状况良好，未来可以新增排污口以满足该区域经济社会发展，污染物浓度协调度 $U(e_2)$ 较大；当出境断面其污染物浓度 > 目标浓度时，说明该水域已不适合新增排污口,需要适当关停排污口以减少排污量,此时 $U(e_2) < 0.5$。

若考虑多个水质指标,偏安全的角度而言,选择排污负荷协调度最小值参与综合协调度计算。

3. 水域保护层级协调度曲线

由于水资源有多种属性,水域有多种使用功能,排污口设置也是水资源利用的一种。在我国水资源的不同属性归属于不同部门管辖,出现了针对同一水域的多种管理办法。当同一水域面临多种使用功能需求时,就需要考虑水域的保护层级。水域保护层级根据其保护立法效力来确定。法律对应的保护层级为最高级(第 1 级)、国务院行政法规对应的保护层级为第 2 级、部委规章和省级法规对应的保护层级为第 3 级、设区的地市州法规为第 4 级、设区的地市州规章为第 5 级、规范性文件和标准为第 6 级。法律法规及规范性文件明确指出不能设置入河排污口的水域,按照规定应视法律的效力等级确定水域的保护层级协调度。法律明确规定不能设置排污口的,其保护层级为第 1 级的,$U(e_3) = 0$;法律及规范性文件未明确规定不能排污的,$U(e_3) = 1$;其余根据法律条文的表述类推确定,一般情况下 $U(e_3) = \dfrac{P}{10}$,P 为保护层级。通过梳理目前现有的法律条款,相关规定包括以下几条。

(1)《中华人民共和国水法》第三十四条规定"禁止在饮用水水源保护区内设置排污口"。《中华人民共和国水污染防治法》第六十四条规定"在饮用水水源保护区内,禁止设置排污口";第六十五条规定"禁止在饮用水水源一级保护区内新建、改建、扩建与供水设施和保护水源无关的建设项目;已建成的与供水设施和保护水源无关的建设项目,由县级以上人民政府责令拆除或者关闭";第六十六条规定"禁止在饮用水水源二级保护区内新建、改建、扩建排放污染物的建设项目;已建成的排放污染物的建设项目,由县级以上人民政府责令拆除或者关闭";第六十七条规定"禁止在饮用水水源准保护区内新建、扩建对水体污染严重的建设项目;改建建设项目,不得增加排污量"。

(2)《中华人民共和国水污染防治法》第七十五条规定"在风景名胜区水体、重要渔业水体和其他具有特殊经济文化价值的水体的保护区内,不得新建排污口。在保护区附近新建排污口,应当保证保护区水体不受污染"。

(3)《中华人民共和国自然保护区条例》第十八条规定"自然保护区可以分为核心区、缓冲区和实验区。自然保护区内保存完好的天然状态的生态系统以及珍稀、濒危动植物的集中分布地,应当划为核心区,禁止任何单位和个人进入;除依照本条例第二十七条的规定经批准外,也不允许进入从事科学研究活动。核心区外围可以划定一定面积的缓冲区,只准进入从事科学研究观测活动。缓冲区外围划为实验区,可以进入从事科学试验、教学实习、参观考察、旅游以及驯化、繁殖珍稀、濒危野生动植物等活动。原批准建立自然保护区的人民政府认为必要时,可以在自然保护区的外围划定一定面积的外围保护地带";第三十二条规定"在自然保护区的核心区和缓冲区内,不得建设任何生产设施。在自然保护区的实验区内,不得建设污染环境、破坏资源或者景观的生产设施;建设其他项目，其污染物排放不得超过国家和地方规定的污染物排放标准"。

（4）《水功能区监督管理办法》第八条规定"保护区是对源头水保护、饮用水保护、自然保护区、风景名胜区及珍稀濒危物种的保护具有重要意义的水域。禁止在饮用水水源一级保护区、自然保护区核心区等范围内新建、改建、扩建与保护无关的建设项目和从事与保护无关的涉水活动"。

（5）《中华人民共和国水法》第三十四条规定"在江河、湖泊新建、改建或者扩大排污口，应当经过有管辖权的水行政主管部门或者流域管理机构同意，由环境保护行政主管部门负责对该建设项目的环境影响报告书进行审批"。

（6）《国务院关于实行最严格水资源管理制度的意见》第十三条规定"严格入河湖排污口监督管理，对排污量超出水功能区限排总量的地区，限制审批新增取水和入河湖排污口"。

（7）《水产种质资源保护区管理暂行办法》第二十一条规定"禁止在水产种质资源保护区内新建排污口"。

各类型水域保护层级协调度可按表 2.3.2 进行量化区分。入河排污口布设分区的保护层级协调度曲线如图 2.3.4 所示。

表 2.3.2 各类型水域保护层级协调度一览表

编号	水域类型	P	保护层级协调度	备注
1	饮用水水源保护区一级区	0	$U(e_3) = 0$	《中华人民共和国水法》规定
2	饮用水水源保护区二级区	0	$U(e_3) = 0$	《中华人民共和国水法》规定
3	饮用水水源保护区准保护区	1	$U(e_3) = \dfrac{1}{10}$	《中华人民共和国水法》规定
4	国家级和省级风景名胜区	1	$U(e_3) = \dfrac{1}{10}$	《中华人民共和国水污染防治法》规定
5	自然保护区核心区和缓冲区	0	$U(e_3) = 0$	《中华人民共和国自然保护区条例》规定
6	自然保护区实验区	2	$U(e_3) = \dfrac{2}{10}$	《中华人民共和国自然保护区条例》规定
7	源头水保护区（水功能区）	3	$U(e_3) = \dfrac{3}{10}$	水利部规章规定
8	调水水源保护区（水功能区）	3	$U(e_3) = \dfrac{3}{10}$	水利部规章规定
9	保留区水域（水功能区）	4	$U(e_3) = \dfrac{4}{10}$	水利部规章规定

续表

编号	水域类型	P	保护层级协调度	备注
10	省界缓冲区（水功能区）	5	$U(e_3) = \dfrac{5}{10}$	水利部规章规定
11	过渡区（水功能区）	6	$U(e_3) = \dfrac{6}{10}$	水利部规章规定
12	景观娱乐用水区（水功能区）	6	$U(e_3) = \dfrac{6}{10}$	水利部规章规定
13	工业用水区（水功能区）	7	$U(e_3) = \dfrac{7}{10}$	水利部规章规定
14	农业用水区（水功能区）	8	$U(e_3) = \dfrac{8}{10}$	水利部规章规定
15	渔业用水区（水功能区）	9	$U(e_3) = \dfrac{9}{10}$	水利部规章规定
16	排污控制区（水功能区）	10	$U(e_3) = 1$	水利部规章规定
17	水产种质资源保护区核心区	0	$U(e_3) = 0$	农业农村部规章规定
18	水产种质资源保护区实验区	5	$U(e_3) = \dfrac{5}{10}$	农业农村部规章规定
19	水质不达标水域（水功能区）	6	$U(e_3) = \dfrac{6}{10}$	最严格水资源管理制度
20	其他水域	10	$U(e_3) = 1$	—

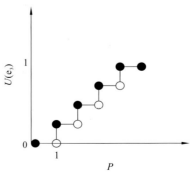

图 2.3.4　保护层级协调度曲线示意图

4. 纳污红线协调度曲线

根据《国务院关于实行最严格水资源管理制度的意见》（国发〔2012〕3 号），国家确立水功能区限制纳污红线，到 2030 年主要污染物入河湖总量控制在水功能区纳污能力范围之内，水功能区水质达标率提高到 95%以上。《国务院办公厅关于印发实行最严格水资源管理制度考核办法的通知》（国办发〔2013〕2 号）确定了各水平年省级行政区水功能区水质达标率目标（红线），第十三条规定"年度或期末考核结果为不合格的省、自治区、直辖市人民政府，要在考核结果公告后一个月内，向国务院作出书面报告，提出限期整改措施，同时抄送水利部等考核工作组成员单位。整改期间，暂停该地区建设项目新增取水和入河排污口审批，暂停该地区新增主要水污染物排放建设项目环评审批。对整改不到位的，由监察机关依法依纪追究该地区有关责任人员的责任"。

区域水功能区水质达标率是指依据《地表水资源质量评价技术规程》（SL 395—2007）第 6 章确定的技术方法得出的某行政区水功能区水质达标率。水功能区限制纳污红线是指根据国务院确定的限制纳污红线目标，各级人民政府分解至本行政区的水功能区水质达标率目标。《国务院办公厅关于印发实行最严格水资源管理制度考核办法的通知》（国办发〔2013〕2 号）规定了各省级行政区 2015 年、2020 年和 2030 年重要江河湖泊水功能区水质达标率考核目标，长江经济带各省级行政区水功能区限制纳污红线指标见表 2.3.3。以湖北省为例，根据《湖北省实行最严格水资源管理制度考核办法（试行）》（鄂政办发〔2013〕69 号），湖北省分解至各地级市限制纳污红线指标见表 2.3.4。

表 2.3.3　长江经济带各省级行政区规划水平年重要水功能区水质达标率目标　　　（单位：%）

编号	省级行政区	水质达标率		
		2015 年	2020 年	2030 年
1	上海	53	78	95
2	江苏	62	82	95
3	浙江	62	78	95
4	安徽	71	80	95
5	江西	88	91	95
6	湖北	78	85	95
7	湖南	85	91	95
8	重庆	78	85	95
9	四川	77	83	95
10	贵州	77	85	95
11	云南	75	87	95

表 2.3.4　湖北省各地市区规划水平年重要水功能区水质达标率目标　（单位：%）

编号	地级行政区	水质达标率		
		2015 年	2020 年	2030 年
1	武汉市	72	85	95
2	黄石市	78	85	95
3	十堰市	92	85	98
4	荆州市	78	85	95
5	宜昌市	80	85	95
6	襄阳市	78	85	95
7	鄂州市	78	85	95
8	荆门市	78	85	95
9	黄冈市	80	85	95
10	孝感市	70	85	95
11	咸宁市	82	87	95
12	随州市	75	85	95
13	恩施土家族苗族自治州	90	95	97
14	仙桃市	90	95	97
15	天门市	75	85	95
16	潜江市	92	95	97
17	神农架林区	100	100	100

以水功能区为基本评价单元，以地级行政区（有条件的可细化至县级行政区）为统计单位，对比区域水功能区水质达标率现状和规划年水功能区水质达标率，评判该水域当前水质现状与长远水质保护的关系，从而达到当前与长远的平衡。为此，本小节建立了入河排污口布设分区的纳污红线协调度曲线（图 2.3.5）。

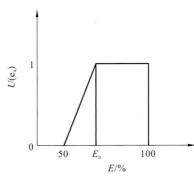

图 2.3.5　纳污红线协调度曲线示意图

对某一确定的区域而言,每年实施最严格水资源管理制度纳入考核的水功能区确定,因此根据本年度水功能区的水质监测情况,可统计出达标的水功能区数目和区域水功能区达标率 E。当区域水功能区达标率 E 低于 50% 时,说明该区域水环境状况特别差,不符合水环境保护的总体要求,该区域不应再增加入河排污口,此时纳污红线协调度 $U(e_4)=0$,当区域水功能区达标率 E 为 50% 至红线目标值时,$U(e_4)$ 线性增加,当区域水功能区达标率 E 为红线目标值至 100% 时,$U(e_4)=1$。

2.3.4　排污布设系统协调函数

根据前述研究建立的 4 个因素的协调度,采用几何平均值公式确定排污布设系统的综合协调度函数为

$$c = \sqrt[n]{\theta(i)u(e_i)} = \sqrt[4]{\exp\left(-\frac{Q_p}{Q_m}\right)\frac{2}{\pi}\arctan\frac{C_s}{C}\frac{P}{10}u(e_4)} \qquad (2.3.7)$$

式中:c 为排污布局系统的综合协调性指数;n 表示系统内部要素的维度;$\theta(i)$ 为调节因子,以反映各要素在系统中的重要程度,$\theta(i)\in(0,1]$,本小节中 $\theta(i)$ 均取值为 1;$u(e_i)$ 表示各要素的协调性指数,$u(e_i)\in(0,1]$;Q_m 为河段某污染物水域纳污能力,t/a;Q_p 为河段某污染物实际入河量,t/a;C_s 为河段某污染物目标控制浓度,mg/L;C 为河段某污染物当前实测浓度,mg/L;P 为根据水域使用功能确定的保护优先级,$P=\{1,2,\cdots,10\}$;$u(e_4)$ 为根据行政区水功能区水质达标率与限制纳污红线目标达标率的关系按照 e_4 的协调度曲线插值得到,$u(e_4)\in(0,1]$。$c\in(0.5,1.0]$ 为高度协调,对应为一般限制排污区。$c\in(0.2,0.5]$ 为中度协调,对应为严格限制排污区。$c\in[0.0,0.2]$ 为不协调,对应为禁止排污区。

2.4　入河排污口布设分区实例

以汉江中下游干流丹江口大坝-武汉龙王庙江段为例,对本章提出的排污布设分区理论框架和布设分区模型进行应用。

2.4.1　研究区概况

1. 研究范围

研究江段北至丹江口大坝,南抵武汉龙王庙,全长 652 km,汉江中下游干流流经丹江口、老河口至襄阳折转向东南,经宜城、钟祥、沙洋、天门、潜江、仙桃、汉川、蔡甸等市(县、区),至武汉龙王庙汇入长江。规划范围按区域包括汉江干流沿线的丹江口市、老河口市、谷城县、襄阳市城区(襄城区、樊城区、襄州区)、宜城市、钟祥市、沙

洋县、潜江市、天门市、仙桃市、汉川市和武汉市（蔡甸区、东西湖区、汉阳区、江汉区、硚口区）。研究范围行政区划见表 2.4.1。

表 2.4.1　研究范围行政区划

研究河流	流经市（县）	
汉江干流	十堰市	丹江口市
	襄阳市	老河口市、谷城县、襄城区、樊城区、襄州区、宜城市
	荆门市	钟祥市、沙洋县
	潜江市	
	天门市	
	仙桃市	
	孝感市	汉川市
	武汉市	蔡甸区、东西湖区、汉阳区、江汉区、硚口区

2. 研究区社会经济情况

汉江中下游区域包括湖北省丹江口大坝以下的 22 个县（市、区），干流沿岸主要城市有十堰市、襄阳市、荆门市、潜江市、天门市、仙桃市、孝感市、武汉市，支流涉及神农架林区及河南省南阳市部分。区域内经济发达、人口密集，自然资源丰富，人均水资源量与全国水平相当。据 2013 年底湖北省、河南省统计资料，汉江中下游流域总人口为 3 682.1 万人，其中城镇人口 1 821.4 万人，地区生产总值 14 018 亿元，见表 2.4.2。

表 2.4.2　2013 年汉江中下游流域社会经济基本情况

行政区名称	人口/万人			地区生产总值/亿元			
	城镇	农村	合计	第一产业	第二产业	第三产业	合计
武汉市	555.6	266.2	821.8	335.4	4 396.2	573.3	5 304.9
襄阳市	306.5	252.5	559.0	386.5	1 611.4	816.1	2 814.0
丹江口市	138.7	208.2	346.9	143.0	547.0	390.6	1 080.6
孝感市	247.6	237.6	485.2	243.1	602.3	393.5	1 238.9
荆门市	129.9	158.8	288.7	190.0	651.8	126.2	968.0
仙桃市	70.2	85.9	156.1	80.2	267.9	156.2	504.3
天门市	63.0	70.9	133.9	69.0	164.4	87.8	321.2
潜江市	47.5	47.5	95.0	60.3	260.2	121.3	441.8
神农架林区	3.7	4.0	7.6	1.8	7.7	9.1	18.6

续表

行政区名称	人口/万人			地区生产总值/亿元			
	城镇	农村	合计	第一产业	第二产业	第三产业	合计
南召县	15.5	40.2	55.7	16.9	57.4	38.7	113.0
方城县	23.0	69.2	92.2	34.9	68.9	55.6	159.4
南阳市	90	91.2	181.2	0	0	0	636.8
新野县	17.9	45.0	62.9	40.7	111.7	65.9	218.3
内乡县	16.2	41.3	57.5	32.9	57.5	44.9	135.3
邓州市	41.5	105.3	146.8	92.4	125.5	110.6	328.5
社旗县	17.5	45.8	63.4	32.5	54.7	40.1	127.3
唐河县	37.1	91.1	128.2	65.9	103.2	74.8	243.9
合计	1 821.4	1 860.7	3 682.1	1 825.5	9 087.8	3 104.7	14 018

3. 研究区水功能区划情况

根据《全国重要江河湖泊水功能区划（2011—2030 年）》，共划分 12 个一级水功能区，见表 2.4.3。在 6 个开发利用区内进一步划分为 20 个二级水功能区，见表 2.4.4。

表 2.4.3　汉江中下游重要水功能区一级区划表

序号	一级水功能区名称	范围		长度/km	水质目标
		起始断面	终止断面		
1	汉江丹江口、襄樊保留区	丹江口水库坝前	襄州区竹条镇	107.0	II
2	汉江襄樊开发利用区	襄州区竹条镇	襄阳市余家湖王营	32.0	按二级区划
3	汉江襄阳、宜城、钟祥保留区	襄阳市余家湖王营	汉江俐河河口	107.0	II
4	汉江钟祥开发利用区	汉江俐河河口	钟祥市南湖农场	29.0	按二级区划
5	汉江钟祥、潜江保留区	钟祥市南湖农场	潜江市王场镇	124.0	II
6	汉江潜江市开发利用区	潜江市王场镇	天门市张港	16.0	按二级区划
7	汉江天门、仙桃保留区	天门市张港	天门市多祥镇	67.0	II
8	汉江仙桃开发利用区	天门市多祥镇	汉川市万福闸	24.0	按二级区划
9	汉江仙桃、汉川保留区	汉川市万福闸	汉川市马鞍镇	54.0	III
10	汉江汉川开发利用区	汉川市马鞍镇	武汉市新沟镇	25.0	按二级区划
11	汉江武汉保留区	武汉市新沟镇	蔡甸区张湾镇	8.0	III
12	汉江武汉开发利用区	蔡甸区张湾镇	武汉市龙王庙	41.0	按二级区划

表 2.4.4　汉江中下游重要水功能区二级区划表

序号	二级水功能区名称	所在一级水功能区名称	河流	范围		长度/km	水质目标
				起始断面	终止断面		
1	汉江襄樊樊城饮用水源、工业用水区1			襄州区竹条镇	闸口	14	II
2	汉江襄樊襄城饮用水源、工业用水区2			闸口	钱家营	8.2	III
3	汉江襄樊襄城排污控制区	汉江襄樊开发利用区		钱家营	湖北制药厂排污口	1.5	
4	汉江襄樊钱家营过渡区			湖北制药厂排污口	湖北制药厂排污口下游2 km	2	III
5	汉江襄樊余家湖工业用水、饮用水源区			湖北制药厂排污口下游2 km	襄阳市余家湖王营	6.3	III
6	汉江钟祥磷矿工业用水区			汉江俐河河口	钟祥中山	5.5	III
7	汉江钟祥过渡区	汉江钟祥开发利用区		钟祥中山	钟祥市陈家台	10.5	II
8	汉江钟祥皇庄饮用水源区		汉江干流	钟祥市陈家台	皇庄	3	II
9	汉江钟祥皇庄农业、工业用水区			皇庄	钟祥市南湖农场	10	III
10	汉江潜江市红旗码头工业用水区			潜江市王场镇	三叉口	5	II
11	汉江潜江市谢湾农业用水、饮用水源区	汉江潜江市开发利用区		三叉口	泽口	2.4	II
12	汉江潜江市泽口工业用水区			泽口	周家台	1	II
13	汉江潜江市王拐农业用水区			周家台	天门市张港	7.6	II
14	汉江仙桃饮用水源区			天门市多祥镇	沔城	9.5	II
15	汉江仙桃排污控制区	汉江仙桃开发利用区		沔城	何家台	6	
16	汉江仙桃过渡区			何家台	汉川市万福闸	8.5	III
17	汉江汉川饮用水源、工业用水区			汉川市马鞍镇	熊家湾	5	III
18	汉江汉川工业用水、饮用水源区	汉江汉川开发利用区		熊家湾	武汉市新沟镇	20	III
19	汉江武汉蔡甸、东西湖区农业、工业用水区			蔡甸区张湾镇	蔡甸自来水公司上游1 km	15.4	III
20	汉江武汉城区、蔡甸、东西湖区饮用水源、工业用水区	汉江武汉开发利用区		蔡甸自来水公司上游1 km	武汉市龙王庙	25.6	III

2.4.2　研究区水环境现状

1. 研究区水质状况

研究区内12个一级水功能区和20个二级水功能区，不重复计算共有26个水功能区，2014年有18个纳入监测考核。2014年按照双指标评价结果见表2.4.5。按照双指标评价有2个水功能区不能达标，水功能区水质达标率为88.9%。

表 2.4.5　汉江中下游重要水功能区 2014 年度水质评价表

序号	一级水功能区名称	二级水功能区名称	河长/km	考核地市	水质目标	2014年评价次数	年度水质类别	年达标次数	达标评价结论	超标项目	COD/(t/a) 现状入河量	COD/(t/a) 水域纳污能力	氨氮/(t/a) 现状入河量	氨氮/(t/a) 水域纳污能力
1	汉江丹江口、襄樊保留区		107	襄阳	II	12	II	12	达标	—	4 646	7 285	911.4	1 828
2	汉江襄樊开发利用区	汉江襄樊城饮用水源、工业用水区	14	襄阳	II	12	II	12	达标	—	184	3 625	15.1	302.1
3		汉江襄樊城饮用水源、工业用水区	8.2	襄阳	III	12	II	12	达标	—	614	2 122	58	176.8
4		汉江襄樊城排污控制区	1.5	襄阳	—	—	II	未参评			5 448.0	7 359.0	1 375.0	5 448
5		汉江襄樊钱家营过渡区	2	襄阳	III	12	II	12	达标	—	164	621	2	34.1
6		汉江襄樊余家湖工业用水、饮用水区	6.3	襄阳	III	—	II	未参评			30.0	1 957.0	12.0	30
7	汉江襄阳、宜城、钟祥保留区		107	襄阳、荆门	II	12	II	12	达标	—	16 687.2	19 943	1 295.5	897
8	汉江钟祥开发利用区	汉江钟祥磷矿工业用水区	5.5	荆门	III	—	II	未参评			470.9	2 212.4	110.2	470.9
9		汉江钟祥过渡区	10.5	荆门	II	12	II	12	达标	—	0	412.7	0	27.2
10		汉江钟祥皇庄饮用水源区	3	荆门	II	12	II	12	达标	—	290.9	554.8	7	54.8
11		汉江钟祥皇庄农业、工业用水区	10	荆门	III	12	II	12	达标	—	128.2	2 852.7	5.7	155
12	汉江钟祥、潜江保留区		124	荆门、潜江	II	—		未参评			12.5	964.9	0.0	12.5
13	汉江潜江开发利用区	汉江潜江市红旗码头工业用水区	5	潜江	II	—		未参评			4 507.8	4 757.0	843.2	4 507.8

续表

序号	一级水功能区名称	二级水功能区名称	河长/km	考核地市	水质目标	2014年评价次数	2014 全年双因子达标评价				COD/（t/a）		氨氮/（t/a）	
							年度水质类别	年达标次数	达标评价结论	超标项目	现状入河量	水域纳污能力	现状入河量	水域纳污能力
14	汉江潜江开发利用区	汉江潜江市谢湾农业用水、饮用水源区	2.4	潜江	II	—			未参评		120.8	463.1	12.6	120.8
15		汉江潜江市泽口工业用水区	1	潜江	II	12	II	12	达标	—	35	176.2	0	23.6
16		汉江潜江市王拐农业用水区	7.6	潜江	II	12	II	11	达标	—	145	1 339.1	15	112.3
17	汉江天门、仙桃保留区		67	天门、仙桃	II	12	II	11	达标	—	93.1	438	15	55
18		汉江仙桃饮用水源区	9.5	仙桃	II	12	II	11	达标	—	178.6	1 230.7	16.3	102.6
19	汉江仙桃开发利用区	汉江仙桃排污控制区	6	仙桃	—	—			未参评		1 607.5	2 794.1	146.8	1 607.5
20		汉江仙桃过渡区	8.5	仙桃	III	12	II	12	达标	—	202.5	1 185.9	18.5	130.3
21	汉江仙桃、汉川保留区		54	仙桃、孝感	III	12	II	10	达标	—	591	591	3.7	49.3
22	汉江汉川开发利用区	汉江汉川饮用水源、工业用水区	5	孝感	III	12	III	9	不达标	氨氮	530.6	597.9	60.5	49.8
23		汉江汉川工业用水、饮用水源区	20	孝感	III	12	III	9	不达标	氨氮	1 099.4	2 392.2	563.6	199.4
24	汉江武汉保留区		8	武汉	III	12	II	12	达标	—	1 677	1 677	160	160
25	汉江武汉开发利用区	汉江武汉蔡甸、东西湖农业、工业用水区	15.4	武汉	III	—			未参评		104.0	3 492.7	20.9	104
26		汉江武汉城区、蔡甸、东西湖饮用水源、工业用水区	25.6	武汉	III	12	II	12	达标	—	4 370.6	6 408.4	297.2	453.8

2. 研究区入河污染负荷及水域纳污能力

根据 2013 年完成的水利普查成果，汉江中下游干流共调查入河排污口 68 个，COD 入河量 43 938.6 t/a，氨氮入河量 5 965.2 t/a，对应的水域纳污能力 COD 77 452.8 t/a，氨氮 17 112.6 t/a。各水功能区现状入河量与水域纳污能力见表 2.4.5。

3. 研究环境敏感区

规划区域内重要水环境敏感区主要是饮用水水源保护区、涉水自然保护区和水产种质资源保护区。根据湖北省人民政府办公厅文件《省人民政府办公厅关于印发湖北省县级以上集中式饮用水水源保护区划分方案的通知》（鄂政办发〔2011〕130 号）所附的《湖北省县级以上集中式饮用水水源保护区划分方案》，汉江中下游干流有集中式饮用水水源地 25 个，国家级水产种质资源保护区 5 个。

其中，集中式饮用水水源地保护区一、二级保护区长度按照《饮用水水源保护区划分技术规范》（HJ 338—2018）确定，河流型饮用水水源地一、二级保护区长度整体范围是取水口上游 3 km 至取水口下游 300 m 范围。水产种质资源保护区核心区范围见图 2.4.1。

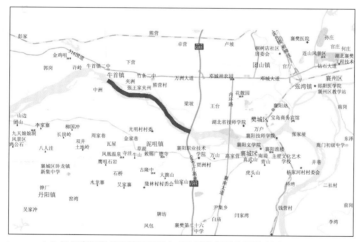

（a）汉江襄阳段长春鳊国家级水产种质资源保护区核心区（11.5 km）

（b）汉江潜江段四大家鱼国家级水产种质资源保护区核心区（20.1 km）

（c）汉江沙洋段长吻鮠瓦氏黄颡鱼家级水产种质资源保护区核心区（16 km）

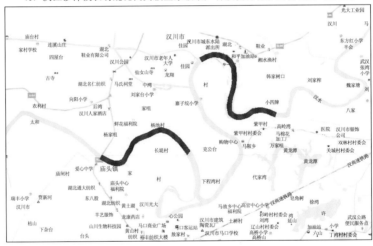

（d）汉江汉川段国家级水产种质资源保护区核心区（第一段5.5 km，第二段7.6 km）

（e）汉江钟祥段鳡鳍鲶鱼国家级水产种质资源保护区核心区（43 km）

图 2.4.1　汉江中下游水产种质资源保护区核心区范围示意图

2.4.3　汉江中下游入河排污口布设分区成果

1. 污染负荷协调度计算

以汉江流域限制排污总量主要控制指标 COD 和氨氮为污染负荷协调度计算指标，单个指标的污染负荷协调度计算公式为

$$U(e_1)_{COD或氨氮} = \exp\left(-\frac{Q_p}{Q_m}\right) \tag{2.4.1}$$

式中：$U(e_1)_{COD或氨氮}$ 为 COD 或氨氮的污染负荷协调度；Q_p 为 COD 或氨氮的入河量，t/a；Q_m 为水域纳污能力，t/a。

按照 COD 和氨氮协调度中的最小值计算污染负荷的综合协调度，计算公式为

$$U(e_1) = \min\{U(e_1)_{COD}, U(e_1)_{氨氮}\} \tag{2.4.2}$$

式中：$U(e_1)$ 为污染负荷综合协调度。

根据式（2.4.1）和式（2.4.2），汉江中下游干流污染负荷综合协调度计算结果见表 2.4.6。

2. 污染物浓度协调度计算

以汉江流域限制排污总量主要控制指标 COD 和氨氮为污染物浓度协调度计算指标，由于汉江干流 COD 背景浓度较低，采用高锰酸盐指数替代 COD 作为浓度协调度计算指标，单个指标的污染物浓度协调度计算公式为

$$U(e_2)_{COD_{Mn}或氨氮} = \frac{\pi}{2}\arctan t\left(\frac{C_s}{C}\right) \tag{2.4.3}$$

式中：$U(e_2)_{COD_{Mn}或氨氮}$ 为 COD_{Mn} 或氨氮的污染物浓度协调度；C_s 为下游控制断面 COD_{Mn} 或氨氮的目标浓度，mg/L；C 为下游控制断面的现状浓度，mg/L。

按照 COD_{Mn} 和氨氮协调度中的最小值计算污染负荷的综合协调度，公式为

$$U(e_2) = \min\{U(e_2)_{COD_{Mn}}, U(e_2)_{氨氮}\} \tag{2.4.4}$$

式中：$U(e_2)$ 为污染负荷综合协调度。

根据式（2.4.3）和式（2.4.4），汉江中下游干流污染物浓度综合协调度计算结果见表 2.4.7。

表 2.4.6　汉江中下游干流污染负荷综合协调计算结果

序号	一级水功能区名称	二级水功能区名称	COD/ (t/a) 现状入河量	COD/ (t/a) 水域纳污能力	氨氮/ (t/a) 现状入河量	氨氮/ (t/a) 水域纳污能力	COD排污 协调度	氨氮排污 协调度	污染负荷综合 协调度
1	汉江丹江口、襄樊保留区		4 646	7 285	911.4	1 828	0.85	0.88	0.85
2		汉江襄樊樊城用水源、工业用水区	184	3 625	15.1	302.1	0.95	0.95	0.95
3		汉江襄樊襄城饮用水源、工业用水区	614	2 122	58	176.8	0.75	0.72	0.72
4	汉江襄樊干发利用区	汉江襄樊襄城排污控制区	5 448	7 359	1 375	1 858.9	0.48	0.48	0.48
5		汉江襄樊钱家营过渡区	164	621	2	34.1	0.77	0.94	0.77
6		汉江襄樊余家湖工业用水、饮用水区	30	1 957	12	116.1	0.98	0.90	0.90
7	汉江襄阳、宜城、钟祥保留区		16 687.2	19 943	1 295.5	897	0.43	0.24	0.24
8		汉江钟祥磷矿工业用水区	470.9	2 212.4	110.2	318	0.81	0.71	0.71
9		汉江钟祥过渡区	0	412.7	0	27.2	1.00	1.00	1.00
10	汉江钟祥开发利用区	汉江钟祥皇庄饮用水源区	290.9	554.8	7	54.8	0.59	0.88	0.59
11		汉江钟祥皇庄农业、工业用水区	128.2	2 852.7	5.7	155	0.96	0.96	0.96
12	汉江钟祥、潜江保留区		12.5	964.9	0	80.4	0.99	1.00	0.99
13		汉江潜江市红旗码头工业用水区	4 507.8	4 757	843.2	277	0.39	0.05	0.05
14	汉江潜江开发利用区	汉江潜江市谢湾农业用水、饮用水源区	120.8	463.1	12.6	38.6	0.77	0.72	0.72
15		汉江潜江市泽口工业用水区	35	176.2	0	23.6	0.82	1.00	0.82
16		汉江潜江市王拐农业用水区	145	1 339.1	15	112.3	0.90	0.87	0.87

续表

序号	一级水功能区名称	二级水功能区名称	COD/(t/a)		氨氮/(t/a)		COD 排污协调度	氨氮排污协调度	污染负荷综合协调度
			现状入河量	水域纳污能力	现状入河量	水域纳污能力			
17	汉江天门、仙桃保留区		93.1	438	15	55	0.81	0.76	0.76
18	汉江仙桃开发利用区	汉江仙桃饮用水源区	178.6	1 230.7	16.3	102.6	0.86	0.85	0.85
19		汉江仙桃排污控制区	1 607.5	2 794.1	146.8	315.3	0.56	0.63	0.56
20		汉江仙桃过渡区	202.5	1 185.9	18.5	130.3	0.84	0.87	0.84
21	汉江仙桃、汉川保留区		591	591	3.7	49.3	0.37	0.93	0.37
22	汉江汉川开发利用区	汉江汉川饮用水源、工业用水区	530.6	597.9	60.5	49.8	0.41	0.30	0.30
23		汉江汉川工业用水、饮用水源区	1 099.4	2 392.2	563.6	199.4	0.63	0.06	0.06
24	汉江武汉保留区		1 677	1 677	160	160	0.37	0.37	0.37
25	汉江武汉开发利用区	汉江武汉蔡甸、东西湖农业、工业用水区	104	3 492.7	20.9	291.1	0.97	0.93	0.93
26		汉江武汉城区、蔡甸、东西湖区饮用水源、工业用水区	4 370.6	6 408.4	297.2	453.8	0.51	0.52	0.51

表 2.4.7 汉江中下游干流污染物浓度综合协调度计算结果

| 序号 | 一级水功能区名称 | 二级水功能区名称 | 氨氮/(t/a) | | COD$_{Mn}$ | | 氨氮 | | COD$_{Mn}$浓度协调度 | 氨氮浓度协调度 | 污染物浓度综合协调度 |
			现状入河量	水域纳污能力	现状浓度	目标浓度	现状浓度	目标浓度			
1	汉江丹江口、襄樊保留区		911.4	1 828	2.1	4	0.089	0.5	0.69	0.89	0.69
2		汉江襄樊襄城饮用水源、工业用水区	15.1	302.1	2.2	4	0.092	0.5	0.68	0.88	0.68
3		汉江襄樊襄城饮用水源、工业用水区	58	176.8	2.3	6	0.192	1	0.77	0.88	0.77
4	汉江襄樊开发利用区	汉江襄樊襄城排污控制区	1375	1 858.9	2.5	6	0.252	1	0.75	0.84	0.75
5		汉江襄樊钱家营过渡区	2	34.1	2.5	6	0.148	1	0.75	0.91	0.75
6		汉江襄樊余家湖工业用水、饮用水区	12	116.1	2.4	6	0.16	1	0.76	0.90	0.76
7	汉江襄阳、宜城、钟祥保留区		1 295.5	897	2.3	4	0.093	0.5	0.67	0.88	0.67
8		汉江钟祥磷矿工业用水区	110.2	318	2	6	0.144	1	0.80	0.91	0.80
9		汉江钟祥过渡区	0	27.2	2.1	4	0.145	0.5	0.69	0.82	0.69
10	汉江钟祥开发利用区	汉江钟祥皇庄饮用水源区	7	54.8	2	4	0.148	0.5	0.71	0.82	0.71
11		汉江钟祥皇庄农业、工业用水区	5.7	155	2.2	6	0.19	1	0.78	0.88	0.78
12	汉江钟祥、潜江保留区		0	80.4	2.2	4	0.168	0.5	0.68	0.79	0.68
13		汉江潜江市红旗码头工业用水区	843.2	277	2.1	4	0.176	0.5	0.69	0.78	0.69
14		汉江潜江市谢湾农业用水、饮用水源区	12.6	38.6	2.2	4	0.18	0.5	0.68	0.78	0.68
15	汉江潜江开发利用区	汉江潜江市泽口工业用水区	0	23.6	2.1	4	0.149	0.5	0.69	0.82	0.69
16		汉江潜江市王拐农业用水区	15	112.3	2.1	4	0.186	0.5	0.69	0.77	0.69

续表

序号	一级水功能区名称	二级水功能区名称	氨氮/(t/a) 现状入河量	氨氮/(t/a) 水域纳污能力	CODMn 现状浓度	CODMn 目标浓度	氨氮 现状浓度	氨氮 目标浓度	CODMn浓度协调度	氨氮浓度协调度	污染物浓度综合协调度
17	汉江天门、仙桃保留区		15	55	2.6	4	0.196	0.5	0.63	0.76	0.63
18	汉江仙桃开发利用区	汉江仙桃饮用水源区	16.3	102.6	2.2	4	0.244	0.5	0.68	0.71	0.68
19		汉江仙桃排污控制区	146.8	315.3	2	6	0.241	1	0.80	0.85	0.80
20		汉江仙桃过渡区	18.5	130.3	1.9	6	0.22	1	0.81	0.86	0.81
21	汉江仙桃、汉川保留区		3.7	49.3	2.4	6	0.23	1	0.76	0.86	0.76
22	汉江汉川开发利用区	汉江汉川饮用水源、工业用水区	60.5	49.8	2.4	6	0.266	1	0.76	0.83	0.76
23		汉江汉川工业用水、饮用水源区	563.6	199.4	3	6	1.117	1	0.71	0.47	0.47
24	汉江武汉保留区		160	160	2.1	6	0.158	1	0.79	0.90	0.79
25	汉江武汉开发利用区	汉江武汉蔡甸、东西湖农业、工业用水区	20.9	291.1	2.1	6	0.129	1	0.79	0.92	0.79
26		汉江武汉城区、蔡甸、东西湖饮用水源、工业用水区	297.2	453.8	2.2	6	0.177	1	0.78	0.89	0.78

3. 水域保护层级协调度计算

根据水域保护层级协调度表（表 2.3.2），对不同类型水域进行协调度赋值，汉江中下游干流水域保护层级协调度计算结果见表 2.4.8。

表 2.4.8　汉江中下游水域保护层级协调度计算结果

序号	河段名称	长度/km	水域保护层级协调度	原属水功能区名称
1	汉江襄阳段长春鳊国家级水产种质资源保护区	11.5	0	汉江丹江口、襄樊保留区
2	老河口汉江胜利码头水源地一、二级保护区	3.3	0	
3	谷城汉江格垒嘴水源地	3.3	0	
4	汉江丹江口、襄樊保留区剩余部分	88.9	0.4	
5	火星观饮用水水源地一水厂取水口上游 3 000 m 至四水厂取水口下游 300 m，距离 9 km	9	0	汉江襄樊樊城饮用水源、工业用水区
6	汉江襄樊襄城饮用水源、工业用水区	5	0.7	汉江襄樊襄城饮用水源、工业用水区
7	汉江襄樊襄城排污控制区	1.5	1	汉江襄樊襄城排污控制区
8	汉江襄樊钱家营过渡区	2	0.6	汉江襄樊钱家营过渡区
9	汉江襄樊余家湖工业用水、饮用用水区	6.3	0.7	汉江襄樊余家湖工业用水、饮用用水区
10	汉江襄阳、宜城、钟祥保留区剩余部分	103.7	0.4	汉江襄阳、宜城、钟祥保留区
11	汉江宜城水源地一、二级保护区	3.3	0	
12	汉江钟祥磷矿工业用水区	5.5	0.7	汉江钟祥磷矿工业用水区
13	汉江钟祥段鳡鳤鯮鱼国家级水产种质资源保护区（段1）	10.5	0	汉江钟祥过渡区
14	汉江钟祥皇庄水源地一、二级保护区	3.3	0	汉江钟祥皇庄饮用水源区
15	汉江钟祥段鳡鳤鯮鱼国家级水产种质资源保护区（段2）	10	0	汉江钟祥皇庄农业、工业用水区
16	汉江钟祥段鳡鳤鯮鱼国家级水产种质资源保护区（段3）	22.5	0	汉江钟祥、潜江保留区
17	汉江沙洋段长吻鮠瓦氏黄颡鱼国家级水产种质资源保护区	16	0	
18	汉江潜江段四大家鱼国家级水产种质资源保护区（段1）	12.7	0	
19	汉江沙洋新城水源地（3.3 km）	3.3	0	
20	汉江钟祥、潜江保留区剩余部分	72.8	0.4	
21	汉江潜江段四大家鱼国家级水产种质资源保护区（段2）	5	0	汉江潜江市红旗码头工业用水区
22	潜江汉江红旗码头水源地一级、二级保护区	3.3	0	
23	汉江潜江段四大家鱼国家级水产种质资源保护区（段3）、潜江汉江泽口码头水源地保护区	2.4	0	汉江潜江市谢湾农业用水、饮用水源区
24	汉江潜江市泽口工业用水区	1	0.7	汉江潜江市泽口工业用水区

序号	河段名称	长度 /km	水域保护层级协调度	原属水功能区名称
25	汉江潜江市王拐农业用水区	7.6	0.8	汉江潜江市王拐农业用水区
26	汉江天门、仙桃保留区	67	0.4	汉江天门、仙桃保留区
27	汉江仙桃饮用水源区（仙桃自来水公司水源地一、二级保护区）	9.5	0	汉江仙桃饮用水源区
28	汉江仙桃排污控制区	6	1	汉江仙桃排污控制区
29	汉江仙桃过渡区	8.5	0.6	汉江仙桃过渡区
30	汉江汉川段国家级水产种质资源保护区（段1）	5.5	0	汉江仙桃、汉川保留区
31	汉江仙桃、汉川保留区剩余部分	48.5	0.4	
32	汉川市城区第二饮用水水源地保护区	3.3	0	汉江汉川饮用水源、工业用水区
33	汉江汉川饮用水源、工业用水区剩余部分	1.7	0.7	
34	汉江汉川段国家级水产种质资源保护区（段2）、	7.6	0	汉江汉川工业、饮用水源区
35	汉川市城区三水厂饮用水源地保护区	3.3	0	
36	孝感市城区三水厂饮用水源地保护区	3.3	0	
37	汉江汉川工业、饮用水源区剩余部分	5.8	0.7	
38	汉江武汉保留区	8	0.4	汉江武汉保留区
39	蔡甸水厂、西湖水厂水源地保护区	6.6	0	汉江武汉蔡甸、东西湖区农业、工业用水区
40	汉江武汉蔡甸、东西湖区农业用水区剩余部分	8.8	0.8	
41	琴断口水厂、宗关水厂、国棉水厂、余氏墩水厂、白鹤水厂饮用水水源地一、二级保护区	20	0	汉江武汉城区、蔡甸、东西湖饮用水源、工业用水区
42	汉江武汉城区、蔡甸、东西湖饮用水源、工业用水区剩余部分	5.6	0.7	

4. 纳污红线协调度计算

对比水功能区水质实际达标率与规划远期 2030 年纳污红线要求，根据纳污红线协调度曲线，对各类江段纳污红线协调度进行赋值，计算公式为

$$U(e_4) = \begin{cases} 0, & E \leqslant 50\% \\ (E-50\%)/(E_0-50\%), & 50\% < E \leqslant E_0 \\ 1, & E > E_0 \end{cases} \quad （2.4.5）$$

式中：$U(e_4)$ 为水功能区纳污红线协调度；E 为评价年份水功能区实际水质达标率；E_0 为远期规划年水功能区纳污红线目标。

按照式（2.4.5）对汉江中下游水功能区纳污红线协调度进行计算，结果见表 2.4.9。

5. 综合协调度和排污布设成果

根据排污布设系统协调度函数[式（2.3.7）]，采用几何平均值法对各要素综合协调度进行计算，结果见表 2.4.10。

表 2.4.9 汉江中下游纳污红线协调度计算结果

序号	河段名称	长度/km	原属水功能区名称	考核地市	水质目标	2014 年评价次数	2014 年达标次数	实际达标率/%	纳污红线要求（2030 年）	纳污红线协调度
1	汉江襄阳段长春编国家级水产种质资源保护区	11.5	汉江口汉江口、襄樊保留区							1
2	老河口汉江胜利码头水源地一、二级保护区	3.3		襄阳	Ⅱ	12	12	100	95	1
3	谷城汉江格垒嘴水源地	3.3								1
4	汉江丹江口、襄樊保留区剩余部分	88.9								1
5	火星观饮用水源地一水厂取水口上游 3 000 m，距离 9 km	9	汉江襄樊襄城饮用水源、工业用水区	襄阳	Ⅱ	12	12	100	95	1
6	至四水厂下游 300 m，饮用水源、工业用水区	5	汉江襄樊襄城饮用水源、工业用水区	襄阳	Ⅲ	12	12	100	95	1
7	汉江襄樊襄城排污控制区	1.5	汉江襄樊襄城排污控制区	襄阳	Ⅱ	未参评	12		95	1
8	汉江襄樊线家营过渡区	2	汉江襄樊线家营过渡区	襄阳	Ⅲ	12	12	100	95	1
9	汉江襄樊余家湖工业用水、饮用用水区	6.3	汉江襄樊余家湖工业用水、饮用用水区	襄阳	Ⅲ	未参评	12		95	1
10	汉江襄阳、宜城、钟祥保留区剩余部分	103.7	汉江襄阳、宜城、钟祥保留区	襄阳、荆门	Ⅱ	12	12	100	95	1
11	汉江宜城水源地一、二级保护区	3.3		襄阳、荆门						1
12	汉江钟祥磷矿工业用水区	5.5	汉江钟祥磷矿工业用水区	荆门	Ⅲ	未参评	12		95	1
13	汉江钟祥段鳡鳤鯮鱼国家级水产种质资源保护区（段 1）	10.5	汉江钟祥过渡区	荆门	Ⅱ	12	12	100	95	1
14	汉江钟祥皇庄水源地一、二级保护区	3.3	汉江钟祥皇庄饮用水源区	荆门	Ⅱ	12	12	100	95	1

续表

序号	河段名称	长度/km	隶属水功能区名称	考核地市	水质目标	2014年评价次数	2014年达标次数	实际达标率/%	纳污红线要求（2030年）	纳污红线协调度
15	汉江钟祥段鳡鳤鲴鱼国家级水产种质资源保护区（段2）	10	汉江钟祥皇庄农业、工业用水区	荆门	III	12	12	100	95	1
16	汉江钟祥段鳡鳤鲴鱼国家级水产种质资源保护区（段3）	22.5									1
17	汉江沙洋段长吻鮠瓦氏黄颡鱼国家级水产种质资源保护区	16									1
18	汉江潜江段四大家鱼国家级水产种质资源保护区（段1）	12.7	汉江钟祥、潜江保留区	荆门、潜江	II	未参评			97	1
19	汉江沙洋新城水源地（3.3 km）	3.3									1
20	汉江钟祥、潜江保留区剩余部分	72.8									1
21	汉江潜江段四大家鱼国家级水产种质资源保护区（段2）	5	汉江潜江市红旗码头工业用水区	潜江	II	未参评			97	1
22	潜江汉江红旗码头水源地一级、二级保护区	3.3									1
23	汉江潜江段四大家鱼国家级水产种质资源保护区（段3）、潜江汉江泽口码头水源地保护区	2.4	汉江潜江市谢湾农业用水、饮用水源区	潜江	II	未参评			97	1
24	汉江潜江市泽口工业用水区	1	汉江潜江市泽口工业用水区	潜江	II	12	12	100	97	1
25	汉江潜江市王劢农业用水区	7.6	汉江潜江市王劢农业用水区	潜江	II	12	11	92	97	0.89
26	汉江天门、仙桃保留区	67	汉江天门、仙桃保留区	天门、仙桃	II	12	11	92	95	0.93

续表

序号	河段名称	长度/km	原属水功能区名称	考核地市	水质目标	2014年评价次数	2014年达标次数	实际达标率/%	纳污红线要求（2030年）	纳污红线协调度
27	汉江仙桃饮用水源区（仙桃自来水公司水源地一、二级保护区）	9.5	汉江仙桃饮用水源区	仙桃	II	12	11	92	97	0.89
28	汉江仙桃排污控制区	6	汉江仙桃排污控制区	仙桃		未参评			97	1
29	汉江仙桃过渡区	8.5	汉江仙桃过渡区	仙桃	III	12	12	100	97	1
30	汉江汉川段国家级水产种质资源保护区（段1）	5.5	汉江仙桃、汉川保留区	仙桃、孝感	III	12	10	83	95	0.74
31	汉江仙桃、汉川保留区剩余部分	48.5	汉江仙桃、汉川保留区	仙桃、孝感	III	12	9	75	95	0.74
32	汉川市城区第二饮用水水源地保护区	3.3	汉江汉川饮用水源、工业用水区	孝感	III	12	9	75	95	0.56
33	汉川汉川饮用水源、工业用水水源区剩余部分	1.7	汉江汉川饮用水源、工业用水区	孝感	III				95	0.56
34	汉江汉川段国家级水产种质资源保护区（段2）	7.6	汉江汉川饮用水源、工业用水区	孝感	III	12	9	75	95	0.56
35	汉川市城区三水厂饮用水水源地保护区	3.3	汉江汉川工业、饮用水源区	孝感	III				95	0.56
36	孝感市城区三水厂饮用水水源地剩余部分	3.3	汉江汉川工业、饮用水源区	孝感	III				95	0.56
37	汉江汉川工业、饮用水水源区剩余部分	5.8	汉江汉川工业、饮用水源区	孝感	III				95	0.56
38	汉江武汉保留区	8	汉江武汉保留区	武汉	III	12	12	100	95	1
39	蔡甸水厂、西湖水厂水源地保护区	6.6	汉江武汉蔡甸、东西湖区农业、工业用水区	武汉	III				95	1
40	汉江武汉蔡甸、东西湖区农业用水区剩余部分	8.8	汉江武汉蔡甸、东西湖区农业、工业用水区	武汉	III	未参评			95	1
41	琴断口水厂、宗关水厂、国棉水厂、余氏墩水厂、白鹤水厂饮用水水源地一、二级保护区	20	汉江武汉城区、蔡甸、东西湖饮用水水源、工业用水区	武汉	III	12	12	100	95	1
42	汉江武汉城区、蔡甸、东西湖工业用水、饮用水水源、东西湖剩余部分	5.6	汉江武汉城区、蔡甸、东西湖饮用水水源、工业用水区	武汉	III				95	1

注：未参评水功能区表示水质缺测，其纳污红线协调度统一按照 1 进行统计

表 2.4.10　汉江中下游排污布设系统综合协调度计算结果

序号	河段名称	长度/km	排污负荷协调度	污染物浓度协调度	水域保护层级协调度	纳污红线线协调度	综合协调度	排污布设分区结果	原属水功能区名称
1	汉江襄阳长春鳊国家级水产种质资源保护区	11.5	0.85	0.69	0	1	0	禁止排污区	汉江丹江口、襄樊保留区
2	老河口汉江胜利码头水源地一、二级保护区	3.3	0.85	0.69	0	1	0	禁止排污区	
3	谷城汉江格垒嘴水源地	3.3	0.85	0.69	0	1	0	禁止排污区	
4	汉江丹江口、襄樊保留区剩余部分	88.9	0.85	0.69	0.4	1	0.70	一般限制排污区	
5	火星观饮用水源地一水厂取水口上游 3 000 m 至四水厂取水口下游 300 m，距离 9 km	9	0.95	0.68	0	1	0	禁止排污区	汉江襄樊襄城饮用水源、工业用水区
6	汉江襄樊襄城饮用水源、工业用水区	5	0.72	0.77	0.7	1	0.79	一般限制排污区	汉江襄樊襄城饮用水源、工业用水区
7	汉江襄樊襄城排污控制区	1.5	0.48	0.75	1	1	0.77	一般限制排污控制区	汉江襄樊排污控制区
8	汉江襄樊钱家营过渡区	2	0.77	0.75	0.6	1	0.77	一般限制排污区	汉江襄樊钱家营过渡区
9	汉江襄樊余家湖工业用水、饮用用水区	6.3	0.90	0.76	0.7	1	0.83	一般限制排污区	汉江襄樊余家湖工业用水、饮用用水区
10	汉江襄阳、宜城、钟祥保留区剩余部分	103.7	0.24	0.67	0.4	1	0.50	严格限制排污区	汉江襄阳、宜城、钟祥保留区
11	汉江宜城水源地一、二级保护区	3.3	0.24	0.67	0	1	0	禁止排污区	
12	汉江钟祥磷矿工业用水区	5.5	0.71	0.80	0.7	1	0.79	一般限制排污区	汉江钟祥磷矿工业用水区
13	汉江钟祥段鳡鳤鳜鲶国家级水产资源保护区（段 1）	10.5	1	0.69	0	1	0	禁止排污区	汉江钟祥过渡区
14	汉江钟祥皇庄水源地一、二级保护区	3.3	0.59	0.71	0	1	0	禁止排污区	汉江钟祥皇庄饮用水源区

续表

序号	河段名称	长度/km	排污负荷协调度	污染物浓度协调度	水域保护层级协调度	纳污红线协调度	综合协调度	排污布设分区结果	原属水功能区名称
15	汉江钟祥段鳡鳤鱊鮻鳡鳤鳤鲹国家级水产种质资源保护区(段2)	10	0.96	0.78	0	1	0	禁止排污区	汉江钟祥皇庄农业、工业用水区
16	汉江钟祥段鳡鳤鱊鮻鳡鳤鳤鲹国家级水产种质资源保护区(段3)	22.5	0.99	0.68	0	1	0	禁止排污区	
17	汉江沙洋段长吻鮠瓦氏黄颡鱼国家级水产种质资源保护区	16	0.99	0.68	0	1	0	禁止排污区	
18	汉江潜江段四大家鱼国家级水产种质资源保护区(段1)	12.7	0.99	0.68	0	1	0	禁止排污区	汉江钟祥、潜江保留区
19	汉江沙洋新城水源地(3.3km)	3.3	0.99	0.68	0	1	0	禁止排污区	
20	汉江钟祥、潜江保留区剩余部分	72.8	0.99	0.68	0.4	1	0.72	一般限制排污区	
21	汉江潜江段四大家鱼国家级水产种质资源保护区(段2)	5	0.05	0.69	0	1	0	禁止排污区	汉江潜江红旗码头工业用水区
22	潜江汉江红旗码头水源地一级、二级保护区	3.3	0.05	0.69	0	1	0	禁止排污区	
23	汉江潜江段四大家鱼国家级水产种质资源保护区(段3)、潜江汉江泽口码头水源地保护区	2.4	0.72	0.68	0	1	0	禁止排污区	汉江潜江市谢湾农业用水、饮用水源区
24	汉江潜江市泽口工业用水区	1	0.82	0.69	0.7	1	0.79	一般限制排污区	汉江潜江市泽口工业用水区
25	汉江潜江市王拐农业用水区	7.6	0.87	0.69	0.8	0.89	0.81	一般限制排污区	汉江潜江市王拐农业用水区
26	汉江天门、仙桃保留区	67	0.76	0.63	0.4	0.93	0.65	一般限制排污区	汉江天门、仙桃保留区
27	汉江仙桃饮用水源(仙桃自来水公司水源地一、二级保护区)	9.5	0.85	0.68	0	0.89	0	禁止排污区	汉江仙桃饮用水源地

续表

序号	河段名称	长度/km	排污负荷协调度	污染物浓度协调度	水域保护层级协调度	纳污红线协调度	综合协调度	排污布设分区结果	原属水功能区名称
28	汉江仙桃排污控制区	6	0.56	0.80	1	1	0.82	一般限制排污区	汉江仙桃排污控制区
29	汉江仙桃过渡区	8.5	0.84	0.81	0.6	1	0.80	一般限制排污区	汉江仙桃过渡区
30	汉江汉川段国家级水产种质资源保护区（段 1）	5.5	0.37	0.76	0	0.74	0	禁止排污区	汉江仙桃、汉川保留区
31	汉江仙桃、汉川保留区剩余部分	48.5	0.37	0.76	0.4	0.74	0.54	一般限制排污区	汉江仙桃、汉川保留区
32	汉川市城区第二饮用水水源地保护区	3.3	0.40	0.76	0	0.56	0	禁止排污区	汉江汉川饮用水水源、工业用水区
33	汉江汉川饮用水水源、工业用水区剩余部分	1.7	0.40	0.76	0.7	0.56	0.59	一般限制排污区	
34	汉江汉川段国家级水产种质资源保护区（段 2）	7.6	0.06	0.69	0	0.56	0	禁止排污区	汉江汉川工业、饮用水源区
35	汉川市城区三水厂饮用水水源地保护区	3.3	0.06	0.69	0	0.56	0	禁止排污区	
36	孝感市城区三水厂饮用水水源地保护区	3.3	0.06	0.69	0	0.56	0	禁止排污区	
37	汉江汉川工业、饮用水源区剩余部分	5.8	0.06	0.69	0.7	0.56	0.36	严格限制排污区	
38	汉江武汉保留区	8	0.37	0.79	0.4	1	0.58	一般限制排污区	汉江武汉保留区
39	蔡甸水厂、西湖水厂水源地保护区	6.6	0.93	0.79	0	1	0.00	禁止排污区	汉江武汉蔡甸、东西湖农业用水区
40	汉江武汉蔡甸、东西湖区农业用水区剩余部分	8.8	0.93	0.79	0.8	1	0.87	一般限制排污区	
41	琴断口水厂、宗关水厂、国棉水厂、余氏墩水厂、白鹤嘴水厂饮用水源地一、二级保护区	20	0.51	0.78	0	1	0	禁止排污区	汉江武汉城区、蔡甸、东西湖饮用水水源、工业用水区
42	汉江武汉城区、蔡甸、东西湖饮用水水源、工业用水区剩余部分	5.6	0.51	0.78	0.7	1	0.72	一般限制排污区	

从计算结果看，国家级水产种质资源保护区、饮用水水源保护区等敏感河段全部被划为禁止排污区，汉江汉川工业用水、饮用水源区（水质现状不达标）和汉江襄阳、宜城、钟祥保留区（氨氮入河负荷超过纳污能力）被划为严格限制排污区，其他区域被划为一般限制排污区。其中，禁止排污区长 178.5 km，严格限制排污区长 109.5 km，一般限制排污区长 344.7 km（图 2.4.2）。划分结果与实际需求基本一致。

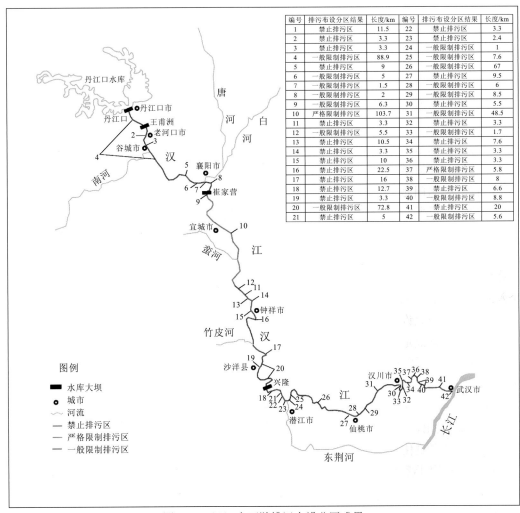

编号	排污布设分区结果	长度/km	编号	排污布设分区结果	长度/km
1	禁止排污区	11.5	22	禁止排污区	3.3
2	禁止排污区	3.3	23	禁止排污区	2.4
3	禁止排污区	3.3	24	一般限制排污区	1
4	一般限制排污区	88.9	25	一般限制排污区	7.6
5	禁止排污区	9	26	一般限制排污区	67
6	一般限制排污区	5	27	禁止排污区	9.5
7	一般限制排污区	1.5	28	一般限制排污区	6
8	一般限制排污区	2	29	一般限制排污区	8.5
9	一般限制排污区	6.3	30	禁止排污区	5.5
10	严格限制排污区	103.7	31	一般限制排污区	48.5
11	禁止排污区	3.3	32	禁止排污区	3.3
12	一般限制排污区	5.5	33	一般限制排污区	1.7
13	禁止排污区	10.5	34	禁止排污区	7.6
14	禁止排污区	3.3	35	禁止排污区	3.3
15	禁止排污区	10	36	禁止排污区	3.3
16	禁止排污区	22.5	37	严格限制排污区	5.8
17	禁止排污区	16	38	一般限制排污区	8
18	禁止排污区	12.7	39	禁止排污区	6.6
19	禁止排污区	3.3	40	一般限制排污区	8.8
20	一般限制排污区	72.8	41	禁止排污区	20
21	禁止排污区	5	42	一般限制排污区	5.6

图 2.4.2　汉江中下游排污布设分区成果

入河排污口位置优化技术

3.1 概 述

入河排污口布设分区确定以后，需要对位于禁止排污区内的入河排污口进行搬迁或关停，以及对位于限制排污区的入河排污口进行优化布局，以充分利用水体稀释和自净能力，防止局部水体恶化。

目前，长江流域仍存在入河排污口设置不科学、水环境容量利用效率低、水环境质量不达标等突出问题。如何在支撑社会经济发展的同时保障水环境质量，是当前迫切需要解决的技术难题。关于入河排污口位置、入河排污口负荷和入河排污口形式的系统优化技术方法研究仍处于起步阶段，当前有一些代表性的研究成果可供参考。例如，线性规划和水质模型结合法、遗传算法等方法在国内被用于入河排污口污染物允许排放量的计算和优化（邓义祥 等，2011；韩龙喜和李伟，2007），分段最优线性化方法被用于多个入河排污口的污水允许排放浓度优化分配（王烨 等，2008）。上述方法偏重入河排污口允许排放量和允许排放浓度优化，但是忽略了关键的入河排污口位置的优化。入河排污口的布设位置决定了水功能区水域纳污能力的利用效率，同时排污口与下游水质考核断面的距离也关乎断面水质达标状况。入河排污口布设需要考虑允许排放量、排放浓度、排放位置等多重因素，既要实现经济合理，又要兼顾生态安全。

层次分析法（analytic hierarchy process，AHP）最早由运筹学家萨蒂（Saaty）于20世纪70年代提出，其特点是通过对研究对象的性质、相关影响因素和内外部关系分析，利用定量信息来量化复杂的决策问题，将复杂问题转化为简单运算（马萍，2018）。层次分析法是一种用于多目标、多方案优化决策的一种系统方法，被广泛地应用于各个领域，主要解决人类认知过程中的不确定性（杨雪和张琳，2018）。模糊综合评判（fuzzy comprehensive evaluation，FCE）起源于模糊数学理论，是对受到多个因素影响的事物做出全面评价的一种多因素决策方法，又称为模糊综合决策或模糊多元决策（张晓平，2003）。层次分析法耦合模糊综合评判，是解决许多复杂问题的有效途径，主要原理是利用层次分析法得到权重值，再利用模糊线性将多指标评价问题变换转变成单指标结果（刘万勋 等，2020）。层次分析法耦合模糊综合评判的方法已被广泛应用于经济、教育、资源、环境等多个领域（于晓燕 等，2020；丁国庆 等，2018）。

本章以非禁止设置排污口的区域，即一般限制排污区和严格限制排污区为研究对象，采用基于层次分析法的模糊综合评判，综合考虑水环境因素、自然因素、生态因素和经济因素，选定排污口位置的最佳组合方案。首先介绍入河排污口位置优化的原则和优化方法，然后以入河排污口布设分区成果为指导，通过层次分析耦合模糊聚类方法，提出入河排污口的空间分布优化方法。选择金沙江攀枝花江段作为典型案例，按照安全性、适宜性、经济性原则构建入河排污口位置优化指标体系，采用层次分析法确定指标权重向量，再通过模糊综合评判，对金沙江攀枝花入河排污口位置进行优化。优化结果表明，该方法将定性与定量相结合，同时将模糊因素客观化，使排污位置更为合理。

3.2 入河排污口位置优化原则与方法

3.2.1 排污口位置优化原则

入河排污口的布设应遵循可持续发展思路，使水生态系统功能尽量不受影响。排污口位置优化应注意以下原则。

（1）安全性原则。按照入河排污口布设分区技术，依据相关法律法规和环境敏感点位置确定了禁止排污区，但由于污染物在水流介质中的可迁移性，不宜将排污口集中布置在禁止排污区的边界处，应留有一定的安全空间。

（2）适宜性原则。必须考虑入河排污口设置单位建设入河排污口及输水管道（渠道）建设的适宜性，同时也必须考虑区域水深、流速、河势等影响水域纳污能力的因素，甄别该水域设置排污口的适宜性。

（3）经济性原则。对于工业园区、经济开发区，入河排污口接纳多个排污单位的污水，在选择位置时，必须考虑经济性，尽量减少输水管道（渠道）的长度。山区型河段还必须尽量避免开挖铺设输水管道。

根据以上原则，可将排污口位置优化问题归结为在给定连续水域内最优排污点的选择问题，即在水域纳污适应性和排污口设置适宜性较好的区域内确定排污口的位置。

3.2.2 排污口位置优化方法

1. 模糊综合评判

模糊综合评判的理论基础是模糊数学，即将各种不确定、边界不清的信息定量表示，再凭借模糊关系合成原理，对被评价事物隶属度等级状况做出合理的综合评判的过程。根据该评判结果可以得到评判对象的所属等级及其隶属于各个等级的具体信息。该方法在评价大量非确定因素的问题时效果较好，应用范围非常广泛。

模糊综合评判的优点在于将定性与定量相结合，把实际情况中模糊的因素客观化，结果较为清晰；其缺点是受主观因素影响较大，容易造成信息缺失，还存在评估的粒度不够细致等问题。

1）基本原理

模糊综合评判的基本原理是运用模糊数学工具，对受多因素影响的事物进行综合考察，其原理可用以下方式描述。

用 $U = \{u_1, u_2, \cdots, u_m\}$ 表示与评价目标相关的因素集，$V = \{v_1, v_2, \cdots, v_n\}$ 表示 U 中各个因素所处状态的评价集。从人类主观价值偏好的角度考虑，其中包含两种类型的模糊集。一是因素集 U 上的模糊权重向量 $W = \{w_1, w_2, \cdots, w_m\}$，它表征着 U 中的 m 个因素在主观上的重要程度分布；另一个因素集与评价集对应的模糊关系 $U \times V$，表现为 $m \times n$ 阶的模糊综合矩阵 R。接着对这两类模糊集进行模糊运算，便得到一个模糊子集 $B = \{b_1, b_2, \cdots, b_n\}$，即为所需的评判结果。

模糊综合评判的关键在于寻找一个从 U 到 V 的模糊变换 f，即对 U 中的每个因素 u_i 均做出一个判断 $f(u_i) = \{r_{i1}, r_{i2}, \cdots, r_{im}\} \in F(V)$，$i = 1, 2, \cdots, m$，从而构成模糊矩阵 $R = [r_{ij}]_{m \times n} \in F(U \times V)$，矩阵中元素 r_{ij} 表示因素 u_i 具有评价等级 v_j 的程度；同时寻找一个模糊权重向量 $W = \{w_1, w_2, \cdots, w_m\} \in F(U)$，即可求出模糊集 $B = \{b_1, b_2, \cdots, b_n\} \in F(V)$，其中 b_j 表示评价目标具有评价等级 v_j 的程度，也就是 v_j 对模糊集 B 的隶属度。

当寻找到 f 可以诱导模糊关系 $R_f \in F(U \times V)$，其中 $R_f(u_i, v_j) = f(u_i)(v_j) = r_{ij}$，而由 R_f 可构成模糊矩阵：

$$R_f = (r_{ij})_{m \times n} = \begin{pmatrix} r_{11} & \cdots & r_{1n} \\ \vdots & & \vdots \\ r_{m1} & \cdots & r_{mn} \end{pmatrix} \tag{3.2.1}$$

对于因素集 U 上的模糊权重向量 $W = \{w_1, w_2, \cdots, w_m\}$，可以通过 R 模糊变换为评价集 V 上的集合 $B = W \circ R$，实现了一个类似转换器的功能，即 (U, V, R) 构成了一个综合评判模型，其中。为算子符号，称之为模糊变换数学算子，表示模糊矩阵复合运算需根据实际情况进行选择。若输入一个权重分配 $W \in F(U)$，则输出一个综合评判 $B = W \circ R \in F(V)$，如图 3.2.1 所示。

$$W \in F(U) \qquad \boxed{R \in F(U \times V)} \qquad B = W \circ R \in F(V)$$

图 3.2.1　模糊转换器

2）多级模糊综合评判的应用步骤

（1）确定因素集：确定待评判的 m 种因素，即建立评价指标体系，确定评价目标的各个方面指标。

$$U = \{u_1, u_2, \cdots, u_m\} \tag{3.2.2}$$

（2）确定评价集：确定每一种因素所处状态的 n 种决断。

$$V = \{v_1, v_2, \cdots, v_n\} \tag{3.2.3}$$

评价集中等级个数应当适中，要既能满足较容易区分等级归属，又能满足模糊综合评判结果的质量要求。

（3）确定模糊关系矩阵：建立从 U 到 V 的模糊关系。

$$\boldsymbol{R} = (r_{ij})_{m \times n} = \begin{pmatrix} r_{11} & \cdots & r_{1n} \\ \vdots & & \vdots \\ r_{m1} & \cdots & r_{mn} \end{pmatrix} \quad (3.2.4)$$

式中：r_{ij} 为评价因素 i 对评价等级 j 的相对隶属度，一般将其归一化即 $\sum r_{ij} = 1$，使 $\boldsymbol{R}$ 矩阵去量纲化。由此，$(U, V, \boldsymbol{R})$ 构成一个模糊综合评判模型。

现实中许多事物所属状态没有明确界限，模糊综合评判通过隶属函数来表征事物的隶属度，这种表征的重要特点是研究事物的灰色状态。

对于数值越大适宜度等级越高的定量评价指标，如水深、流速、与保护区距离等，其隶属函数为

$$r_{i1}(x) = \begin{cases} 1, & x_i < S_{i1} \\ (S_{i2} - x_i)/(S_{i2} - S_{i1}), & S_{i1} \leqslant x_i < S_{i2} \\ 0, & x_i \geqslant S_{i2} \end{cases} \quad (3.2.5)$$

$$r_{ij}(x) = \begin{cases} [x_i - S_{i(j-1)}]/[S_{ij} - S_{i(j-1)}], & S_{i(j-1)} < x_i < S_{ij} \\ [S_{i(j+1)} - x_i]/[S_{i(j+1)} - S_{ij}], & S_{ij} \leqslant x_i < S_{i(j+1)} \\ 0, & x_i \leqslant S_{i(j-1)} 或 x_i \geqslant S_{i(j+1)} \end{cases} \quad (j = 2, 3, \cdots, n-1) \quad (3.2.6)$$

$$r_{in}(x) = \begin{cases} 1, & x_i < S_{i1} \\ (S_{i(n-1)} - x_i)/(S_{i(n-1)} - S_{in}), & S_{i1} \leqslant x_i < S_{i2} \\ 0, & x_i \geqslant S_{i2} \end{cases} \quad (3.2.7)$$

式中：x_i 为第 i 个评价因素的特征值，S_{ij} 为第 i 项评价因素第 j 级适宜度标准值。

（4）确定体系中各级指标的权重向量：即各评价指标在上级目标中所占的比重，其值表征各指标的重要程度。

$$A = (a_1, a_2, \cdots, a_m) \quad (3.2.8)$$

其中，归一性和非负性条件为 $\sum a_i = 1$，$a_i \geqslant 0$，反映各因素间的平衡。

本节采用层次分析法确定各指标的权重向量。

（5）模糊综合评判：选择合成算子，将 A 与 $\boldsymbol{R}$ 合成得到 B，从整体上确定入河排污口待选位置对选址目标的隶属程度。

$$B = (b_1, b_2, \cdots, b_n) = A \circ \boldsymbol{R} \quad (3.2.9)$$

本节采用的是加权平均型模型，计算公式为

$$b_j = \sum (a_i r_{ij}), \quad j = 1, 2, \cdots, n \quad (3.2.10)$$

则式（3.2.9）可变为

$$B = (a_1, a_2, \cdots, a_m) \begin{pmatrix} r_{11} & \cdots & r_{1n} \\ \vdots & & \vdots \\ r_{m1} & \cdots & r_{mn} \end{pmatrix} = (b_1, b_2, \cdots, b_n) \quad (3.2.11)$$

2. 层次分析法确定权重

在入河排污口位置优化的多级模糊综合评判中，涉及多个指标权重向量的确定，这

是对目标进行合理准确评估的关键所在。本节将层次分析法耦合至模糊综合评判中，用该方法确定入河排污口位置优化指标体系中的权重向量，提出了基于层次分析法的模糊综合评判。

层次分析法是一种用于解决复杂问题排序和传统主观定权缺陷的方法。该方法以系统分层分析为手段，对评价对象总的目标进行连续性分解，通过两两比较确定各层子目标权重，并以最下层目标的组合权重定权，加权求出综合指数，依据综合指数的大小来评定目标实现情况。

在入河排污口位置优化工作中，层次分析法有两种用途：一是将入河排污口位置优化参数指标逐层分解识别，直至分解到最基本的选性指标，建立入河排污口位置优化的层次结构模型；二是用于确定指标的权重向量，即通过将复杂问题分解为若干个层次和要素，然后依据专家判断对同一层次的各个要素进行定量表示，并进行判断、计算，从而得到表征各要素重要度的权重向量。

层次分析法计算权重向量包括以下具体步骤。

1）构建多层次结构模型

层次结构模型一般分为三个层次，即目标层、准则层和方案层：目标层，一般只有一个元素，即问题的预定目标或理想结果；准则层，包括影响预定目标实现的准则，可以包括若干个层次，称为子准则；方案层，包括促使目标实现的措施和方案等。

在同一层次中的不同元素，关系应该是相对独立的，而对于每一个元素和其支配的子元素，形成相互交叉的层次关系，在概念上则具有包含和被包含的关系。

对于结构中的层次数目一般不设上限，数量与决策目标问题的复杂程度呈正比，但是一个元素支配的下层元素过多时容易造成两两比较的判断不明确，因此一般规定，若某层元素所支配的下层元素超过 9 个，则将该层再划分子层。入河排污口位置优化元素未超过 9 个，其层次分析法结构示意图如图 3.2.2 所示。

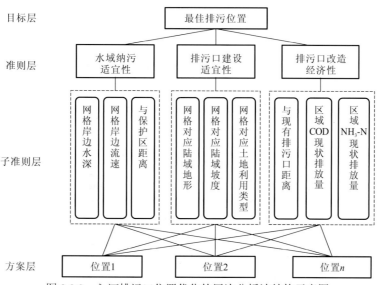

图 3.2.2　入河排污口位置优化的层次分析法结构示意图

2）构造判断矩阵

判断矩阵表示针对上一层次某个元素而言，本层次与之有关的各个元素之间的相对重要性。构造判断矩阵的方法：每一个具有向下隶属关系的元素（被称作准则层）作为判断矩阵的第一个元素（位于左上角），隶属于它的各个元素依次排列在其后的第一行和第一列。例如，假定 A 层中的元素 A_k 与下一层中的 $B_1, B_2, \cdots, B_n$ 具有隶属关系，则判断矩阵的结构如表 3.2.1 所示，b_{ij} 表示在 A_k 这个准则下 B_i 对 B_j 的相对重要性。

表 3.2.1　判断矩阵的结构

A_k	B_1	B_2	$\cdots$	B_n
B_1	b_{11}	b_{12}	$\cdots$	b_{1n}
B_2	b_{21}	b_{22}	$\cdots$	b_{2n}
$\vdots$	$\vdots$	$\vdots$		$\vdots$
B_n	b_{n1}	b_{n2}	$\cdots$	b_{nn}

填写判断矩阵大多采用专家评判法，即针对判断矩阵的准则，其中两个元素两两比较哪个重要，重要多少，对重要性程度按 1~9 赋值。重要性标度及其含义见表 3.2.2。

表 3.2.2　重要性标度含义表

重要性标度	含义
1	表示两个元素相比，两者具有同等重要性
3	表示两个元素相比，前者比后者稍重要
5	表示两个元素相比，前者比后者明显重要
7	表示两个元素相比，前者比后者强烈重要
9	表示两个元素相比，前者比后者极端重要
2,4,6,8	表示上述判断的中间值
倒数	若元素 i 与元素 j 的重要性之比为 a_{ij}，则元素 j 与元素 i 的重要性之比为 $a_{ji} = \dfrac{1}{a_{ij}}$

3）确定权重向量

权重向量是指根据判断矩阵的计算，对上一层某个元素而言，本层次与之有隶属关系元素的重要性权值的集合。其计算方法：对于判断矩阵 $\boldsymbol{B}$，计算满足条件 $\boldsymbol{BW} = \lambda_{\max} \boldsymbol{W}$ 的特征根与特征向量。其中：$\lambda_{\max}$ 为矩阵 $\boldsymbol{B}$ 的最大特征根；$\boldsymbol{W}$ 为对应于 $\lambda_{\max}$ 的正规化特征向量，其分量 w_i 即为相应元素的权值。

4）矩阵一致性检验

判断矩阵是否满足大体上的一致性，需要对其进行一致性检验，包括以下具体步骤。

第一步，计算一致性指标（consistency index，CI）：

$$CI = \frac{\lambda_{max} - n}{n - 1} \tag{3.2.12}$$

式中：n 为矩阵阶数，$\lambda_{max} - n$ 越大，CI 越大，判断矩阵的一致性越差；当判断矩阵具有完全一致性时，CI=0。而对于 n 阶判断矩阵 $\boldsymbol{B}$，它的最大特征值一般不严格等于 n，也就是说 $\boldsymbol{B}$ 一般不具有完全一致性。

第二步，为了检验判断矩阵是否具有满意的一致性，需要找出衡量一致性指标 CI 的标准，于是萨蒂引入了随机一致性指标（random index，RI），据判断矩阵阶数，查表 3.2.3 确定相应的平均随机一致性指标 RI。

表 3.2.3　判断矩阵

矩阵阶数	1	2	3	4	5	6	7	8
RI	0	0	0.52	0.89	1.12	1.26	1.36	1.41

矩阵阶数	9	10	11	12	13	14	15
RI	1.46	1.49	1.52	1.54	1.56	1.58	1.59

第三步，计算一致性比例（consistency ratio，CR）并进行判断：

$$CR = \frac{CI}{RI} \tag{3.2.13}$$

当 CR<0.1 时，认为判断矩阵的一致性是可以接受的，CR>0.1 时，认为判断矩阵不符合一致性要求，需要对判断矩阵进行重新修订。

3.3　入河排污口位置优化实例

2011 年，依托长江水资源保护与管理项目，以金沙江攀枝花东区饮用、工业用水区为例，在入河排污布设分区基础上，本节将研究提出入河排污口位置的优化方案。

3.3.1　金沙江攀枝花江段入河排污口基本情况

根据 2011 年 7 月对金沙江攀枝花江段的入河排污口进行调查复核，总计 40 个，复核后排污口的基本信息见表 3.3.1，部分入河排污口的现场照片见图 3.3.1。金沙江攀枝花江段划分一级水功能区 3 个，二级水功能区 5 个。金沙江攀枝花江段大多数排污口分布在金沙江攀枝花东区饮用、工业用水区内，该区内排污口数量为 27 个，占江段排污口总数的 67.5%；有 8 个排污口分布在金沙江攀枝花西区工业、饮用用水区，比例为 20.0%；另外金沙江滇川 2 号缓冲区、金沙江攀枝花保果排污控制区、金沙江攀枝花金江饮用、工业用水区，分别布设有排污口 1 个、1 个和 3 个。排污口位置见图 3.3.2。

表 3.3.1　金沙江攀枝花江段 2011 年排污口信息复核表

编号	排污口名称	污水量 /（万 t/a）	COD 质量浓度 /（mg/L）	NH₃-N 质量浓度 /（mg/L）	COD 负荷 /（t/a）	NH₃-N 负荷 /（t/a）
1	攀钢发电厂废水排口	21.90	106	0.013	23.21	0.003
2	摩挲河入江口	363.54	63.4	1.76	230.48	6.398
3	花山矿上排口	11.68	362	0.854	42.28	0.100
4	花山矿下排口	5.48	1 140	12.43	62.42	0.681
5	花山污水处理厂	2.48	19.1	236	0.47	5.858
6	502 电厂排水口	1.83	103	0.189	1.88	0.003
7	巴关河入江口	1 224.00	60.89	0.386	745.30	4.720
8	矸石电厂排口	2.48	142	0.013	3.52	0.000
9	清香坪污水处理厂	50.74	23.3	7.4	11.82	3.754
10	攀钢江 1	61.32	30.9	0.469	18.95	0.288
11	攀钢江 2	87.60	37.4	1.44	32.76	1.261
12	灰老沟入江口	15.77	60.2	3.86	9.49	0.689
13	攀钢江 5	876.00	36.2	1.44	317.11	2.614
14	攀钢江 5 至 6 之间排污口	8.76	285	14.96	24.97	1.311
15	攀钢江 6	35.04	51.6	3.66	18.08	1.283
16	纳拉河入江口	190.97	112	0.469	213.88	0.856
17	攀钢江 7	39.42	520.6	7.06	205.22	2.783
18	仁和河入江口	876.00	114	4.6	998.64	40.296
19	攀钢江 8	280.32	97.9	2.59	274.43	7.260
20	渡口吊桥上 50 m	26.28	58.5	7.78	15.37	2.045
21	渡口吊桥下 500 m	175.20	407	23.3	713.06	40.822
22	水文站对面	17.52	140	10.69	24.53	1.873
23	水文站对面下 100 m	219.00	116	5.46	254.04	11.957
24	攀钢江 10	105.12	6.6	0.705	6.94	0.741
25	炳草岗煤气罐对面	306.60	79.5	5.55	243.75	17.016
26	炳草大桥下	87.60	259	17.01	226.88	14.901
27	炳污水处理厂上 100 m	87.60	259	17.01	226.88	14.901
28	炳草岗污水处理厂出口	539.62	16.4	6.66	88.50	35.938
29	凤凰广场对面	105.12	89.4	4.07	93.98	4.278
30	攀钢江 12	210.24	391.8	21.48	823.72	45.160
31	马坎上冲沟	17.52	8.88	22.6	1.56	3.960
32	马坎冲沟	61.32	97.7	2.5	59.91	1.533
33	攀研院排口	525.60	572	5.62	3 006.43	29.539
34	民建沟排口	175.20	134	14.6	234.77	25.579
35	密地桥上排口	17.52	108	9.64	18.92	1.689

编号	排污口名称	污水量 /（万 t/a）	COD 质量浓度 /（mg/L）	NH₃-N 质量浓度 /（mg/L）	COD 负荷 /（t/a）	NH₃-N 负荷 /（t/a）
36	钛白路排洪沟	26.28	26.6	6.25	6.99	1.643
37	烂院子冲沟	8.76	34.2	5.85	3.00	0.513
38	盐边工业园区二号线	26.28	17.9	0.352	4.70	0.093
39	金江菜市场入江口	58.69	341	2.89	200.14	1.696
40	马店河入金沙江排口	777.01	135	9.87	1 048.97	76.691

（a）摩挲河入江口

（b）巴关河入江口

（c）攀钢江6排污口

（d）攀钢江3排污口

（e）攀钢江5排污口

（f）炳污水处理厂上排污口

图 3.3.1　攀枝花江段典型入河排污口的基本情况

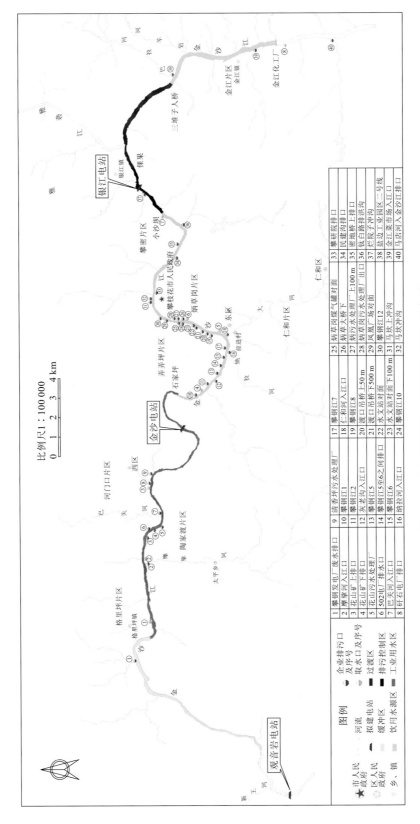

图 3.3.2 金沙江攀枝花江段排污口位置示意图

据统计，40 个入河排污口 2011 年污水入河量为 7 729.4 万 t/a，COD 入河量为 10 537.97 t/a，NH$_3$-N 入河量为 422.68 t/a。其中：攀枝花西区污水入河量为 1 633.38 万 t/a，COD 入河量为 1 109.57 t/a，NH$_3$-N 入河量为 17.72 t/a；攀枝花东区污水入河量为 5 234.03 万 t/a，COD 入河量为 8 174.59 t/a，NH$_3$-N 入河量为 326.4 t/a；攀枝花仁和区污水入河量为 861.98 万 t/a，COD 入河量为 1 253.81 t/a，NH$_3$-N 入河量为 78.5 t/a。COD 负荷量较大的有攀研院排口、马店河入金沙江排口、仁和河入江口、攀钢江 12、渡口吊桥下 500 m、攀钢江 5 等。NH$_3$-N 负荷量较大的有攀钢江 12、渡口吊桥下 500 m、仁和河入江口、炳草岗污水处理厂、攀研院排口等。

基于入河排污布设分区理论和协调度模型的金沙江攀枝花江段入河排污口布设分区结果见图 3.3.3。金沙江滇川 2 号缓冲区、金沙江攀枝花保留区为严格限制排污区，8 处饮用水源保护区为禁设排污区，其余江段均为一般限制排污区。

3.3.2　金沙江攀枝花江段入河排污口位置优化

1. 确定入河排污口位置优化的模糊综合评判因素集

以排污口最为集中的金沙江攀枝花东区饮用、工业用水区为研究江段，采用基于层次分析法耦合模糊综合评判的入河排污口位置优化方法，对金沙江攀枝花江段入河排污口进行位置优化。

综合考虑水环境因素、自然因素、生态因素和经济因素，选定排污口位置的最佳组合方案。将攀枝花金沙江东区饮用、工业用水区 17 km 长的河段，左右岸自上而下各设置一组长（100 m）×宽（20 m）的网格，共计 278 个网格，见图 3.3.4。

根据入河排污口位置优化的层次分析法，入河排污口位置优化指标体系共涉及两个层次。

第一层：总评价目标 U 有 3 个影响指标，则其指标集合为 $U=\{U_1, U_2, U_3\}$={水域纳污适宜性，排污口建设适宜性，排污口改造经济性}。

第二层：U 的第 i 个子集满足条件 $U_i=\{u_{i1}, u_{i2}, \cdots, u_{im}\}$，$i=1,2,3$，$m$ 为 U_i 的元素个数。其中：

$U_1=\{u_{11}, u_{12}, u_{13}, u_{14}\}$={网格岸边水深，网格岸边流速，与上游保护区距离，与下游保护区距离}；

$U_2=\{u_{21}, u_{22}, u_{23}\}$={网格对应陆域的坡度，网格对应陆域地形的平坦程度，网格对应的土地利用类型}；

$U_3=\{u_{31}, u_{32}, u_{33}\}$={与现有排污口距离，区域 COD 现状排放量，区域 NH$_3$-N 现状排放量}。

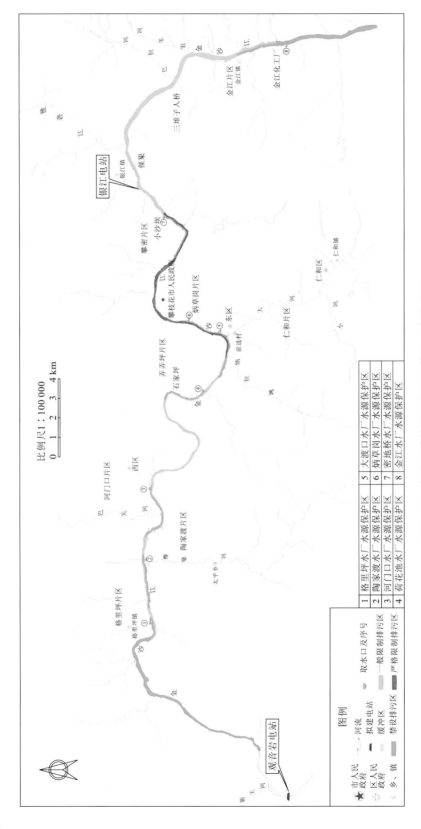

图 3.3.3　金沙江攀枝花段入河排污口布设分区

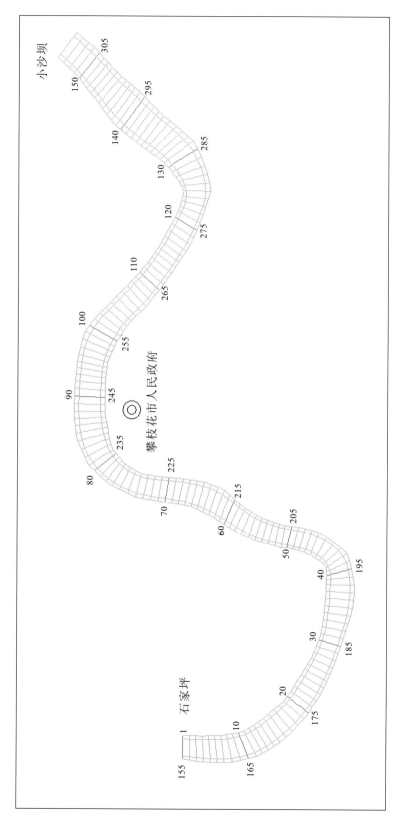

图 3.3.4　金沙江攀枝花东区饮用、工业用水区排污口位置研究网格划分图

2. 确定评判集

将网格对应单元设置入河排污口的适宜性作为评判集，即：

评判集 $V=\{V_1,V_2,V_3,V_4\}=\{优，良，中，差\}$；

评判分值等级：$x=100,80,60,40$（x 为模糊数）。

各指标的赋分评判规则是根据该功能区江段的水文、水质、水资源利用、排污特性和地形地貌特征划分等级后确定。

（1）水域纳污适宜性指标评分规则。水域纳污适宜性指标是排污口设置最为关键的指标组，将排污口设置在水域纳污能力强，纳污限制指标少的水域，是排污口优化设置首要考虑的因素，因此该组指标的赋分权重下一步将由层次分析法确定。该组 4 个指标的评分规则见表 3.3.2。

表 3.3.2　水域纳污适宜性指标组权重与评分规则

指标		优	良	中	差
评价分值		100	80	60	40
水深 h/m		$h>5$	$5\geqslant h>4$	$4\geqslant h>3$	$h\leqslant 3$
流速 u/（m/s）		$u>3$	$3\geqslant u>2$	$2\geqslant u>1$	$u\leqslant 1$
与敏感目标的距离	下距/km	$L1>3.0$	$3.0\geqslant L1>2$	$2\geqslant L1>1$	$L1\leqslant 1$
	上距/km	$L2>0.2$	$0.2\geqslant L2>0.1$	$0.1>L2\geqslant 0.05$	$L2\leqslant 0.05$

（2）排污口建设适宜性指标评分规则。排污口设置应因地制宜，排污口的选址直接关系排污口建设的费用，所以它是一组相对重要的指标，确定该组 3 个指标的评分规则见表 3.3.3。

表 3.3.3　排污口建设适宜性指标组权重与评分规则

指标	优	良	中	差
评价分值	100	80	60	40
坡度/（°）	$i\leqslant 10$	$10<i\leqslant 20$	$20<i\leqslant 30$	$i>30$
平坦度	平坦	凸凹	崎岖	高山峻岭
土地利用类型	荒地	草地、林地	农田、道路	建筑

（3）排污口改造经济性指标评分规则。本组指标是指如果需要对排污口实施搬迁、合并等工程整治措施，需要重新选定排污点时，必须优先考虑附近水域排污量大的排污点，以节省排污管的铺设长度，最终达到排污口改造的经济性。根据江段排污口布设现状，确定该组 3 个指标的权重和评分规则见表 3.3.4。

表 3.3.4　排污口改造经济性指标组权重与评分规则

指标		优	良	中	差
评价分值		100	80	60	40
区域 NH₃-N 现状排污量/（t/a）		>40	40≥L4>25	25≥L4>0	=0
与现有排污口距离/km		L5<0.1	0.2>L5≥0.1	0.3>L5≥0.2	≥0.3
区域 COD 现状排污量/（t/a）		>500	500≥L6>100	100≥L6>0	=0

3. 层次分析法确定权重向量

（1）构造判断矩阵。根据入河排污口位置优化的层次分析结构模型，设定目标层为 A，准则层为 B，子准则层分别为 C、D、E，对各评价因素的相对重要性进行两两比较，建立量化构造判断矩阵列表，见表 3.3.5～表 3.3.8。

表 3.3.5　目标层 A 与准则层 B 的判断矩阵列表

		水域纳污适宜性	排污口建设适宜性	排污口改造经济性	权向量	归一化权向量
	A	B_1	B_2	B_3	W_i	$\overline{W}_i$
水域纳污适宜性	B_1	1	2	1	0.6667	0.4
排污口建设适宜性	B_2	1/2	1	1/2	0.3333	0.2
排污口改造经济性	B_3	1	2	1	0.6667	0.4

注：$\lambda_{max}=3$，CR = 0

表 3.3.6　准则层 $B1$ 与子准则层的判断矩阵列表

		水深	流速	与上游保护区距离	与下游保护区距离	权向量	归一化权向量
	B_1	C_1	C_2	C_3	C_4	W_i	$\overline{W}_i$
水深	C_1	1	1	1	1	0.5	0.25
流速	C_2	1	1	1	1	0.5	0.25
与上游保护区距离	C_3	1	1	1	1	0.5	0.25
与下游保护区距离	C_4	1	1	1	1	0.5	0.25

注：$\lambda_{max}=4$，CR = 0

表 3.3.7　准则层 *B2* 与子准则层 *D* 的判断矩阵列表

		坡度	平坦度	土地利用类型	权向量	归一化权向量
	B_2	D_1	D_2	D_3	W_i	$\overline{W}_i$
坡度	D_1	1	1	1/2	0.4083	0.25
平坦程度	D_2	1	1	1/2	0.4083	0.25
土地利用类型	D_3	2	2	1	0.8165	0.50

注：$\lambda_{\max} = 3$，CR = 0

表 3.3.8　准则层 *B3* 与子准则层 *E* 的判断矩阵列表

		离排污口距离	区域 COD 排放量	区域 NH$_3$-N 排放量	权向量	归一化权向量
	B_3	E_1	E_2	E_3	W_i	$\overline{W}_i$
离排污口距离	E_1	1	1/2	1/2	0.3333	0.2
区域 COD 现状排放量	E_2	2	1	1	0.6667	0.4
区域 NH$_3$-N 排放量	E_3	2	1	1	0.6667	0.4

注：$\lambda_{\max} = 3$，CR = 0

（2）评估指标权重向量汇总。综合上述对各层级权重的计算结果，对评估指标体系进行汇总，见表 3.3.9。

表 3.3.9　基于层次分析法的模糊综合评判指标体系层级结果汇总表

主因素	权重 *W*	评判内容		评判等级			
		子因素	权重 W_i	优	良	中	差
U_1 水域纳污适宜性	0.4	u_{11} 网格岸边水深	0.25				
		u_{12} 网格岸边流速	0.25				
		u_{13} 与上游保护区距离	0.25				
		u_{14} 与下游保护区距离	0.25				
U_2 排污口建设适宜性	0.2	u_{21} 网格对应陆域的坡度	0.25				
		u_{22} 网格对应陆域地形的平坦程度	0.25				
		u_{23} 网格对应陆域的土地利用类型	0.50				
U_3 排污口改造经济性	0.4	u_{31} 与最近排污口距离	0.20				
		u_{32} 区域 COD 现状排放量	0.4				
		u_{33} 区域 NH$_3$-N 现状排放量	0.4				

4. 模糊综合评判

（1）一级模糊综合评判。首先针对各主因素对应的子因素进行一级模糊综合评判，其中水域纳污适宜性（U_1）包括 4 项子因素，排污口建设适宜性（U_2）包括 3 项子因素，排污口改造经济性（U_3）包括 3 项子因素。

一级权重向量：

$$W_1=(0.25,0.25,0.25,0.25),\quad W_2=(0.25,0.25,0.5),\quad W_3=(0.2,0.4,0.4)$$

一级模糊关系矩阵：

$$R_1=\begin{bmatrix} r_{11} & r_{12} & \cdots & r_{1n} \\ r_{21} & r_{22} & \cdots & r_{2n} \\ r_{31} & r_{32} & \cdots & r_{3n} \\ r_{41} & r_{42} & \cdots & r_{4n} \end{bmatrix}$$

$$R_2=\begin{bmatrix} r_{11} & r_{12} & \cdots & r_{1n} \\ r_{21} & r_{22} & \cdots & r_{2n} \\ r_{31} & r_{32} & \cdots & r_{3n} \end{bmatrix}$$

$$R_3=\begin{bmatrix} r_{11} & r_{12} & \cdots & r_{1n} \\ r_{21} & r_{22} & \cdots & r_{2n} \\ r_{31} & r_{32} & \cdots & r_{3n} \end{bmatrix}$$

矩阵 R_i 中 n 为网格单元数，本小节中 $n=278$；隶属度函数 r_{ij} 根据式（3.2.5）～式（3.2.7）进行计算。

一级模糊评判矩阵为

$$B_i=W_i\circ R_i=(b_{i1},b_{i2},\cdots,b_{in})\ ,\qquad i=1,2,3$$

这里采用式（3.2.10）进行模糊矩阵的复合运算，得到 B_i；B_i 归一化后得到标准评判矩阵：

$$B_i^*=(b_{i1}^*,b_{i2}^*,\cdots,b_{in}^*)\ ,\qquad i=1,2,3$$

$$b_{ij}^*=\frac{b_{ij}}{\sum\limits_{j=1}^{n}b_{ij}}$$

（2）二级模糊综合评判。针对主因素进行二级模糊综合评判。

二级权重向量：

$$W=(W_1,W_2,W_3)$$

二级模糊关系矩阵为

$$R = \begin{bmatrix} \boldsymbol{B}_1^* \\ \boldsymbol{B}_2^* \\ \boldsymbol{B}_3^* \end{bmatrix} = \begin{bmatrix} b_{11}^* & b_{12}^* & \cdots & b_{1n}^* \\ b_{21}^* & b_{22}^* & \cdots & b_{2n}^* \\ b_{31}^* & b_{32}^* & \cdots & b_{3n}^* \end{bmatrix}$$

二级模糊评判矩阵为

$$\boldsymbol{B} = \boldsymbol{W} \circ \boldsymbol{R} = (b_1, b_2, \cdots, b_n)$$

对模糊矩阵进行复合运算，得到 $\boldsymbol{B}$；$\boldsymbol{B}$ 归一化后得到标准评判矩阵：

$$\boldsymbol{B}^* = (b_1^*, b_2^*, \cdots, b_n^*)$$

$$b_i^* = \frac{b_i}{\sum_{i=1}^{n} b_i}$$

5. 入河排污口位置筛选和优化

根据模糊综合评判法获得的判断矩阵 $\boldsymbol{B}^*$，筛选出评判数值排名靠前的网格单元，其数量与现状排污口数量相同。

金沙江攀枝花东区饮用、工业用水区 2011 年现状排污口数量有 27 个，结合矩阵 $\boldsymbol{B}^*$ 中排名前 27 位的数值位次，筛选确定对应的单元格编号，筛选结果见表 3.3.10 和图 3.3.5。

由于得分较高的排污口分布较为集中，需要进一步对其进行合并。根据最优候选单元和现状排污口的位置，确定排污口选址方案。

（1）候选单元较为集中的合并。候选单元过于集中，反映该区域均适合设置排污口，从经济和效率的角度，对其进行合并。对于 55 号和 56 号，合并至得分较高的 55 号；对于 64 号和 65 号，合并至得分较高的 65 号；对于 70 号和 71 号，合并至得分较高的 70 号；对于 91 号、92 号和 93 号，合并至得分较高的 92 号；对于 103 号和 104 号，合并至得分较高的 103 号；对于 236 号和 237 号，合并至得分较高的 236 号；对于 258 号、259 号和 260 号，合并至得分较高的 259 号；对于 285 号、286 号和 287 号，合并至得分较高的 286 号；对于 301 号、302 号和 303 号，合并至得分较高的 302 号。

（2）暂时无法迁并的排污口预留。对灰老沟、纳拉河和仁和河等支流排污沟而言，虽然它们位于饮用水水源保护区内，但目前还没有条件将其合并或迁移，只能采取措施治理支流水环境，应为其预留排污口，因此在得分较高的备选排污口外增加 3 个排污口，新增排污口所在河段单元编号为 172 号、196 号和 205 号。

这样，根据层次分析法最终得到的金沙江攀枝花东区饮用、工业用水区内规划排污口选址方案为 30 号、43 号、55 号、65 号、70 号、82 号、92 号、103 号、172 号、196 号、205 号、236 号、259 号、286 号、302 号共计 15 个入河排污口拟选单元，各规划排污口位置坐标和收集原排污口名称见表 3.3.11，规划排污口位置见图 3.3.6。

表 3.3.10　模糊综合评判法筛选的适宜度排名前 27 位的网格情况统计表

编号	坡度/(°)	土地利用类型	与上游保护区距离/km	与下游保护区距离/km	水深/m	流速/(m/s)	平坦程度	与最近排污口距离/km	区域 COD 现状排放量/(t/a)	区域 NH₃-N 现状排放量/(t/a)	分值排名
65	18.9	公路	4.82	9.42	5.01	0.10	凹凸	0	713.06	40.821 6	1
66	20.2	公路	4.92	9.32	5.03	0.11	凹凸	0.1	713.06	40.821 6	2
92	26.8	公路	7.52	6.72	4.03	0.57	凹凸	0	823.720 32	45.159 6	2
64	21.4	公路	4.72	9.52	4.92	0.08	凹凸	0.1	713.06	40.821 6	4
91	22.7	公路	7.42	6.82	4.07	0.57	凹凸	0.1	823.720 32	45.159 6	4
286	11.4	公路	5.82	21.31	5.81	4.53	凹凸	0	234.768	25.579 2	6
93	27.2	公路	7.62	6.62	4	0.55	凹凸	0.1	823.720 32	45.159 6	7
236	8.4	房屋	3.82	26.31	2.33	0.31	凹凸	0	315.381 024	50.839 2	8
237	8.9	房屋	3.92	26.21	2.33	0.35	凹凸	0	315.381 024	50.839 2	8
259	25.8	林地	3.12	24.01	3.13	1.17	凹凸	0	3 006.432	29.538 7	8
285	18.0	公路	5.72	21.41	5.68	4.13	凹凸	0.1	234.768	25.579 2	8
287	14.7	公路	5.92	21.21	5.95	4.76	凹凸	0.1	234.768	25.579 2	8
258	24.1	林地	3.02	24.11	3.04	1.12	凹凸	0.1	3 006.432	29.538 7	13
260	22.5	林地	3.22	23.91	3.22	1.03	凹凸	0.1	3 006.432	29.538 7	13

续表

编号	坡度/(°)	土地利用类型	与上游保护区距离/km	与下游保护区距离/km	水深/m	流速/(m/s)	平坦程度	与最近排污口距离/km	区域 COD 现状排放量/(t/a)	区域 NH₃-N 现状排放量/(t/a)	分值排名
55	19.8	公路	3.82	10.42	4.13	0.05	凹凸	0	274.43	7.2603	15
205	5.9	荒地	17.9	0.21	2.73	0.04	凹凸	0	998.64	40.2960	15
302	4.5	房屋	7.42	19.71	8.02	6.78	凹凸	0	6.99048	1.6425	15
70	22.9	公路	5.32	8.92	4.88	0.14	凹凸	0	254.04	11.9574	18
82	25.3	公路	6.52	7.72	4.42	0.30	凹凸	0	243.747	17.0163	18
43	10.5	房屋	2.62	11.62	3.07	0.04	凹凸	0	205.22	2.7831	20
54	16.6	公路	3.72	10.52	4.04	0.05	凹凸	0.1	274.43	7.2603	20
56	17.9	公路	3.92	10.32	4.21	0.05	凹凸	0.1	274.43	7.2603	20
71	19.8	公路	5.42	8.82	4.84	0.15	凹凸	0.1	254.04	11.9574	20
103	4.4	农田	8.62	5.62	4.11	0.81	凹凸	0	61.47	5.4925	20
104	3.1	房屋	8.72	5.52	4.14	0.75	凹凸	0	61.47	5.4925	20
301	8.1	公路	7.32	19.81	7.88	7.37	凹凸	0.1	6.99048	1.6425	20
303	4.8	房屋	7.52	19.61	8.16	8.61	凹凸	0.1	6.99048	1.6425	20

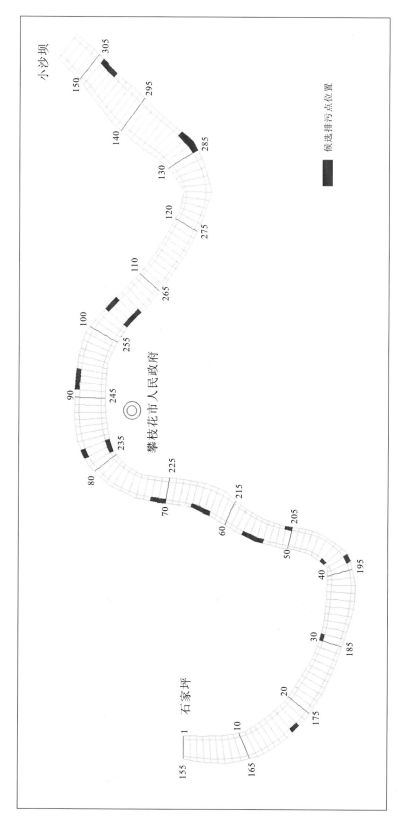

图 3.3.5　金沙江攀枝花东区饮用、工业用水区排污口位置候选区域分布示意图

表 3.3.11　金沙江攀枝花东区饮用、工业用水区排污口位置优化最终方案

| 单元编号 | 地理位置 | | 对应原排污口名称 | 现状排污量／(t/a) | | 与水功能区下断面距离/m |
	经度	纬度		COD	NH₃-N	
30	101°40′28.50″	26°33′30.81″	攀钢江1、攀钢江2	51.71	1.55	12 400
43	101°41′13.06″	26°33′17.43″	攀钢江5、攀钢江5~6、攀钢江6、攀钢江7	565.38	17.99	11 100
55	101°41′46.38″	26°33′31.50″	攀钢江8	274.43	7.26	9 900
65	101°41′56.25″	26°34′2.44″	渡口吊桥下500 m	713.06	40.82	8 900
70	101°42′6.36″	26°34′15.82″	水文站对面下100 m	254.04	11.96	8 400
82	101°42′12.26″	26°34′54.21″	炳草岗煤气罐对面、攀钢江10、凤凰广场对面	344.66	22.04	7 200
92	101°42′29.18″	26°35′22.33″	攀钢江12	823.72	45.16	6 200
103	101°43′5.74″	26°35′30.50″	马坎上冲沟、马坎冲沟	61.47	5.49	5 100
172	101°39′53.97″	26°33′51.58″	灰老沟入江口	9.49	0.61	13 600
196	101°41′8.10″	26°33′13.59″	纳拉河入江口	213.88	0.9	11 200
205	101°41′44.69″	26°33′15.98″	仁和河入江口	998.64	40.3	10 300
236	101°42′16.84″	26°34′53.81″	炳污水处理厂上100 m、炳污水处理厂排污口、炳草岗大桥下	542.27	65.74	7 200
259	101°43′12.48″	26°35′25.10″	攀研院排污口	3 006.43	29.54	4 900
286	101°44′28.88″	26°34′43.84″	民建沟排污口	234.77	25.58	2 200
302	101°45′26.33″	26°34′37.25″	钛白路排洪沟	6.99	1.64	600

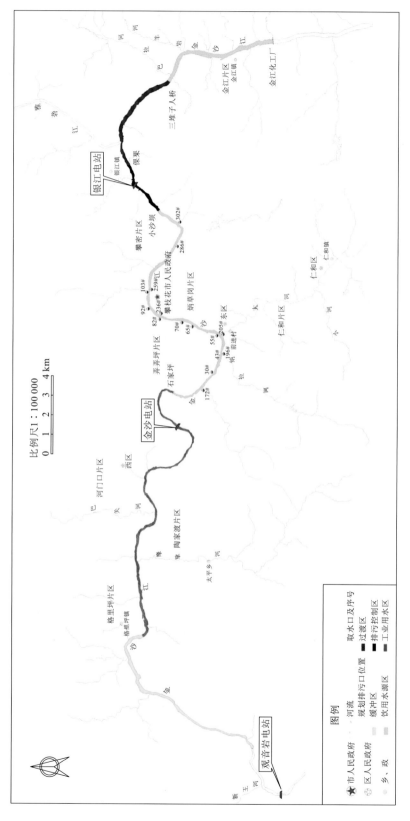

图 3.3.6　金沙江攀枝花东区饮用、工业用水区排污口位置优化最终方案示意图

第4章

入河排污口负荷优化技术

4.1 概　　述

从各排污点规划入河排污量的无限多组可行解中，寻求某个最优的排污量组合，使排污负荷量最大且水域出境断面的水质浓度最低，这个最优位置和入河负荷的组合，就是排污口二元优化的帕累托最优（Pareto optimality）。概括起来，排污负荷优化，在数学上是一个多元函数的极值问题，由于优化变量较多和水质模型的非线性特征，使用传统的数学分析和极值原理很难奏效，需要采用更为有效的智能算法。随着人工智能的兴起，形成了启发式优化算法研究的新兴学科，单纯形法、遗传算法、蚁群算法、禁忌搜索算法、模拟退火算法、粒子群算法等。本章将选择鲁棒性好、计算效率高的改进遗传算法作为优化工具。

4.2 入河排污口负荷优化原则与方法

4.2.1 入河排污口负荷优化原则

对一般限制排污区而言，随着经济社会的发展，将会逐步设置多个入河排污口，根据排污口位置优化布设方案，确定水功能区内排污口设置的最佳位置组合，那么排污口排污量的优化就是以规划排污口位置为基础，以水功能区现有排污量总量和纳污能力为限制条件，以水功能区下游控制断面浓度最低为优化目标，确定排污口排污量的最佳组合方案。主要遵循以下原则。

（1）保护优先原则。优化排污负荷的分布，其根本目的是保护水域水质能够满足规划确定的水质管理目标。若优化达到的入河负荷量较大，但水域出境断面水质满足不了水质目标，则优化的结果也是无效的。

（2）支撑发展原则。分配给各个排污口的排污量不能超过当地社会经济发展所需要的规划允许排放量，适度留有发展余地。

（3）有效利用原则。在不引起水功能区水质超标的情况下，充分利用水体稀释自净能力，以保证区域社会经济开发利用水环境容量的需要。

4.2.2　入河排污口负荷优化方法

1. 排污负荷量优化分配方法

排污负荷量优化分配方法常采用基本遗传算法（simple genetic algorithm，SGA），该方法是由美国密歇根大学霍兰德（Holland）教授于 1975 年提出来的，是模拟达尔文生物进化论的自然选择和遗传学机理的生物进化过程的计算模型，是一种通过模拟自然进化过程搜索最优解的方法，用它作为计算工具，既可以解决连续可导函数的极值问题，又可以解决离散型、不可导函数的极值问题。遗传算法把搜索空间（问题可行解的组成空间）映射为遗传空间，把可行解编码成一个向量——染色体，向量的每个元素称为基因。通过不断计算各染色体的适应值，选择最好的染色体，获得最优解。遗传算法相关术语与生物界中遗传学概念的对应关系如表 4.2.1 所示。

表 4.2.1　生物遗传现象与遗传算法的概念对应表

编号	遗传学概念	遗传算法的概念
1	适者生存	越接近最优解，适应度值越高
2	个体	可行解
3	染色体	可行解的编码，二进制或十进制
4	基因	可行解向量中的一个分量
5	适应性	适应度函数
6	种群	选定的一组可行解
7	自然选择	根据概率算法选择出一组新的可行解的过程
8	基因杂交	根据交叉算法产生出一组新的可行解的过程
9	基因变异	人工扰动使各可行解某个分量发生变化的过程
10	种群生境	保持可行解之间的差异性，避免陷入局部最优

遗传算法最重要的操作算法为选择算法、交叉算法、变异算法。为了阐明遗传算法的核心思想，分析将其引入排污口排污量优化的可行性，本小节首先用遗传算法求解下列二元极值问题：

$$\begin{cases} \max f(x_1, x_2) = x_1^2 + x_2^2 \\ 0 \leqslant x_1, x_2 \leqslant 5 \end{cases} \tag{4.2.1}$$

求解步骤：

（1）基因编码。采用实数编码方法，考虑优化变量只有 2 个，因此每个"染色体"的"基因"数为 2。

（2）初始化种群。为了能够进化出优良的"个体"，需要一定规模的父代种群，种群

规模 M 取 6，种群内各个体的染色体基因在取值范围内由随机公式产生：

$$x_i^k = x_{i,\min} + \text{rand} \times (x_{i,\max} - x_{i,\min})\qquad(4.2.2)$$

式中：x_i^k 为第 k 个个体染色体第 i 个基因的取值；$x_{i,\max}$，$x_{i,\min}$ 分别为对应基因的取值上限和下限；rand 为（0，1）内取值的随机函数。由此得到的 6 个个体的初始染色体值见表 4.2.2 第一列。

（3）选择运算（choose operator）。个体入选下一代群体的概率由公式计算：

$$P(X^i) = \text{fitness}(X^i)\Big/ \sum_i^M \text{fitness}(X^i)\qquad(4.2.3)$$

式中：$\text{fitness}(X^i)$ 为适应度函数，该问题中目标函数就是适应度函数。利用上述概率组成概率圆盘（图 4.2.1），然后用打靶法选择个体进入下一代群体，显然适应度高的个体更容易被选中。经过选择运算产生的新个体染色体值见表 4.2.2 第二列。

表 4.2.2　遗传算法选择算子运算表

个体编号	初始种群	适应度值	入选概率/%	期望复制数	实际复制数
1	(1.2, 2.3)	6.73	5.52	0.33	0
2	(0.7, 4.7)	22.58	18.51	1.11	1
3	(3.4, 2.7)	18.85	15.45	0.93	1
4	(4.3, 2.9)	26.90	22.04	1.32	1
5	(0.9, 3.1)	10.42	8.54	0.51	1
6	(4.7, 3.8)	36.53	29.94	1.80	2
合计		122.01	100.00	6	6
平均		20.34			

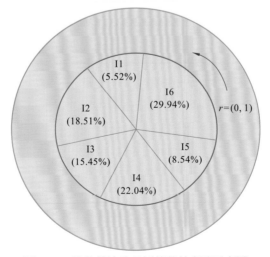

图 4.2.1　遗传算法选择运算的轮盘赌示意图

（4）交叉运算（crossover operator）。首先根据交叉概率 p_c 对群体中个体进行配对，然后进行算数交叉运算：

$$\begin{cases} X' = rX + (1-r)Y \\ Y' = (1-r)X + rY \end{cases} \tag{4.2.4}$$

式中：r 为介于（0,1）的随机数，X 和 Y 为父代染色体，X' 和 Y' 为经过交叉操作后的子代染色体。交叉后的染色体值见表 4.2.3 第五列。运算示意图见图 4.2.2。

表 4.2.3　遗传算法交叉算子运算表

新个体编号	复制后种群	父代个体号	交叉对象号	交叉后种群	适应度值
1	（0.7，4.7）	2	5	（1.7，4.8）	22.92
2	（3.4，2.7）	3	4	（3.6，2.8）	20.70
3	（4.3，2.9）	4	6	（4.4，3.1）	30.49
4	（4.3，2.9）	4	2	（4.1，2.9）	24.73
5	（4.7，3.8）	6	1	（3.7，4.0）	30.50
6	（4.7，3.8）	6	3	（4.6，3.6）	33.94
合计					163.28
平均					27.21

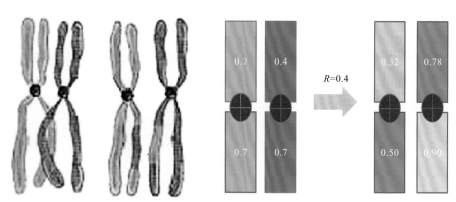

图 4.2.2　遗传算法交叉运算示意图（实数编码）

（5）变异运算（mutation operator）。根据变异概率 p_m 确定变异个体，然后进行变异运算：

$$X' = X + r \times dx \tag{4.2.5}$$

式中：dx 为基因值变化。

遗传算法变异算子运算表见表 4.2.4，运算示意图见图 4.2.3。

表 4.2.4　遗传算法变异算子运算表

新个体编号	复制后种群	父代个体号	是否变异	变异后种群	适应度值
1	（1.7，4.8）	2	否	（1.7，4.8）	22.92
2	（3.6，2.8）	3	否	（3.6，2.8）	20.70
3	（4.4，3.1）	4	是	（4.5，3.2）	29.13
4	（4.1，2.9）	4	否	（4.1，2.9）	24.73
5	（3.7，4.0）	6	是	（3.8，4.1）	29.89
6	（4.6，3.6）	6	否	（4.6，3.6）	33.94
合计					161.31
平均					26.89

图 4.2.3　遗传算法变异运算示意图（二进制编码）

　　将遗传算法应用到上述简单的二元函数极值问题中可以发现，初始种群经过一次选择、交叉和变异操作后得到新种群，平均适应度从 20.34 增加到 27.21，距离最终适应度 50.00 更近了，问题的可行解向最优解的方向逼近。可见，将遗传算法用于多维优化问题具有可行性。

　　（6）小生境遗传算法。小生境是指特定环境下的一种组织结构。在自然界中，往往呈现出形状、特征相似的物种相聚在一起，并在同类中交配繁衍后代。在基本遗传算法中，交配完全是随机的，在进化的后期，大量的个体集中于某一极值点上，在用遗传算法求解多峰值问题时，通常只能找到个别的几个最优值，甚至往往得到的是局部最优解。小生境技术就是将每一代个体划分为若干类，每类中选出若干适应度较高的个体作为一个类的优秀代表组成一个新的种群，再在种群中及不同种群之间杂交，变异产生新一代个体群。基于这种小生境的遗传算法（niched genetic algorithms，NGA），可以更好地保持解的多样性，同时具有很高的全局寻优能力和收敛速度，特别适合于解决复杂多峰函数的优化问题。

　　共享函数（sharing function）是表示群体中两个个体之间密切关系程度的一个函数，可记为 $S(d_{ij})$，表示个体 i 和 j 之间的关系。例如，个体基因型之间的海明距离就可以为一种共享函数。这里，个体之间的密切程度主要体现为个体基因型的相似性或个体表现型的相似性上。当个体之间比较相似时，其共享函数值就比较大；反之，当个体之间不太相似时，其共享函数值比较小。

共享度是某个个体在群体中共享程度的一种度量，它定义为该个体与群体内其他个体之间的共享函数值之和，用 S 表示为

$$S_i = (i = 1, \cdots, M)$$

在计算出了群体中每个个体的共享度之后，依据下式来调整每个个体的适应度：

$$F(X_i) = F(X_i)/S_i \ (i = 1, \cdots, M)$$

由于每个个体的选择概率是由其适应度大小来控制的，这种调整适应度的方法就能够限制群体中个别个体的大量增加，从而维护群体的多样性，并造就一种小生境的进化环境。

下面介绍一个基于小生境概念的遗传算法。这个算法的基本思想：首先两两比较群体中个体之间的海明距离，若这个距离在预先的距离 L 之内的话，再比较两者的适应度大小，并对其中适应度较低的个体施加一个较强的罚函数，极大地降低其适应度，这样，对于在预先指定的某一距离 L 之内的两个个体，其中较差的个体经处理后其适应度变得更差，它在后面的选择算子操作过程中被淘汰的概率就极大。也就是说，在距离 L 内将只存在一个优良个体，从而既维护了群体的多样性，又使个体之间保持一定的距离，并使个体能够在整个约束的空间中分散开来，这样就实现了一种小生境遗传算法。

2. 排污负荷量优化分配模型

沿着河道水流方向建立坐标系，水功能区上游断面为坐标原点，坐标为 0。现拟设 n 个排污口，排污口的选址方案根据层次分析法确定后，各排污口的位置坐标可用 GIS 工具量算得出。设 n 个排污口的允许排放量为 M（水功能区限制排污总量），单位 g/s，第 i 个排污口的排污分量为 m_i。设第 i 个排污口的位置坐标为 x_i，则水功能区下游断面的污染物浓度为

$$C(x_d, 0) = C_0 \exp\left(-K \frac{x_d}{u}\right) + \sum_{i=1}^{n}\left[\frac{m_i}{h\sqrt{\pi E_x(x_d - x_i)u}} \exp\left(-K \frac{x_d - x_i}{u}\right)\right] \quad (4.2.6)$$

式中：x_d 为排污口位置；C_0 为初始值断面的污染物浓度，mg/L；K 为污染物综合衰减系数，S^{-1}；u 为设计流量下河道的平均流速，m/s；h 为设计流量下计算水域的平均水深，m；E_x 为纵向离散系数，m²/s。

入河排污口排污量分配的寻优过程，就是在满足水功能区水质达标的情况下，尽可能多地接纳当地产生的工业和生活污水的污染负荷，做到对水资源"在保护中利用，在利用中保护"。因此，构造的目标函数必须兼顾水资源利用和水资源保护两方面的内容，构造的目标函数为

$$\begin{cases} \max \operatorname{sum}(m_1, m_2, \cdots, m_n) \\ \min C_d = C_0 \exp\left(-K\dfrac{x_d - x_0}{u}\right) + \sum_{i=1}^{n}\left[\dfrac{m_i}{h\sqrt{\pi E_y(x_d - x_i)u}} \exp\left(-K\dfrac{x_d - x_i}{u}\right)\right] \quad (4.2.7) \\ [M]_{0i} \leqslant m_i \leqslant [M]_{si}, \quad i = 1, 2, \cdots \end{cases}$$

式中：C_d 为根据二维解析解模式求得的在一定排污量布局条件下，水功能区下边界浓度；$[M]_{0i}$ 为第 i 个排污口的现状排污负荷量；$[M]_{si}$ 为第 i 个排污口的最大允许排污量。为便于遗传算法进行寻优计算，将上述目标函数进行改写后作为遗传算法的适应度函数：

$$\text{fitness} = \begin{cases} \dfrac{\operatorname{sum}(m_1, m_2, \cdots, m_n)}{\operatorname{sum}M} + \left(1 - \dfrac{C_d}{C_s}\right), & C_d \leqslant C_s \\ 0, & C_d > C_s \end{cases} \quad (4.2.8)$$

式中：$\operatorname{sum}M$ 为水功能区规划排污负荷总量，C_s 为水功能区水质管理目标。

3. 排污负荷量规划模型求解

（1）确定遗传算法的参数。由于排污口拟选位置为 15 个，那么遗传算法染色体基因个数为 15，最大进化世代数取 100，种群规模取 5。

（2）遗传算法编码。将优化向量进行染色体编码，考虑排污量优化的排污口较多，对各排污口的排污分量采用实数编码方法。

（3）产生初始种群。用随机取数的方法产生初始种群。在排污口排污量取值区间内随机值。

（4）确定适应度函数。遗传算法（genetic algorithms，GA）要求优化向量朝着使之减小的方向发展，即逐步获取使式（4.2.8）取值最大的排污量组合。

（5）遗传进化操作。对初始种群应用进化算子，包括选择算子、交叉算子和变异算子。直至收敛或达到最大进化代数为止，并输出最优适应度值对应的个体，其表现型即为入河排污口排污负荷量的优化向量。

4.3　入河排污口负荷优化实例

仍然以长江上游攀枝花市东区饮用、工业用水区为例，采用研究提出的入河排污口负荷优化技术，对入河排污口进行优化。

以 3.3 节得出的攀枝花市东区饮用、工业用水区范围内的 15 个规划排污点为基础，根据遗传算法优化计算得到的各规划排污口排污负荷见表 4.3.1。从各排污口的规划排污量来看，分布趋于均匀，且绝大多数排污口的规划排放量大于现状排污量的排污要求，个别排污口原排污负荷过大，则需进行污水处理或者转移到其他排污口进行排放。从排污口规划排放总量来看，大于现状排放量，但小于水功能区水域纳污能力，满足水功能区排污总量控制要求。

表 **4.3.1**　金沙江攀枝花东区饮用、工业用水区排污口负荷量规划方案

单元编号	东经	北纬	至下断面距离/m	COD 现状排污量/(t/a)	NH₃-N 现状排污量/(t/a)	COD 规划排污量/(t/a)	NH₃-N 规划排污量/(t/a)
30	101°40'28.50"	26°33'30.81"	12 400	51.71	1.55	736	54
43	101°41'13.06"	26°33'17.43"	11 100	565.38	17.99	739	55
55	101°41'46.38"	26°33'31.50"	9 900	274.43	7.26	743	56
65	101°41'56.25"	26°34'2.44"	8 900	713.06	40.82	749	56
70	101°42'6.36"	26°34'15.82"	8 400	254.04	11.96	744	52
82	101°42'12.26"	26°34'54.21"	7 200	344.66	22.04	750	51
92	101°42'29.18"	26°35'22.33"	6 200	823.72	45.16	746	48
103	101°43'5.74"	26°35'30.50"	5 100	61.47	5.49	711	48
172	101°39'53.97"	26°33'51.58"	13 600	9.49	0.61	750	56
196	101°41'8.10"	26°33'13.59"	11 200	213.88	0.90	737	55.4
205	101°41'44.69"	26°33'15.98"	10 300	998.64	40.30	744	41
236	101°42'16.84"	26°34'53.81"	7 200	542.27	65.74	748	55.7
259	101°43'12.48"	26°35'25.10"	4 900	3 006.43	29.54	707	56
286	101°44'28.88"	26°34'43.84"	2 200	234.77	25.58	749	54.7
302	101°45'26.33"	26°34'37.25"	600	6.99	1.64	745	53
合计				8 100.94	316.58	11 098	791.8

从规划排放量布局对水功能区水质的影响上分析,左岸 COD 背景浓度为 14.4 mg/L,规划排污量条件下水功能区出口断面左岸岸边 COD 浓度为 18.6 mg/L(现状 18.7 mg/L);右岸 COD 背景浓度为 14.4 mg/L,规划排污量条件下水功能区右岸岸边 COD 浓度为 18.5 mg/L（现状 18.7 mg/L）。左岸 NH₃-N 背景浓度为 0.03 mg/L,规划排污量条件下水功能区出口断面左岸岸边浓度为 0.078 mg/L（现状 0.09 mg/L）；右岸 NH₃-N 背景浓度为 0.03 mg/L,规划排污量条件下水功能区出口断面的浓度为 0.084 mg/L（现状 0.09 mg/L）,均满足水功能区 Ⅲ 类水质管理目标要求。

入河排污口设置规划方案见图 4.3.1,排污口负荷量规划效果见表 4.3.2。

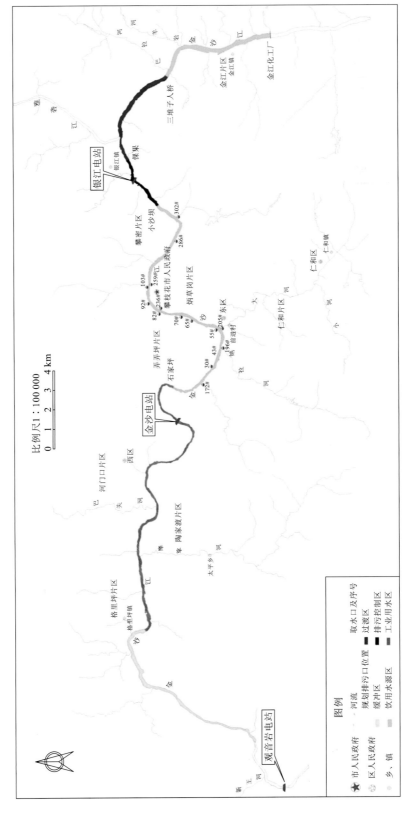

图 4.3.1 金沙江攀枝花东区饮用、工业用水区排污口位置规划方案示意图

表 **4.3.2**　金沙江攀枝花东区饮用、工业用水区排污口负荷量规划效果

岸别和指标	背景浓度 /(mg/L)	现状入河量 /(t/a)	优化入河量 /(t/a)	出境断面浓度/(mg/L)	
				优化前	优化后
左岸 COD	14.4			18.7	18.6
		8 100.94	11 098		
右岸 COD	14.4			18.7	18.5
左岸 NH$_3$-N	0.03			0.09	0.078
		316.58	791.8		
右岸 NH$_3$-N	0.03			0.09	0.084

第 5 章

入河排污口影响预测技术

5.1 概 述

污染物进入水体后主要的运移方式包括随流输移、对流输移、扩散和剪切离散。地表水水质的模拟十分复杂，污染物在地表水中的几种运移方式往往交织在一起，通过上述输移方式，污染物与周围水体不断混合，其浓度不断降低。水环境力学研究学者根据质量守恒定律和经典力学理论推导出描述污染物迁移转化的基本方程式。通常，其定解条件十分复杂。在长期实践中，根据求解的难易程度，派生出两种不同的求解方法。一是在应用中对污染物输移方程和边界条件进行简化，得到其解析解，形成各种解析解模型；二是在应用数值方法探索水质方程的数值解，发展出相关的数值模型。从空间离散维度而言，可以分为一维、二维和三维水质模型；从时间维度而言，可以分为恒定模型和非恒定模型。

随着计算机计算性能的提升和数值计算方法的不断完善，国内外学者普遍采用数值计算方法求解污染物输移方程。数值计算方法已经成为现代一种研究物理现象本质，解决实际工程问题的强大技术。根据水流数学模型尺度的不同，可以将模型分为三种类型：微观尺度模型、介观尺度模型及宏观尺度模型。微观尺度模型是基于分子动力学理论的方法，控制方程是汉密尔顿方程；宏观尺度模型基于连续介质假说，其中最具有代表性的方法为特征线法、有限差分法、有限元法和介于两者之间的有限体积法；介观尺度模型是介于宏观和微观之间的方法，格子玻尔兹曼方法就是一种典型的介观方法，核心是建立微观和宏观之间的桥梁，在一定的区域内不考虑单个粒子的运动而是将此区域的所有粒子看作一个运动的整体，整体运动特性由粒子分布函数决定。

在入河排污口设置论证工作中，应用较多的为河流一维、二维解析解模型和数值解模型，数值解方法主要为有限体积方法、有限差分方法和格子玻尔兹曼方法。

5.2 一维影响预测模型

5.2.1 河流一维稳态水质解析解模型

1. 模型方程

$$u\frac{\partial C}{\partial x} = E\frac{\partial^2 C}{\partial x^2} - KC \tag{5.2.1}$$

根据污染物断面充分混合河段，污染物输出量、河道流速等不随时间变化，计算河段较长时可用一维水质模型预测：

$$C_x = C_0 \exp\left[\frac{u}{2E_x}\left(1 - \sqrt{1 + \frac{4KE_x}{u^2}}\right)x\right] \tag{5.2.2}$$

式中：C_x 为流经 x 距离后污染物的质量浓度，mg/L；C_0 为其始断面污染物的质量浓度，mg/L；u 为河流平均流速，m/s；x 为纵向距离，m；E_x 为河段纵向离散系数，m^2/s；K 为污染物综合衰减系数，s^{-1}。

若忽略纵向离散作用时则为

$$C_x = C_0 \exp\left(-K\frac{x}{u}\right) \tag{5.2.3}$$

$$C_0 = \frac{c_P Q_P + c_h Q_h}{Q_P + Q_h}$$

当有突发排污时，可以用式（5.2.4）预测河流断面水质变化过程：

$$C(x,t) = c_h + \frac{W}{A\sqrt{4\pi E_x t}}\exp(-kt)\exp\left[-\frac{(x-ut)^2}{4E_x t}\right] \tag{5.2.4}$$

式中：$C(x,t)$ 为瞬时污染源径流时距 x 处河流断面污染物的质量浓度，mg/L；W 为瞬时污染物总量，g/s；A 为河流断面面积，m^2；t 为流经时间，s。

2. 适用范围

适用于恒定流条件下持续性污染物和非持续性污染物的浓度预测。

5.2.2　河流一维水质数值解模型

1. 模型控制方程

河网水流运动方程采用通用的一维非恒定流控制方程组，即圣维南方程组。污染传输扩散方程采用线性衰减的对流扩散方程。

水流连续性方程是基于质量守恒定律，采用欧拉法则推导出来的。

以图 5.2.1 河道微段为研究对象（以下均考虑单位时间）。

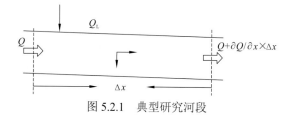

图 5.2.1　典型研究河段

进入微段的水量为 $W_{in} = Q$，旁侧入流为 Q_L；

流出微段的水量为 $W_{out} = Q + \dfrac{\partial Q}{\partial x} \times \Delta x$；

河段内水量的增量为 $\Delta V = \dfrac{\partial V}{\partial t} = \dfrac{\partial A}{\partial t} \times \Delta x$。

根据物质守恒定律，建立如下方程：

$$\Delta V = W_{in} - W_{out}$$

可得

$$\frac{\partial Q}{\partial x} + \frac{\partial A}{\partial t} = \frac{Q_L}{\Delta x}$$

经过转换可得

$$\frac{\partial Q}{\partial x} + B\frac{\partial Z}{\partial t} = q_L \tag{5.2.5}$$

水流运动方程是基于动量守恒定律得到的，仍然以图 5.2.1 河道微段为研究对象。

进入微段的动量：$M_{in} = QU$，旁侧入流的动量不考虑

流出微段的动量：$M_{out} = QU + \dfrac{\partial QU}{\partial x} \times \Delta x$

河段沿水流方向的冲量：$\Delta M_0 = gV\sin\theta - f = gA\Delta x\left(\dfrac{\partial Z}{\partial x} - \dfrac{Q^2}{C_0^2 A^2 R}\right)$。

根据谢才公式，$U = C_0 R^{0.5} J^{0.5}$，J 为阻力坡降，所以 $J = Q^2 / C_0^2 A^2 R$。

河段内水体动量的增量：$\Delta M = \dfrac{\partial VU}{\partial t} = \dfrac{\partial AU}{\partial t} \times \Delta x = \dfrac{\partial Q}{\partial t} \times \Delta x$

根据动量守恒定律，建立如下方程：

$$\Delta M = M_{in} - M_{out} + \Delta M_0$$

引入动能修正系数，得到

$$\frac{\partial Q}{\partial t} + \frac{\partial(\beta UQ)}{\partial x} + gA\left(\frac{\partial Z}{\partial x} + \frac{Q|Q|}{C_0^2 A^2 R}\right) = 0 \tag{5.2.6}$$

污染物传输扩散方程是根据物质守恒定律得到的。

以图 5.2.2 所示河段为研究对象：

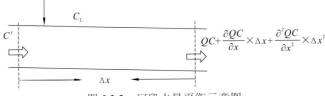

图 5.2.2　河段水量平衡示意图

进入微段的污染物量：$L_{in} = QC$；旁侧入流：$L_L = Q_L C_L$

流出微段的污染物量：$L_{out} = QC + \dfrac{\partial QC}{\partial x} \times \Delta x + \dfrac{\partial^2 QC}{\partial x^2} \times \Delta x^2$

河段内污染物质的增量：$\Delta L = \dfrac{\partial VC}{\partial t} = \dfrac{\partial AC}{\partial t} \times \Delta x$

河段内污染物质的衰减：$\Delta L' = KVC = KA \times \Delta xC$

根据物质守恒定律，建立如下方程：

$$\Delta L = L_{in} + L_L - W_{out} - \Delta L'$$

将各分项带入，换算后可得

$$\frac{\partial AC}{\partial t} + \frac{\partial QC}{\partial x} = \frac{\partial}{\partial x}\left(EA\frac{\partial C}{\partial x}\right) - KAC + q_L C_L \tag{5.2.7}$$

式中：Q 为流量，m^3/s；A 为过水断面面积，m^2；Z 为水位，m；Z_0 为河床平均高程，m；q_L 为单宽旁侧入流，m^2/s；h 为断面平均水深，m；x 为沿河长方向的空间变量；t 为时间变量；g 为重力加速度，m/s^2；β 为动量修正系数；C_0 为谢才系数，$C_0 = R^{\frac{1}{6}}/n$；n 为曼宁糙率系数；R 为水力半径，m；C 为衰减型污染物浓度，mg/L；E 为纵向弥散系数，m^2/s；K 为衰减系数，s^{-1}；C_L 为旁侧入流（或点源的浓度）。

2. 方程离散格式

水流运动方程的离散格式采用普列斯曼（Preissmann）四点隐式差分格式，见图 5.2.3。函数 f 及其时间和空间导数的离散公式为

$$f = \frac{f_{j+1}^n + f_j^n}{2} \tag{5.2.8}$$

$$\frac{\partial f}{\partial t} = \frac{f_{j+1}^{n+1} - f_{j+1}^n + f_j^{n+1} - f_j^n}{2} \tag{5.2.9}$$

$$\frac{\partial f}{\partial x} = \theta \frac{f_{j+1}^{n+1} - f_j^{n+1}}{\Delta x} + (1-\theta)\frac{f_{j+1}^n - f_j^n}{\Delta x} \tag{5.2.10}$$

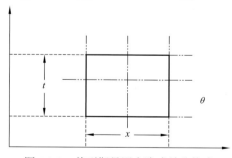

图 5.2.3　普列斯曼四点隐式差分格式

将式（5.2.4）～式（5.2.6）代入式（5.2.1）～式（5.2.3），整理得到水流运动方程的差分表达式为

$$-Q_j^{n+1} + C_j Z_j^{n+1} + Q_{j+1}^{n+1} + C_j Z_{j+1}^{n+1} = D_j \tag{5.2.11}$$

$$E_j Q_j^{n+1} - F_j Z_j^{n+1} + G_j Q_{j+1}^{n+1} + F_j Z_{j+1}^{n+1} = O_j \qquad (5.2.12)$$

其中：

$$C_j = \frac{1}{\theta} \frac{\Delta x}{2\Delta t} \frac{B_{j+1}^n + B_j^n}{2}, \quad D_j = \frac{1}{\theta} \frac{\Delta x}{2\Delta t} \frac{B_{j+1}^n + B_j^n}{2} (Z_{j+1}^n + Z_j^n) - \frac{1-\theta}{\theta}(Q_{j+1}^n - Q_j^n)$$

$$E_j = \frac{1}{\theta} \frac{\Delta x}{2\Delta t} - \beta_j u_j^n + \frac{1}{\theta} \frac{g}{2} \frac{\Delta x n_j^2 |u_j^n|}{(R_j^n)^{4/3}}, \quad F_j = g \frac{A_{j+1} + A_j}{2}$$

$$G_j = \frac{1}{\theta} \frac{\Delta x}{2\Delta t} - \beta_{j+1} u_{j+1}^n + \frac{1}{\theta} \frac{g}{2} \frac{\Delta x n_{j+1}^2 |u_{j+1}^n|}{(R_{j+1}^n)^{4/3}}$$

$$O_j = \frac{1}{\theta} \frac{\Delta x}{2\Delta t} (Q_{j+1}^n + Q_j^n) - \frac{1-\theta}{\theta}(\beta_{j+1} u_{j+1}^n Q_{j+1}^n - \beta_j u_j^n Q_j^n) - \frac{1-\theta}{\theta} g \frac{A_{j+1}^n + A_j^n}{2}(Z_{j+1}^n - Z_j^n)$$

带上标 n 的是未知量的初始值或者上一时间层的计算值。对计算河道的每个微段均可以写出上述差分方程，因此被称为"微段方程"，共可写出 $2N-2$ 个方程，N 为河道断面数。由于每个断面上有水位和流量两个未知数，因此变量总数为 $2N$，结合两个边界条件，方程组是闭合的。

污染物输运方程采用显式迎风有限差分格式进行离散，这种离散方法能有效保证水质模型的稳定性，离散格式见图 5.2.4。

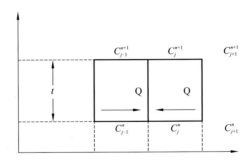

图 5.2.4　污染物输运方程差分格式

将式（5.2.7）采用普列斯曼四点隐式差分格式离散得

$$\overline{A} \frac{C_j^{n+1} - C_j^n}{\Delta t} + \overline{Q} \frac{(C_j^n - C_{j-1}^n)}{\Delta x_j} = \overline{EA} \frac{(C_{j+1}^{n+1} - 2C_j^{n+1} + C_{j-1}^{n+1})}{\Delta x_j^2}$$
$$- \frac{1}{2}\overline{K}(C_j^{n+1} + C_{j-1}^n) + q_{Lj} C_{Lj} \qquad (5.2.13)$$

3. 模型求解方法

对于范围界定的河流而言，所模拟的河流边界处均有水位站或水文站，其实测资料作为河网计算的边界条件，边界条件作为水位过程、流量过程或水位流量关系过程，统一写为

$$A_{L1} Z_{L1} + B_{L1} Q_{L1} = H_{L1} \qquad (5.2.14)$$

（1）当模拟河流上游为水位边界条件时，建立如下追赶方程：

$$Z_{L1} = P_{L1} - V_{L1}Q_{L1}^{n+1} \quad (P_{L1} = Z_{L1}(t), V_{L1} = 0)$$

$$\begin{cases} Q_j^{n+1} = S_{j+1} - T_{j+1}Q_{j+1}^{n+1} \\ Z_{j+1} = P_{j+1} - V_{j+1}Q_{j+1}^{n+1} \end{cases} \quad (j = L1, \cdots, L2-1) \quad (5.2.15)$$

式中：

$$S_{j+1} = \frac{C_j Y_2 - F_j Y_1}{F_j Y_3 + C_j Y_4}, \quad T_{j+1} = \frac{G_j C_j - F_j}{F_j Y_3 + C_j Y_4}$$

$$P_{j+1} = \frac{Y_1 + Y_3 S_{j+1}}{C_j}, \quad V_{j+1} = \frac{Y_3 T_{j+1} + 1}{C_j}$$

其中：$Y_1 = D_j - C_j P_j$；$Y_2 = O_j + F_j P_j$；$Y_3 = 1 + C_j V_j$；$Y_4 = E_j + F_j V_j$。

（2）当模拟河流上游为流量边界条件时，建立如下追赶方程：

$$Q_{L1}^{n+1} = P_{L1} - V_{L1}Z_{L1}^{n+1} \quad (P_{L1} = Q_{L1}(t), V_{L1} = 0)$$

$$\begin{cases} Z_j^{n+1} = S_{j+1} - T_{j+1}Z_{j+1}^{n+1} \\ Q_{j+1}^{n+1} = P_{j+1} - V_{j+1}Z_{j+1}^{n+1} \end{cases} \quad (j = L1, \cdots, L2-1) \quad (5.2.16)$$

式（5.2.16）中：

$$S_{j+1} = \frac{G_j Y_3' - Y_4'}{Y_1' G_j + Y_2'}, \quad T_{j+1} = \frac{G_j C_j - F_j}{Y_1' G_j + Y_2'}$$

$$P_{j+1} = Y_3' - Y_1' S_{j+1}, \quad V_{j+1} = C_j - Y_1' T_{j+1}$$

其中：$Y_1' = V_j + C_j$；$Y_2' = F_j + E_j V_j$；$Y_3' = D_j + P_j$；$Y_4' = O_j - E_j P_j$。

（3）河流衰减型污染物模拟方法，其特征在于，所述污染物输运方程的求解方法为由式（5.2.9）整理得到水流运动方程离散后的代数方程组：

$$AA_j C_{j-1}^{n+1} + BB_j C_j^{n+1} + CC_j C_{j+1}^{n+1} = DD_j \quad (5.2.17)$$

其中：

$$AA_j = -\frac{E_j}{\Delta x_j^2}$$

$$BB_j = \frac{KA_j}{2} + \frac{2EA_j}{\Delta x_j^2} + \frac{A_j}{\Delta t}$$

$$CC_j = -\frac{EA_j}{\Delta x_j^2}$$

$$DD_j = \left(\frac{A_j}{\Delta t} - \frac{Q_j}{\Delta x_j}\right)C_j^n + \left(\frac{Q_j}{\Delta x_j} - \frac{KA_j}{2}\right)C_{j-1}^n + q_{L_j}C_{L_j}$$

当 $j = 2$ 时，代入上游边界条件 C_1^{n+1}，则方程改写为

$$BB_2 C_2^{n+1} + CC_2 C_3^{n+1} = DD_2'$$

$$DD_2' = DD_2 - AA_2 C_1^{j+1}$$

当 $j = 3, \cdots, N-1$ 时，

$$AA_j C_{j-1}^{n+1} + BB_j C_j^{n+1} + CC_j C_{j+1}^{n+1} = DD_j$$

当 $j = N$ 时，用传递边界作为下游的边界条件

$$C_{N+1}^{n+1} = 2C_N^{j+1} - C_{N-1}^{j+1}$$

则第 N 个方程为

$$AA_N' C_{j-1}^{n+1} + BB_N' C_N^{n+1} = DD_N$$

$$AA_N' = AA_N - CC_N$$

$$BB_N' = BB_N + 2CC_N$$

形成了一个由 $N-1$ 个方程组成的三对角矩阵，所述对角矩阵采用托马斯法求解，即当 $j = 2$ 时有

$$C_2^{n+1} = \frac{DD_2'}{BB_2} - \frac{CC_2}{BB_2} C_3^{n+1} = GG_2 - WW_2 C_3^{n+1}$$

$$GG_2 = \frac{DD_2'}{BB_2}$$

$$WW_2 = \frac{CC_2}{BB_2}$$

当 $j = 3, \cdots, N-1$ 时有

$$C_j^{n+1} = \frac{DD_j - AA_j GG_{j-1}}{BB_j - AA_j WW_{j-1}} - \frac{CC_j}{BB_j - AA_j WW_{j-1}} C_{j+1}^{n+1} = GG_j - WW_j C_{j+1}^{n+1}$$

$$GG_j = \frac{DD_j - AA_j GG_{j-1}}{BB_j - AA_j WW_{j-1}}$$

$$WW_j = \frac{CC_j}{BB_j - AA_j WW_{j-1}}$$

当 $j = N$ 时有

$$C_N^{n+1} = \frac{DD_N - AA_N' GG_{j-1}}{BB_N' - AA_N' WW_{j-1}} = GG_N$$

GG_j、WW_j 为计算过程中的中间变量，由上述求解过程可知，对于 $n+1$ 时间层，因为 AA_j、BB_j、CC_j、DD_j 已知，可由 GG_j、WW_j 计算公式自 $j=1$ 至 N 顺序计算出 GG_1，WW_1，$\cdots$，GG_N，再反过来自 $j=N$ 至 1 逆序求得 C_N^{n+1}、C_{N-1}^{n+1}、C_2^{n+1}。

4. 模型求解流程

一维非恒定水质预警预报数学模型的计算流程图如图 5.2.5 所示。

（1）设置模型相关的计算参数即包括曼宁糙率参数、综合衰减系数和纵向弥散系数，输入地形资料和本时步的水动力和污染物浓度边界条件；

（2）根据河网地形资料，给定河道初始水位值，初始流量值设为 0；

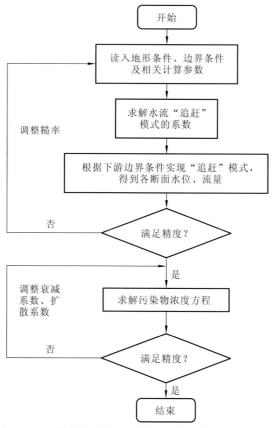

图 5.2.5　一维非恒定水质预警预报数学模型计算流程图

（3）根据初始条件或上一时步的水位流量值，求河道方程系数 P、V、S、T，实现"追赶"过程；

（4）根据下游边界条件，即末断面水位 Z_{L2} 取值为与之相连的节点水位，并根据式（5.2.11）或式（5.2.12）实现"回代"过程，得到每个计算断面的水位、流量；

（5）根据水流方程计算的结果，进一步依据式（5.2.13）计算各断面污染物浓度；

（6）时间层向前推进一步，重复步骤（3）～（5），直到模拟完成所有时段。

5.3　二维影响预测模型

5.3.1　河流二维稳态水质数学模型

1. 控制方程

对于恒定流，忽略纵向离散作用和横向对流作用，得

$$u\frac{\partial c}{\partial x} = \frac{\partial}{\partial z}\left(Ez\frac{\partial c}{\partial z}\right) - Kc \qquad (5.3.1)$$

污染物岸边排放情形为

$$c(x,y)=\exp\left(-K\frac{x}{u}\right)\left\{c_{\mathrm{h}}+\frac{c_{\mathrm{p}}Q_{\mathrm{p}}}{H\sqrt{\pi E_y xu}}\left[\exp\left(-\frac{uy^2}{4E_y x}\right)+\exp\left(-\frac{u(2B-y)^2}{4E_y x}\right)\right]\right\} \quad (5.3.2)$$

污染物非岸边排放情形为

$$c(x,y)=\exp\left(-K\frac{x}{u}\right)\left\{c_{\mathrm{h}}+\frac{c_{\mathrm{p}}Q_{\mathrm{p}}}{2H\sqrt{\pi E_y xu}}\left[\exp\left(-\frac{uy^2}{4E_y x}\right)+\exp\left(-\frac{u(2a+y)^2}{4E_y x}\right)\right.\right.$$
$$\left.\left.+\exp\left(-\frac{u(2B-2a-y)^2}{4E_y x}\right)\right]\right\} \quad (5.3.3)$$

式中：$c（x，z）$为在坐标 x、z 处污染物浓度，mg/L；x、z 分别为水流纵向、横向坐标，m；u 为水流纵向流速，m/s；E_z 为水流横向扩散系数，m^2/s；K 为污染物综合衰减系数，s^{-1}；H 为污染带内平均水深，m；B 为河流宽度，m；a 为排污口与对岸距离，m。

2. 适用范围

该模型适用于恒定流条件下，宽深比较大河流的污染物二维预测；适用于污染带的模拟。

5.3.2 河流二维水质数值解模型

1. 模型控制方程

1）平面二维水动力方程

根据静水压力分布假设，忽略水流要素沿垂线方向的变化，结合水面、地形等边界条件，将纳维-斯托克斯方程沿垂线方向进行积分并简化，提出了描述具有自由表面浅水流动的平面二维浅水方程。以水位变量代替水深变量构成的和谐二维浅水方程表达式在数学上自动平衡了通量和地形源项，因而在涉及干湿交替的应用中可自动满足静水和谐条件。和谐二维浅水方程表达式为

$$\begin{cases}\dfrac{\partial \boldsymbol{U}}{\partial t}+\dfrac{\partial \boldsymbol{F}}{\partial x}+\dfrac{\partial \boldsymbol{G}}{\partial y}=\boldsymbol{S}\\ \boldsymbol{S}=\boldsymbol{S}_{\mathrm{b}}+\boldsymbol{S}_{\mathrm{f}}+\boldsymbol{S}_{\mathrm{t}}\end{cases} \quad (5.3.4)$$

$$\boldsymbol{U}=\begin{bmatrix}\eta\\ q_x\\ q_y\end{bmatrix},\quad \boldsymbol{F}=\begin{bmatrix}q_x\\ uq_x+g(\eta^2-2\eta z_{\mathrm{b}})/2\\ uq_y\end{bmatrix},\quad \boldsymbol{G}=\begin{bmatrix}q_y\\ vq_x\\ vq_y+g(\eta^2-2\eta z_{\mathrm{b}})\end{bmatrix} \quad (5.3.5)$$

$$\boldsymbol{S}_{\mathrm{b}}=\begin{bmatrix}0\\ g\eta S_{\mathrm{bx}}\\ g\eta S_{\mathrm{by}}\end{bmatrix},\quad \boldsymbol{S}_{\mathrm{f}}=\begin{bmatrix}0\\ -ghS_{\mathrm{fx}}\\ -ghS_{\mathrm{fy}}\end{bmatrix},\quad \boldsymbol{S}_{\mathrm{t}}=\begin{bmatrix}0\\ \partial(hT_{xx})/\partial x+\partial(hT_{xy})/\partial y\\ \partial(hT_{yx})/\partial x+\partial(hT_{yy})/\partial y\end{bmatrix} \quad (5.3.6)$$

式中：U 为守恒向量；F、G 分别为 x、y 方向的对流通量向量；g 为地球引起的重力加速度；h 为水深；z_b 为河床地形高程；$\eta = h + z_b$，表示水位；u、v 分别为 x、y 方向上的流速分量；$q_x = hu$，表示 x 方向上的单宽流量；$q_y = hv$，表示 y 方向上的单宽流量；S_b 表示地形源项向量；S_f 表示摩阻源项向量；S_t 表示紊流涡黏项向量。

式（5.3.6）中，S_{bx}、S_{by} 分别表示 x、y 方向的地形斜率：

$$S_{bx} = -\frac{\partial z_b}{\partial x}, \quad S_{by} = -\frac{\partial z_b}{\partial y} \tag{5.3.7}$$

式中：S_{fx}、S_{fy} 分别为 x、y 方向的摩阻斜率，由于浅水流动的水流阻力与地形地貌、植被覆盖等地表下垫面情况及水流要素有关，可通过室内试验和野外观测建立相应的公式，数值计算中常用曼宁经验公式计算摩阻斜率：

$$S_{fx} = \frac{n^2 u \sqrt{u^2 + v^2}}{h^{4/3}}, \quad S_{fy} = \frac{n^2 v \sqrt{u^2 + v^2}}{h^{4/3}} \tag{5.3.8}$$

式（5.3.6）中，T_{xx}、T_{xy}、T_{yx}、T_{yy} 表示水深平均雷诺应力：

$$T_{xx} = 2\upsilon_t \frac{\partial u}{\partial x}, \quad T_{xy} = T_{yx} = \upsilon_t \left(\frac{\partial u}{\partial y} + \frac{\partial v}{\partial x} \right), \quad T_{yy} = 2\upsilon_t \frac{\partial v}{\partial y} \tag{5.3.9}$$

式中：υ_t 表示紊流涡黏系数。不同的紊流模型中紊流涡黏系数的取值和公式有所不同，常见的有取常数值、k-ε 紊流模型和代数封闭模式。考虑计算精度的要求，可采用如下代数封闭模式计算紊流涡黏系数：

$$\upsilon_t = \alpha \kappa u_* h \tag{5.3.10}$$

式中：α 为比例系数，取 0.2；κ 为冯卡门常数，取 0.4；u_* 为摩阻流速，计算式为

$$u_* = \sqrt{\frac{gn^2(u^2 + v^2)}{h^{1/3}}} \tag{5.3.11}$$

2）二维水质方程

描述水质变量迁移转化的控制方程为二维浅水对流扩散方程，其守恒形式为

$$\frac{\partial hc}{\partial t} + \frac{\partial huc}{\partial x} + \frac{\partial hvc}{\partial y} = \frac{\partial}{\partial x} \left(D_x h \frac{\partial c}{\partial x} \right) + \frac{\partial}{\partial y} \left(D_y h \frac{\partial c}{\partial y} \right) + hS_k + S_d \tag{5.3.12}$$

式中：c 为水质变量浓度，mg/L；S_d 为水质源汇项，mg/（m²·d）；S_k 为与水质浓度相关的生化反应源项，mg/（L·d），不同水质变量对应不同的对流扩散方程。

3）二维浅水水动力水质耦合方程组

由于浅水河流、湖泊的水质模拟影响因素众多，如水温、风应力、地转柯氏力及各水质变量之间的相互作用，在与水动力变量同步求解时，控制方程需要增加相应的源项，由此得到二维浅水水动力水质模型的控制方程，其向量形式为

$$\begin{cases} \dfrac{\partial U}{\partial t} + \dfrac{\partial F}{\partial x} + \dfrac{\partial G}{\partial y} = \dfrac{\partial F_d}{\partial x} + \dfrac{\partial G_d}{\partial y} + S \\ S = S_b + S_f + S_t + S_w + S_c + S_k + S_d \end{cases} \tag{5.3.13}$$

式中：U 为守恒向量；F、G 分别为 x、y 方向的对流通量向量；S_b 为地形源项向量；S_f 为摩阻源项向量；S_t 为紊流涡黏项向量。

F_d、G_d 分别表示 x、y 方向的扩散通量向量，计算式为

$$F_d = \begin{bmatrix} 0 \\ 0 \\ 0 \\ hD_x\dfrac{\partial c}{\partial x} \end{bmatrix}, \quad G_d = \begin{bmatrix} 0 \\ 0 \\ 0 \\ hD_y\dfrac{\partial c}{\partial y} \end{bmatrix} \tag{5.3.14}$$

式中：D_x、D_y 分别表示水质变量在 x、y 方向的紊动扩散系数。

S_w 表示风应力向量，计算式为

$$S_w = \begin{bmatrix} 0 \\ \dfrac{\tau_{wx}}{\rho} \\ \dfrac{\tau_{wy}}{\rho} \\ 0 \end{bmatrix} \tag{5.3.15}$$

其中

$$\tau_{wx} = \rho_a c_d u_w \sqrt{u_w^2+v_w^2}, \quad \tau_{wy} = \rho_a c_d v_w \sqrt{u_w^2+v_w^2} \tag{5.3.16}$$

式中：ρ_a 为空气密度，在 20℃标准大气压下，空气密度近似为 $1.205\,\text{kg/m}^3$；ρ 为水体密度，可近似取值 $1.0\times10^3\,\text{kg/m}^3$；$u_w$ 和 v_w 分别为湖面上方 10 m 处 x 和 y 方向的风速分量；c_d 为风应力拖曳系数，可取常数 1.255×10^{-3}。

S_c 为地转柯氏力向量，计算式为

$$S_c = \begin{bmatrix} 0 \\ fvh \\ -fuh \\ 0 \end{bmatrix} \tag{5.3.17}$$

其中

$$f = 2\Omega\sin\phi \tag{5.3.18}$$

式中：Ω 为地球平均自转角速度，可取值 7.29×10^{-5} rad/s；ϕ 为计算域的纬度，北半球为正，南半球为负。

2. 数值计算方法

构建了以和谐二维浅水方程为基础的高精度数学模型。模型以有限体积戈杜诺夫（Godunov）格式作为框架，空间和时间上分别采用具有二阶精度的守恒形式的单调迎风中心格式（monotone upstream-centered schemes for conservation laws，MUSCL）线性

重构方法和二阶龙格库塔（Runge-Kutta）方法离散和谐二维浅水方程，并结合具有全变差下降（total variation diminishing，TVD）特性的 Minmod 斜率限制器保证模型的数值稳定性，避免在间断处或大梯度解附近产生非物理的虚假振荡；运用 HLLC 近似黎曼算子计算对流通量，可以有效处理干湿界面问题并自动满足熵条件；由于模型以和谐二维浅水方程作为控制方程，故直接采用中心差分计算紊流涡黏项和地形源项即可保证格式的静水和谐性；考虑强不规则地形条件下摩阻源项可能引起的刚性问题，故采用半隐式格式离散摩阻源项，该半隐式格式既能有效减小流速值且不改变流速分量方向，还能避免小水深引起的非物理大流速问题，有利于保证计算的稳定性；给出了常见边界条件的数值方法，如固壁边界、自由出流开边界、流量边界、水位边界等；通过柯朗-弗里德里希斯-列维（Courant-Friedrichs-Lewy，CFL）稳定条件给出了显式数学模型的自适应时间步长。

1）有限体积戈杜诺夫格式

对任意控制体 Ω 采用有限体积戈杜诺夫格式对控制方程进行积分得

$$\frac{\partial}{\partial t}\int_{\Omega}\boldsymbol{U}\mathrm{d}\Omega + \int_{\Omega}\left(\frac{\partial \boldsymbol{F}}{\partial x}+\frac{\partial \boldsymbol{G}}{\partial y}\right)\mathrm{d}\Omega = \int_{\Omega}\boldsymbol{S}\mathrm{d}\Omega \qquad (5.3.19)$$

对式（5.3.19）运用格林公式将对流通量梯度项由控制体的面积分转化为沿其边界的线积分，可得

$$\frac{\partial}{\partial t}\int_{\Omega}\boldsymbol{U}\mathrm{d}\Omega + \oint_{l}\boldsymbol{H}\cdot\boldsymbol{n}\mathrm{d}l = \int_{\Omega}\boldsymbol{S}\mathrm{d}\Omega \qquad (5.3.20)$$

式中：l 为控制体 Ω 的边界；$\boldsymbol{n}$ 为边界 l 的外法向单位向量；$\mathrm{d}\Omega$、$\mathrm{d}l$ 分别为面积微元和线微元；$\boldsymbol{H}=[\boldsymbol{F},\ \boldsymbol{G}]^{\mathrm{T}}$ 为对流通量张量。

如图 5.3.1 所示，考虑笛卡儿直角坐标系的矩形网格，式（5.3.5）中对流通量张量的线积分可进一步展开为

$$\oint_{l}\boldsymbol{H}\cdot\boldsymbol{n}\mathrm{d}l = (\boldsymbol{F}_{\mathrm{E}}-\boldsymbol{F}_{\mathrm{W}})\Delta y + (\boldsymbol{G}_{\mathrm{N}}-\boldsymbol{G}_{\mathrm{S}})\Delta x \qquad (5.3.21)$$

式中：Δx、Δy 分别为网格在 x、y 方向的尺寸；$\boldsymbol{F}_{\mathrm{E}}$、$\boldsymbol{F}_{\mathrm{W}}$、$\boldsymbol{G}_{\mathrm{N}}$、$\boldsymbol{G}_{\mathrm{S}}$ 分别为网格东、西、北、南界面 4 个方向的对流数值通量。

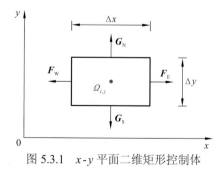

图 5.3.1　x-y 平面二维矩形控制体

定义 $\boldsymbol{U}_{i,\,j}$ 表示 $\boldsymbol{U}$ 在控制体 $\Omega_{i,\,j}$ 内的平均值：

$$U_{i,j} = \frac{1}{\Omega_{i,j}} \int_{\Omega_{i,j}} U \mathrm{d}\Omega = \frac{1}{\Delta x \Delta y} \int_{\Omega_{i,j}} U \mathrm{d}\Omega \qquad (5.3.22)$$

由式（5.3.19）～式（5.3.22）可得，和谐二维浅水方程的时间显式离散形式为

$$U_{i,j}^{n+1} = U_{i,j}^{n} - \frac{\Delta t}{\Delta x}(F_{\mathrm{E}} - F_{\mathrm{W}}) - \frac{\Delta t}{\Delta y}(G_{\mathrm{N}} - G_{\mathrm{S}}) + \Delta t S_{i,j} \qquad (5.3.23)$$

式中：上标 n 为时间层；下标 i 和 j 为网格序号；Δt 为时间步长。

2）高分辨率格式构造

尽管戈杜诺夫迎风格式具有计算稳定和简单可行的优点，但由于其在时空上仅为一阶精度，存在较大的数值耗散。对水流数值模拟来说，一阶精度的计算格式基本能满足工程实际的应用。但是，对污染物扩散研究而言，一阶格式的较大数值耗散可能会导致计算结果失真。故采用 MUSCL 数据重构保证模型时空上的二阶精度。

在浅水方程数值求解过程中，为了提高模型空间上的精度，在构造界面处局部黎曼问题时，不再认为水流要素在计算域内呈现分段常数阶梯分布，而是认为水流要素在计算域内为分段线性函数分布，并结合 Minmod 斜率限制器重构界面左右两侧的变量，从而根据界面左右两侧重构变量计算通过界面的数值通量，实现格式空间上的二阶精度并保证格式具有全变差下降特性。以网格界面 $\left(i+\dfrac{1}{2}, j\right)$ 为例。

如图 5.3.2 所示，网格界面左侧变量的计算公式为

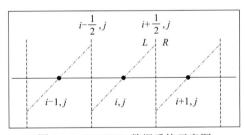

图 5.3.2　MUSCL 数据重构示意图

$$\begin{cases} \overline{\eta}_{i+1/2,j}^{L} = \eta_{i,j} + \dfrac{\psi_{\eta}(r)}{2}(\eta_{i,j} - \eta_{i-1,j}) \\[2mm] \overline{h}_{i+1/2,j}^{L} = h_{i,j} + \dfrac{\psi_{h}(r)}{2}(h_{i,j} - h_{i-1,j}) \\[2mm] \overline{q}_{xi+1/2,j}^{L} = q_{xi,j} + \dfrac{\psi_{q_x}(r)}{2}(q_{xi,j} - q_{xi-1,j}) \\[2mm] \overline{q}_{yi+1/2,j}^{L} = q_{yi,j} + \dfrac{\psi_{q_y}(r)}{2}(q_{yi,j} - q_{yi-1,j}) \\[2mm] \overline{q}_{ci+1/2,j}^{L} = q_{ci,j} + \dfrac{\psi_{q_c}(r)}{2}(q_{ci,j} - q_{ci-1,j}) \\[2mm] \overline{z}_{bi+1/2,j}^{L} = \overline{\eta}_{i+1/2,j}^{L} - \overline{h}_{i+1/2,j}^{L} \end{cases} \qquad (5.3.24)$$

式中：$\psi(r)$ 表示网格 (i, j) 处的斜率限制器。$\psi(r)$ 的值与相邻网格 $(i-1, j)$ 和 $(i+1, j)$ 内的变量值有关，斜率限制器可以抑制间断点附近可能产生的非物理数值振荡，保证格式的稳定性。

在 MUSCL 格式中，研究学者提出了 Minmod、Double Minmod、Superbee、Van Albada 和 Van Leer 等各种满足 TVD 特性约束条件的斜率限制器形式，不同的限制器对数学模型精度影响不同。为了避免出现虚假数值振荡，采用 Minmod 斜率限制器：

以水位变量重构的斜率限制器举例说明：

$$\begin{cases} \psi_\eta(r) = \max[0, \min(r, 1)] \\ r = \dfrac{\eta_{i+1,j} - \eta_{i,j}}{\eta_{i,j} - \eta_{i-1,j}} \end{cases} \quad （5.3.25）$$

式中：r 为限制因子。

同理，网格界面右侧变量的计算公式为

$$\begin{cases} \overline{\eta}_{i+1/2,j}^R = \eta_{i+1,j} - \dfrac{\psi_\eta(r)}{2}(\eta_{i+1,j} - \eta_{i,j}) \\[2mm] \overline{h}_{i+1/2,j}^R = h_{i+1,j} - \dfrac{\psi_h(r)}{2}(h_{i+1,j} - h_{i,j}) \\[2mm] \overline{q}_{xi+1/2,j}^R = q_{xi+1,j} - \dfrac{\psi_{q_x}(r)}{2}(q_{xi+1,j} - q_{xi,j}) \\[2mm] \overline{q}_{yi+1/2,j}^R = q_{yi+1,j} - \dfrac{\psi_{q_y}(r)}{2}(q_{yi+1,j} - q_{yi,j}) \\[2mm] \overline{q}_{ci+1/2,j}^R = q_{ci+1,j} - \dfrac{\psi_{q_c}(r)}{2}(q_{ci+1,j} - q_{ci,j}) \\[2mm] \overline{z}_{bi+1/2,j}^R = \overline{\eta}_{i+1/2,j}^R - \overline{h}_{i+1/2,j}^R \end{cases} \quad （5.3.26）$$

网格界面左右两侧的流速、浓度计算式为

$$\overline{u}_{i+1/2,j}^L = \frac{\overline{q}_{xi+1/2,j}^L}{\overline{h}_{i+1/2,j}^L}, \quad \overline{v}_{i+1/2,j}^L = \frac{\overline{q}_{yi+1/2,j}^L}{\overline{h}_{i+1/2,j}^L}, \quad \overline{c}_{i+1/2,j}^L = \frac{\overline{q}_{ci+1/2,j}^L}{\overline{h}_{i+1/2,j}^L}$$

$$\overline{u}_{i+1/2,j}^R = \frac{\overline{q}_{xi+1/2,j}^R}{\overline{h}_{i+1/2,j}^R}, \quad \overline{v}_{i+1/2,j}^R = \frac{\overline{q}_{yi+1/2,j}^R}{\overline{h}_{i+1/2,j}^R}, \quad \overline{c}_{i+1/2,j}^R = \frac{\overline{q}_{ci+1/2,j}^R}{\overline{h}_{i+1/2,j}^R} \quad （5.3.27）$$

该流速、浓度计算式适用于计算水深大于临界水深；当计算水深小于临界水深时，流速与浓度重构量均为零。对于实际工程应用来说，临界水深可取值 10^{-3}m。为了模型的稳定性，上述的 MUSCL 线性重构只适用于不与干网格相邻的湿网格，与干网格相邻湿网格的界面重构值直接令为湿网格中心值，格式在干湿界面降为一阶精度。

通过线性插值，可获得东界面左右两侧的地形重构值，为了保持地形的连续性，采用地形高程唯一值确定方法，东界面的地形值可定义为

$$z_{bi+1/2,j} = \max(\overline{z}_{bi+1/2,j}^L, \overline{z}_{bi+1/2,j}^R) \quad （5.3.28）$$

同时网格东界面左右两侧水深重新计算：

$$h_{i+1/2,j}^L = \max(0, \overline{\eta}_{i+1/2,j}^L - z_{bi+1/2,j}), \quad h_{i+1/2,j}^R = \max(0, \overline{\eta}_{i+1/2,j}^R - z_{bi+1/2,j}) \quad （5.3.29）$$

网格东界面两侧的黎曼状态变量相应调整为

$$
\begin{cases}
\eta_{i+1/2,j}^{L} = h_{i+1/2,j}^{L} + z_{bi+1/2,j} \ , & \eta_{i+1/2,j}^{R} = h_{i+1/2,j}^{R} + z_{bi+1/2,j} \\
q_{xi+1/2,j}^{L} = \overline{u}_{i+1/2,j}^{L} h_{i+1/2,j}^{L} \ , & q_{xi+1/2,j}^{R} = \overline{u}_{i+1/2,j}^{R} h_{i+1/2,j}^{R} \\
q_{yi+1/2,j}^{L} = \overline{v}_{i+1/2,j}^{L} h_{i+1/2,j}^{L} \ , & q_{yi+1/2,j}^{R} = \overline{v}_{i+1/2,j}^{R} h_{i+1/2,j}^{R} \\
q_{ci+1/2,j}^{L} = \overline{c}_{i+1/2,j}^{L} h_{i+1/2,j}^{L} \ , & q_{ci+1/2,j}^{R} = \overline{c}_{i+1/2,j}^{R} h_{i+1/2,j}^{R}
\end{cases}
\tag{5.3.30}
$$

上述线性重构即可保证水深不会出现负值的情况，由此求得网格东界面左右两侧重构变量值，形成局部黎曼问题，可通过黎曼算子计算得到相应的数值通量。当不存在干河床时，以上重构过程不会影响数值格式的静水和谐性；然而，当水流遇到干湿界面时，以上重构并不能保证计算格式的稳定性和水量守恒性。

3）源项离散

地形源项采用中心差分格式离散时，模型不需要任何通量或者地形校正项就能保证静水和谐性，因此地形源项的离散形式为

$$
\begin{cases}
g\eta S_{bx} = -g\eta_{i,j} \dfrac{\partial z_{bi,j}}{\partial x} = -g \dfrac{\eta_{i-1/2,j}^{R} + \eta_{i+1/2,j}^{L}}{2} \dfrac{z_{bi+1/2,j} - z_{bi-1/2,j}}{\Delta x} \\
g\eta S_{by} = -g\eta_{i,j} \dfrac{\partial z_{bi,j}}{\partial y} = -g \dfrac{\eta_{i,j-1/2}^{R} + \eta_{i,j+1/2}^{L}}{2} \dfrac{z_{bi,j+1/2} - z_{bi,j-1/2}}{\Delta y}
\end{cases}
\tag{5.3.31}
$$

由于实际地形复杂多变，当局部区域出现小水深、大流速问题时，摩阻源项可能引起刚性问题。若采用一般的显式数值方法处理摩阻源项，将显著影响格式的计算稳定性，从而需要对计算时间步长进行严格限制，极大地降低模型的计算效率。因而，需要采用隐式或半隐式格式处理摩阻源项。由于水深变量位于摩阻源项的分母，一般的隐式或者半隐式格式仍将面临一些问题，如产生非物理的大流速、改变流速分量的方向等。采用隐式格式处理摩阻源项，同时引入摩阻源项具有物理意义的最大值限制条件，以保证摩阻源项处理过程中不改变流速分量的方向。综合考虑摩阻源项处理的稳定性和计算效率。

采用算子分裂法对摩阻源项进行处理：

$$
\frac{\mathrm{d}\boldsymbol{U}}{\mathrm{d}t} = \boldsymbol{S}_{\mathrm{f}}(\boldsymbol{U}) \Rightarrow \frac{\mathrm{d}}{\mathrm{d}t}
\begin{bmatrix} \eta \\ q_x \\ q_y \end{bmatrix}
=
\begin{bmatrix}
0 \\
-\dfrac{ghn^2 u\sqrt{u^2+v^2}}{h^{4/3}} \\
-\dfrac{ghn^2 v\sqrt{u^2+v^2}}{h^{4/3}}
\end{bmatrix}
\tag{5.3.32}
$$

在摩阻源项离散过程中，网格水位保持不变，即 $\dfrac{\mathrm{d}\eta}{\mathrm{d}t}=0$，因此式（5.3.32）可化简为

$$
\frac{\mathrm{d}}{\mathrm{d}t}
\begin{bmatrix} u \\ v \end{bmatrix}
=
\begin{bmatrix}
-\dfrac{gn^2 u\sqrt{u^2+v^2}}{h^{4/3}} \\
-\dfrac{gn^2 v\sqrt{u^2+v^2}}{h^{4/3}}
\end{bmatrix}
= -gn^2 h^{-4/3}
\begin{bmatrix} u\sqrt{u^2+v^2} \\ v\sqrt{u^2+v^2} \end{bmatrix}
\tag{5.3.33}
$$

令

$$\hat{\tau} = gn^2 h^{-4/3} \sqrt{u^2 + v^2}$$　　　　　（5.3.34）

代入式（5.3.33）中，以 x 方向的流速 u 为例：

$$\frac{\mathrm{d}u}{\mathrm{d}t} = -u\hat{\tau}$$　　　　　（5.3.35）

利用半隐式格式求解式（5.3.35），得

$$\frac{u^{n+1} - \hat{u}^n}{\Delta t} = -\hat{\tau}^n u^{n+1} \;\Rightarrow\; u^{n+1} = \frac{1}{1 + \Delta t \hat{\tau}^n} \hat{u}^n$$　　　　　（5.3.36）

同理可得

$$v^{n+1} = \frac{1}{1 + \Delta t \hat{\tau}^n} \hat{v}^n$$　　　　　（5.3.37）

式中：$\hat{\tau}^n$、$\hat{u}^n$、$\hat{v}^n$ 为利用数值通量对 n 时间层变量进行更新得到的值。由式（5.3.32）和（5.3.33）可知，采用半隐式格式离散摩阻源项能有效减小流速值且不改变流速方向，有利于保证计算的稳定性。

4）边界条件

数学模型的边界条件有两种实现方式：直接计算数值通量法和镜像法。其中，直接计算数值通量法广泛应用于基于非结构网格的数学模型，而镜像法在基于结构网格的数学模型中具有易于实现，便于统一编程的优点也得到了大量应用。本小节依据特征值理论的黎曼不变量，综合应用镜像法与直接计算数值通量法实现边界条件。

$$u_{\mathrm{m}} + 2\sqrt{gh_{\mathrm{m}}} = u_{\mathrm{b}} + 2\sqrt{gh_{\mathrm{b}}}$$　　　　　（5.3.38）

假设水流变量 $\boldsymbol{U}_{\mathrm{b}} = (h_{\mathrm{b}}, u_{\mathrm{b}}, v_{\mathrm{b}})^{\mathrm{T}}$ 和 $\boldsymbol{U}_{\mathrm{m}} = (h_{\mathrm{m}}, u_{\mathrm{m}}, v_{\mathrm{m}})^{\mathrm{T}}$ 分别表示边界网格中心和镜像网格中心的水深、法向流速和切向流速。接下来对实际计算中常常涉及的四种主要边界条件：固壁边界、自由出流开边界、单宽流量开边界和水位开边界进行阐述。

固壁边界：对于固壁边界来说，镜像网格中心水深等于边界网格水深，法向流速为零，切向流速等于边界网格切向流速，即

$$h_{\mathrm{m}} = h_{\mathrm{b}}, \; u_{\mathrm{m}} = 0, \; v_{\mathrm{m}} = v_{\mathrm{b}}$$　　　　　（5.3.39）

实际计算中，为了保证固壁边界的质量通量为零，采取直接计算数值通量法，而不去求解黎曼问题获得数值通量。

自由出流开边界：对自由出流开边界来说，镜像网格中心水深等于边界网格水深，法向流速等于边界网格法向流速，切向流速等于边界网格切向流速，即

$$h_{\mathrm{m}} = h_{\mathrm{b}}, \; u_{\mathrm{m}} = u_{\mathrm{b}}, \; v_{\mathrm{m}} = v_{\mathrm{b}}$$　　　　　（5.3.40）

单宽流量开边界：对于单宽流量开边界来说，即给定单宽流量 $q(t)$，镜像网格中心水深和法向流速通过黎曼不变量构造牛顿法的迭代函数迭代求解，切向流速等于边界网格切向流速，即

$$h_m u_m = q(t) \tag{5.3.41}$$

令

$$c = \sqrt{gh_m}, \quad a_b = u_b + 2\sqrt{gh_b} \tag{5.3.42}$$

可得

$$h_m = \frac{c^2}{g}, \quad u_m = \frac{gq(t)}{c^2} \tag{5.3.43}$$

将式（5.3.41）代入式（5.3.38）中，得

$$f(c) = 2c^3 - a_b c^2 + gq(t) = 0 \tag{5.3.44}$$

构造牛顿法的迭代函数：

$$\varphi(c) = c - \frac{f(c)}{f'(c)} = c - \frac{2c^3 - a_b c^2 + gq(t)}{6c^2 - 2a_b c} \tag{5.3.45}$$

实际计算中，可取 $c = \dfrac{2a_b}{3}$ 作为迭代计算的初始值。当迭代收敛时，通过式（5.3.43）可计算得到镜像网格中心水深 h_m 和法向流速 u_m，镜像网格中心切向流速等于边界网格切向流速 $v_m = v_b$。同时，为了保证入流流量的正确性，采用直接计算数值通量法。

水位开边界：对水位开边界来说，即给定水位 $\eta(t)$，镜像网格中心水深等于给定的水位值减去相应的地形高程，法向流速通过黎曼不变量计算得到，切向流速等于边界网格切向流速，即

$$h_m = \eta(t) - z_b, \quad u_m = u_b + 2\sqrt{gh_b} - 2\sqrt{gh_m}, \quad v_m = v_b \tag{5.3.46}$$

5）稳定条件

由于采用有限体积戈杜诺夫格式作为计算框架，为了保证显式步进二维模型的稳定性，需要根据 CFL 稳定条件确定合适的时间步长 Δt 为

$$\Delta t = C_{CFL} \min(\Delta t_x, \Delta t_y) \tag{5.3.47}$$

其中

$$\Delta t_x = \min\left(\frac{\Delta x_i}{|u_i| + \sqrt{gh_i}}\right), \quad \Delta t_y = \min\left(\frac{\Delta y_i}{|v_i| + \sqrt{gh_i}}\right), \quad i = 1, 2, \cdots, N \tag{5.3.48}$$

式中：C_{CFL} 为柯朗数（Courant number），取值范围为 $0 < C_{CFL} \leqslant 1$，一般取 $C_{CFL} = 0.8$ 参与计算；N 为计算网格总数目。

3. 模型计算流程

河流二维水质数值解模型的计算流程如图 5.3.3 所示。

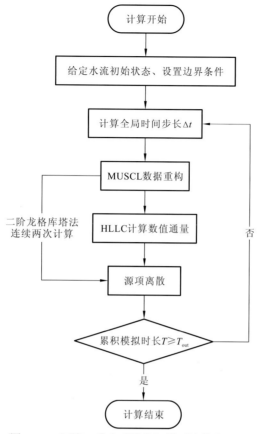

图 5.3.3　河流二维水质数值解模型计算流程图

5.4　河流三维水质数值解模型

1. 控制方程

不可压缩流体的三维纳维-斯托克斯（Navier-Stokes）水动力方程写成

$$\begin{cases} \nabla \cdot \boldsymbol{u} = 0 \\ \dfrac{\partial (\boldsymbol{u})}{\partial t} + \nabla \cdot (\boldsymbol{u}\boldsymbol{u}) = -\nabla p + \upsilon \nabla^2 \boldsymbol{u} - g\beta(T - T_0) \end{cases} \qquad (5.4.1)$$

水温方程写成

$$\frac{\partial (T)}{\partial t} + \boldsymbol{u} \cdot \nabla T = D_{\mathrm{T}} \nabla^2 T \qquad (5.4.2)$$

水质方程写成

$$\frac{\partial (c)}{\partial t} + \boldsymbol{u} \cdot \nabla c = D_{\mathrm{c}} \nabla^2 c \qquad (5.4.3)$$

式中：$\boldsymbol{u}$ 为三维速度向量；p 为压力项；D_{T} 为温度扩散系数；D_{c} 为污染物扩散系数；υ 为黏性系数。

2. 离散方法

格子玻尔兹曼方法是一种介于宏观（有限体积方法、有限差分方法、有限元等）与微观（分子动力学）之间的介观方法。玻尔兹曼的核心是建立微观尺度与宏观尺度的桥梁，它不考虑单个粒子的运动而是将所有运动的粒子视为一个整体。粒子的整体运动由分布函数确定，分布函数表示大量粒子的集体行为，属于介观尺度。

三维数学模型控制方程组的格子玻尔兹曼方程形式为

$$\begin{cases} f_\alpha(\boldsymbol{x}+\boldsymbol{e}_\alpha\Delta t,t+\Delta t)=f_\alpha(\boldsymbol{x},t)-\dfrac{1}{\tau_1}[f_\alpha(\boldsymbol{x},t)-f_\alpha^{eq}(\boldsymbol{x},t)]+\Delta tF_i \\ g_\alpha(\boldsymbol{x}+\boldsymbol{e}_\alpha\Delta t,t+\Delta t)=g_\alpha(\boldsymbol{x},t)-\dfrac{1}{\tau_2}[g_\alpha(\boldsymbol{x},t)-g_\alpha^{eq}(\boldsymbol{x},t)] \end{cases} \quad (5.4.4)$$

式中：f_α 和 g_α 分别为水动力控制方程和温度控制方程的分布函数，f_α^{eq} 和 g_α^{eq} 分别为水动力控制方程和温度控制方程的平衡分布分布函数；τ_1 和 τ_2 均为松弛因子。

1）格子类型

常用的三维格子类型有 D3Q6 模型和 D3Q19 模型，如图 5.4.1。D3Q19 模型中 $0\sim$ 18 的粒子速度矢量分别为 $\boldsymbol{e}(0,0,0)$、$\boldsymbol{e}(1,0,0)$、$\boldsymbol{e}(0,1,0)$、$\boldsymbol{e}(-1,0,0)$、$\boldsymbol{e}(0,-1,0)$、$\boldsymbol{e}(0,0,1)$、$\boldsymbol{e}(0,0,-1)$、$\boldsymbol{e}(1,1,1)$、$\boldsymbol{e}(1,1,-1)$、$\boldsymbol{e}(1,-1,-1)$、$\boldsymbol{e}(1,-1,1)$、$\boldsymbol{e}(-1,1,-1)$、$\boldsymbol{e}(-1,1,1)$、$\boldsymbol{e}(-1,-1,1)$、$\boldsymbol{e}(-1,-1,-1)$、$\boldsymbol{e}(1,0,1)$、$\boldsymbol{e}(-1,0,-1)$、$\boldsymbol{e}(1,0,-1)$、$\boldsymbol{e}(-1,0,1)$。

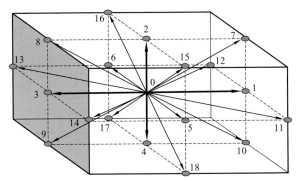

图 5.4.1　D3Q19 模型格子排列方式

2）平衡分布函数

三维水动力和水温控制方程组的平衡分布函数形式为

$$\begin{cases} f_\alpha^{eq}=-6\sigma\dfrac{p}{e^2}+s_0(\boldsymbol{u}), & \alpha=0 \\ f_\alpha^{eq}=\lambda\dfrac{p}{e^2}+s_\alpha(\boldsymbol{u}), & \alpha=1,2,\cdots,6 \\ f_\alpha^{eq}=\gamma\dfrac{p}{e^2}+s_\alpha(\boldsymbol{u}), & \alpha=7,8,\cdots,18 \\ g_\alpha^{eq}=\dfrac{T}{6}\left(1+2\dfrac{\boldsymbol{e}_\alpha\cdot\boldsymbol{u}}{e^2}\right), & \alpha=1,2,\cdots,6 \end{cases} \quad (5.4.5)$$

式中，$s_\alpha(\boldsymbol{u})$ 表达式为

$$s_\alpha(\boldsymbol{u}) = \omega_\alpha \left[\frac{\boldsymbol{e}_\alpha \cdot \boldsymbol{u}}{c_s^2} + \frac{(\boldsymbol{e}_\alpha \cdot \boldsymbol{u})^4}{2c_s^4} - \frac{u^2}{2c_s^2} \right], \quad \alpha = 0,1,2,\cdots,18 \tag{5.4.6}$$

三维数学模型中水质方程的平衡分布函数（D3Q6 格子类型）可以写成相似的形式。

5.5　入河排污口影响预测实例

5.5.1　污水处理厂项目

湖北鄂州花湖污水处理厂废污水排放规模为 1×10^4 m³/d，来源主要是区内居民生活污水和少量的工业废水。花湖污水处理厂入河排污口设置在花湖镇胄山村南侧花马港左岸，污水处理厂尾水排入花马港，汛期通过花马湖电排站，枯水期通过上岗闸排入长江，其中论证排污口距离花马湖电排站 1.8 km，距离上岗闸 2.1 km。花湖污水处理厂位置示意图如图 5.5.1 所示。

图 5.5.1　花湖污水处理厂位置示意图

1. 区域自然环境概况

项目位于湖北省鄂州市，鄂州市东南丘陵起伏伴有低山，是幕埠山余脉的延伸地带，北部沿江属垄岗平原，中部湖泊星罗棋布，地势低洼，为水网湖区，西南濒临梁子湖，是

低丘岗地。鄂州多年平均气温为 17℃，极端最高气温为 40.7℃，极端最低气温为 –12.4℃；多年平均气温 1 月最冷，7 月最热。多年平均降水量达 1 301.2 mm。受季风影响，降水年内分配不均，主要集中在 6～8 月，极易出现伏旱、秋旱和伏秋连旱。

鄂州市水系发达，河网密布，湖泊众多，属于典型的长江中游滨江湖区，河网密度为 0.381 km/km^2，远远高于全省平均水平；全市现有水域面积 64.5 万亩①，约占土地面积的 27%，在市级层面上居全省首位。鄂州市属长江流域宜昌至湖口干流水系，长江从鄂州北部流过，由葛店镇熊家湾入境，至杨叶镇李家境出境，北折东流，蜿蜒而过，旁境流程为 81.20 km，保护面积达 1 769 km^2。长江干堤全长 66.7 km，桩号 65+400-152+300，堤顶高程约为 29.70 m（吴淞高程，下同）。据有关水文资料，长江鄂州段最高设计洪水位 28.20 m，最低水位为 8.08 m，多年平均水位为 15.9 m，最小流量为 4 803 m^3/s，最大流速为 2.23 m/s，多年平均流量为 22 600 m^3/s，多年平均径流量为 7 132 亿 m^3，多年平均含沙量为 0.58 kg/m^3。

2. 花马港水环境现状

2017 年 11 月 25 日和 2018 年 4 月 3 日，华马港内水质进行了监督性监测，监测结果见表 5.5.1 和表 5.5.2。监测结果表明，花马港各监测点位的水质 V～劣 V 类，主要原因是沿岸未截污，居民生活污水直排入港。

表 5.5.1　花马港水质补充监测评价结果　　　　　　　　（单位：mg/L）

水体位置	监测点位	高锰酸盐指数	COD	BOD$_5$	氨氮	总磷	水质类别
花马港	上港闸内水	8.53	22.8	6.78	3.50	0.10	劣 V
长江	上港闸外水	8.62	18.3	7.26	3.96	0.14	劣 V

表 5.5.2　花马港水质补充监测评价结果

水体位置	监测点位	高锰酸盐指数	氨氮	总磷	水质类别
花马港	花马湖电排站	11.27	5.650	1.494	劣 V
	花马湖电排站上游 400 m	8.08	1.334	0.331	V

3. 花湖污水处理厂概况

花湖污水处理厂工程属于公用事业项目，废污水来源主要是区内居民生活污水和少量的工业废水。污水处理厂处理工艺为改良 A^2/O 工艺方案。改良 A^2/O 工艺是将附着生长的生物膜法与悬浮生长的活性污泥法结合的一种工艺，工艺流程图如图 5.5.2 所示，即为在活性污泥工艺中投入悬浮填料，通过悬浮填料上的生物膜和悬浮的活性污泥共同去除水中的污染物，并且由于悬浮填料对气泡的切割作用，可提高水中氧转移效率，增强处理效果。该工艺通过曝气扰动、液体回流等方式，使填料悬浮在反应器中，由于固定

---

① 1 亩≈666.67 m^2

在填料上的生物量不能提高活性污泥的混合液浓度，而且生物膜的生长会降低系统污泥容积指数（sludge volume index，SVI），下游沉淀池的性能不仅不会受到活性污泥反应器内固体负荷增加的负面影响，而且其性能会得以一定程度的提高。尾水排放标准执行《城镇污水处理厂污染物排放标准》（GB 18918—2002）中一级 A 标准。

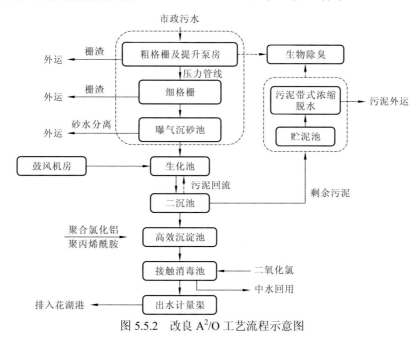

图 5.5.2　改良 A^2/O 工艺流程示意图

4. 入河排污口设置方案

（1）入河排污口位置：花湖污水处理厂位于鄂城区花湖镇胄山村南侧，尾水排入花马港左侧，排污口地理位置为东经 115°3'7"，北纬 30°15'50"，距离厂址中心距离约 50 m。

（2）入河排污口性质为新建排污口。

（3）入河排污口类型为混合排污口。

（4）入河排污口排放方式为管道连续排放。

（5）排污口设计：巴歇尔槽出水管道 DN900，以 1.5% 的坡度向河道，然后接入出水口，最后入港。

5. 废污水总量及污染物负荷

花湖污水处理厂废污水的主要污染物浓度分别为 $COD_{Cr} \leqslant 50$ mg/L，$BOD_5 \leqslant 10$ mg/L，SS $\leqslant 10$ mg/L，TN $\leqslant 15$ mg/L，NH_3-N $\leqslant 5$ mg/L，TP $\leqslant 0.5$ mg/L ［SS 为悬浮物（suspended solid），TN 为总氮（total nitrogen），TP 为总磷（total phosphorus）］。

6. 入河排污口设置对花马港水质的影响

枯水期花马港鄂州花湖污水处理厂排污口至上港闸段长 2.1 km，枯水期河宽约 28 m，水深约 2.5 m，此时花马港可视为一条小河，污染物在横断面上均匀混合，为反映污水处理厂尾水排放对花马港水质影响，采用河流一维模型分析设计水文条件下鄂州花湖污水处理厂建设前后区域污水排放对花马港水质的影响范围及程度。

1）计算水文条件和背景浓度

枯水期花马港平均流量为 11.3 m³/s，流速约 0.16 m/s。考虑区域水质特征及总量控制要求，选取常规污染物项目 COD_{Cr}、NH_3-N 和 TP 作为水质模型模拟预测项目。上游背景浓度按花马湖 IV 类控制，COD_{Cr} 取 20 mg/L，NH_3-N 取 1 mg/L，TP 取 0.2 mg/L。花马港流水态时，COD_{Cr} 和 NH_3-N 降解系数取 0.388。

2）计算工况

工况的设计按区域排污情况分为 3 个阶段，即 2011 年前区域污水全部未截污，2011年至 2018 年 2 月部分截污进黄石花湖污水处理厂，2018 年 2 月以后花湖污水处理厂近期一阶段建成运行。

根据上述分析，预测计算工况如表 5.5.3 所示。

表 5.5.3　预测计算工况

水域	工况	情景描述	污水量 /(m³/d)	主要污染物排放质量浓度/(mg/L)			背景浓度 /(mg/L)	水文条件及主要参数
				COD	氨氮	总磷		
花马港流水	0	区域污水全部未截污	15 000	320	28	4	COD 为 20 NH_3-N 为 1 TP 为 0.2	$Q_{入流}$=11.3 m³/s V=0.16 m/s $K_{COD,\ NH_3-N}$=0.388 K_{TP}=0.1
	1	部分截污进黄石污水处理厂后未截污部分	12 000	320	28	4		
	2	花湖污水处理厂近期一阶段建成运行	10 000	50	5	0.5		
		部分未处理的	5 000	320	28	4		

3）水质影响预测分析

根据花马港呈现流水时设计水文条件及工况设计，计算鄂州花湖污水处理厂建设前后废污水外排对花马港水质影响预测结果见表 5.5.4。

表 5.5.4　花马港流水时不同工况排污影响结果　　　　（单位：mg/L）

排污口下游/m	COD			NH_3-N			TP		
	工况 0	工况 1	工况 2	工况 0	工况 1	工况 2	工况 0	工况 1	工况 2
50	24.50	23.61	21.79	1.407	1.326	1.175	0.257	0.246	0.222
100	24.47	23.58	21.75	1.405	1.324	1.173	0.257	0.246	0.222
200	24.40	23.51	21.69	1.401	1.320	1.170	0.257	0.246	0.222
300	24.33	23.44	21.63	1.397	1.317	1.167	0.257	0.246	0.222

排污口下游/m	COD			NH₃-N			TP		
	工况 0	工况 1	工况 2	工况 0	工况 1	工况 2	工况 0	工况 1	工况 2
400	24.27	23.38	21.57	1.393	1.313	1.163	0.257	0.245	0.222
500	24.20	23.31	21.51	1.389	1.309	1.160	0.257	0.245	0.221
600	24.13	23.25	21.45	1.385	1.306	1.157	0.256	0.245	0.221
700	24.06	23.18	21.39	1.381	1.302	1.154	0.256	0.245	0.221
800	23.99	23.12	21.33	1.377	1.298	1.150	0.256	0.245	0.221
900	23.93	23.05	21.27	1.373	1.295	1.147	0.256	0.245	0.221
1 000	23.86	22.99	21.21	1.370	1.291	1.144	0.256	0.244	0.221
1 100	23.79	22.92	21.15	1.366	1.287	1.141	0.255	0.244	0.220
1 200	23.73	22.86	21.09	1.362	1.284	1.138	0.255	0.244	0.220
1 300	23.66	22.80	21.03	1.358	1.280	1.134	0.255	0.244	0.220
1 400	23.59	22.73	20.98	1.354	1.277	1.131	0.255	0.244	0.220
1 500	23.53	22.67	20.92	1.350	1.273	1.128	0.255	0.243	0.220
1 600	23.46	22.60	20.86	1.347	1.270	1.125	0.255	0.243	0.220
1 700	23.40	22.54	20.80	1.343	1.266	1.122	0.254	0.243	0.219
1 800	23.33	22.48	20.74	1.339	1.262	1.119	0.254	0.243	0.219
1 900	23.27	22.41	20.68	1.335	1.259	1.115	0.254	0.243	0.219
2 000	23.20	22.35	20.62	1.332	1.255	1.112	0.254	0.243	0.219
2 100 （上岗闸）	23.13	22.29	20.57	1.328	1.252	1.109	0.254	0.242	0.219
2 200	23.07	22.23	20.51	1.324	1.248	1.106	0.253	0.242	0.219
2 300	23.01	22.16	20.45	1.320	1.245	1.103	0.253	0.242	0.219
2 400	22.94	22.10	20.39	1.317	1.241	1.100	0.253	0.242	0.218
2 500	22.88	22.04	20.34	1.313	1.238	1.097	0.253	0.242	0.218
2 600 （入江口）	22.81	21.98	20.28	1.309	1.234	1.094	0.253	0.242	0.218

2011 年前区域污水全部未截污（工况 0），区域废污水未经处理通过金鸡桥泵站和杨家湖泵站直接排入花马港，污水经上岗闸通道排江，在排污口下游 50 m 处 COD 浓度较背景浓度增加 4.5 mg/L，NH₃-N 较背景浓度增加 0.407 mg/L，TP 较背景浓度增加 0.057 mg/L，较背景浓度增加约 29%。在上岗闸处 COD 浓度较背景浓度增加 3.13 mg/L，NH₃-N 较背景浓度增加 0.328 mg/L，TP 较背景浓度增加 0.054 mg/L；入江口处 COD 浓度较背景浓度增加 2.81 mg/L，NH₃-N 较背景浓度增加 0.309 mg/L，TP 较背景浓度增加 0.053 mg/L。

2011 年至 2018 年 2 月部分污水截污进黄石花湖污水处理厂（工况 1）后减少了污染物对花马港的输入；当鄂州花湖污水处理厂近期一阶段 10 000 m³/d 规模建成后（工况 2），区域生产生活污水经污水处理厂处理达一级 A 标准后外排，大大削减了污染入港负荷，在排污口下游 50 m 处 COD 浓度较背景浓度仅增加 1.79 mg/L，NH_3-N 较背景浓度增加 0.175 mg/L，TP 增加 0.022 mg/L，和鄂州花湖污水处理厂建成运行前污水未截污前相比，因污水处理厂削减了污染物，减轻了污水排放对花马港的影响。

7. 入河排污口设置对长江水质的影响

鄂州花湖污水处理厂尾水排入花马港，汛期通过花马湖电排站，枯水期通过上岗闸排入长江。论证排污口距离上港闸约 2.1 km，距离上港闸入江口 2.6 km，距离花马湖电排站约 1.8 km。花马湖电排站距离上岗闸 1.18 km。

考虑到上岗闸下游 1 440 m 为黄石花湖自来水厂取水口，当花马湖与长江江湖连通时，污染物经花马湖电排站或上港闸入江，对长江水质可能产生间接影响，因此将模拟计算花湖污水处理厂建设运行前后对长江水质的影响。

但是枯水期长江上游来水较小，江段流速较缓，是不利于污染物迁移扩散的时段。因此，模拟计算花湖污水处理厂建设运行前后对长江水质的影响主要讨论枯水期。

1）模型选择

枯水期江湖连通时，污染物经上港闸入江在长江断面上非均匀混合，采用河流二维解析解模型预测对水质影响。

2）计算条件

（1）流量。由于上岗闸入江口江段附近没有水文站，但上游 102 km 处设有汉口站，汉口站至上岗闸入江口江段区间无大型支流入汇，因此，汉口水文站流量资料可用于模型边界设计流量。三峡水电站建成运行后，汉口站 2003～2016 年最枯月均流量为 8 582 m³/s。

（2）水位。黄石水位站位于上岗闸入汇口下游 1.1 km，该江段河道较平顺，河道比降较小，将汉口水文站流量与黄石水位站水位建立水位流量关系，见图 5.5.3。可以看出，两者呈现出较好的幂指数关系。根据此关系曲线，推算出汉口水文站近十年最枯月均流量 8 582 m³/s 对应黄石水位站水位为 11.39 m（吴淞高程）。

（3）水深和流速。根据长江流域水环境监测中心 2002 年和 2012 年长江干流主要城市江段近岸水域水环境质量状况调查研究的成果，长江干流宜昌至湖口江段污染带宽度约为 50 m。

根据 MIKE21 模型在设计水文条件下的水动力模型计算，在上述水文条件下，长江黄石大冶城关饮用水源、工业用水区（长度 8.7 km）岸边 50 m 内流速约为 0.05～0.82 m/s，平均流速为 0.30 m/s，水深约为 0.4～20 m，平均水深为 8.48 m。水深、流速分布见图 5.5.4 和图 5.5.5。

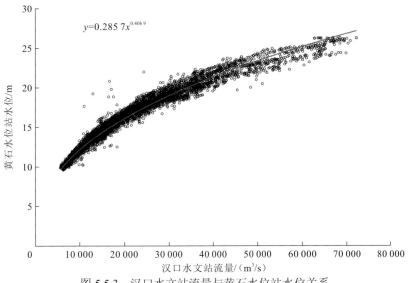

图 5.5.3 汉口水文站流量与黄石水位站水位关系

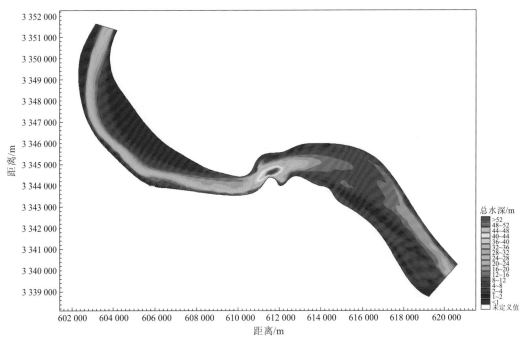

图 5.5.4 长江黄石开发利用区水深分布图

（4）模拟项目及背景浓度。长江黄石大冶城关饮用水源、工业用水区常规监测断面位于上港闸入江口下游，因此背景浓度的选取参考长江黄石大冶城关饮用水源、工业用水区上游杨叶断面（上港闸入江口上游 1.8 km）2016～2017 年枯水期水质监测数据，如表 5.5.5 所示。各指标背景浓度取值 COD 为 8.05 mg/L（约为高锰酸盐指数×3.5），NH₃-N 为 0.182 mg/L，TP 为 0.119 mg/L。

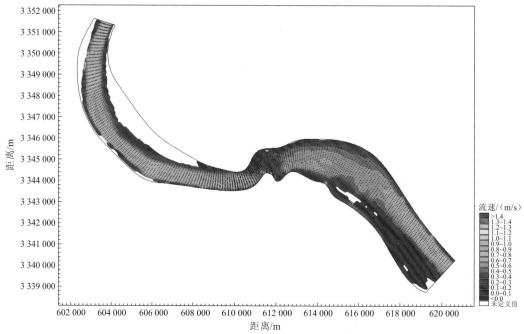

图 5.5.5　长江黄石开发利用区流速分布图

表 5.5.5　杨叶断面 2016～2017 年枯水期水质监测数据

时间	高锰酸盐指数/(mg/L)			NH₃-N/(mg/L)			TP/(mg/L)		
	枯	平	丰	枯	平	丰	枯	平	丰
2016 年	2.23	2.40	1.95	0.125	0.319	0.255	0.120	0.113	0.095
评价	II	II	I	II	II	II	III	III	II
2017 年	2.45	2.55	2.43	0.216	0.215	0.135	0.125	0.108	0.108
评价	II	II	II	II	II	II	III	III	III
均值	2.3	2.5	2.2	0.182	0.267	0.195	0.119	0.110	0.101
评价	II	II	II	II	II	II	III	III	III

（5）衰减系数、扩散系数。本小节在模拟计算时，模型参数取值如表 5.5.6 所示。

表 5.5.6　模型参数取值

降解系数 K/d⁻¹			横向扩散系数 E_y /(m²/s)
COD	NH₃-N	TP	
0.12	0.08	0.05	0.3

3）计算工况

花湖污水处理厂建设运行前后对长江水质的间接影响计算工况设计同花马港流水时对花马港水质的影响。上岗闸入流主要污染物排放浓度取值来自花马港水质的影响一维模型计算结果。

表 5.5.7 各计算工况计算参数一览表

工况	工况说明	长江背景浓度/（mg/L）	入汇流量/（m³/s）	上岗闸入流主要污染物排放质量浓度/（mg/L）		
				COD	NH₃-N	TP
0	区域污水全部未截污	COD 为 8.05 氨氮为 0.182 总磷为 0.119	11.474	22.81	1.309	0.252
1	部分截污进黄石污水处理厂后未截污部分		11.439	21.98	1.234	0.242
2	花湖污水处理厂近期一阶段建成运行后		11.474	20.28	1.094	0.218

4）水质影响预测分析

根据设计工况，花湖污水处理厂建设运行前后对长江水质的间接影响预测结果见表 5.5.8。

表 5.5.8 不同工况上港闸污水入江对下游水质影响分析表

上岗闸入江口* 下游沿程距离/m	COD 岸边最大浓度/（mg/L）			NH₃-N 岸边最大浓度/（mg/L）			TP 岸边最大浓度/（mg/L）		
	工况 0	工况 1	工况 2	工况 0	工况 1	工况 2	工况 0	工况 1	工况 2
50	16.25	15.93	15.34	0.653	0.625	0.576	0.210	0.206	0.197
100	13.85	13.62	13.20	0.515	0.495	0.460	0.183	0.180	0.174
200	12.14	11.98	11.69	0.417	0.403	0.379	0.164	0.162	0.158
300	11.39	11.25	11.01	0.374	0.362	0.342	0.156	0.154	0.151
400	10.93	10.82	10.61	0.348	0.338	0.321	0.151	0.150	0.147
500	10.62	10.52	10.33	0.330	0.322	0.306	0.148	0.146	0.144
600	10.39	10.30	10.13	0.317	0.309	0.295	0.145	0.144	0.141
700	10.21	10.12	9.97	0.307	0.300	0.287	0.143	0.142	0.140
940（花湖水厂取水口）	9.90	9.83	9.69	0.290	0.283	0.272	0.140	0.139	0.137
2 050（金格实业取水口）	9.24	9.19	9.10	0.254	0.250	0.242	0.133	0.132	0.131
2 100（凉亭山水厂取水口）	9.23	9.18	9.09	0.253	0.249	0.241	0.133	0.132	0.131
3 350（王家里水厂取水口）	8.91	8.87	8.80	0.237	0.234	0.228	0.129	0.129	0.128
3 360（热电厂取水口）	8.91	8.87	8.80	0.237	0.234	0.228	0.129	0.129	0.128

*上岗闸距离上岗闸入江口 500 m，花湖水厂取水口实际距离上岗闸 1 440 m

从表 5.5.8 可以看出，三种工况下，均会使上岗闸下游 50 m 范围内的水域改变现状水质类别到 III 类。

2011 年前区域污水全部未截污（工况 0），区域废污水未经处理通过金鸡桥泵站和杨家湖泵站直接排入花马港，污水经上岗闸通道排江，使得下游花湖水厂取水口处 COD 浓度较背景浓度增加 1.85 mg/L，NH₃-N 较背景浓度增加 0.108 mg/L，TP 较背景浓度增加 0.021 mg/L。

2011 年至 2018 年 2 月部分污水截污进黄石花湖污水处理厂（工况 1）后减少了污染物对花马港的输入；当鄂州花湖污水处理厂近期一阶段 10 000 m³/d 规模建成后（工况 2），区域生产生活污水经污水处理厂处理达一级 A 标准后外排，大大削减了污染入湖负荷，进而减少了污染物对长江的影响。下游花湖水厂取水口处 COD 浓度比截污前减少了 0.21 mg/L，NH₃-N 浓度比截污前减少了 0.018 mg/L，TP 浓度比截污前减少了 0.03 mg/L。

5.5.2　造纸公司项目

岳阳林纸股份有限公司（以下简称岳阳林纸）入河排污口位于长江岳阳工业、农业用水区（该区位于江段右岸，起于岳阳市城陵矶断面，止于临湘市儒溪镇断面，长约 24 km），距离水功能区起始断面 1.4 km，距离水功能区末端断面 22.6 km。岳阳林纸入河排污口入河排污量设计规模为 10.8 万 m³/d。

1. 区域自然环境概况

项目地处湖南省岳阳市，位于洞庭湖与长江交汇的城陵矶三江口。岳阳市位于湖南东北部，素有"湘北门户"之称，地理位置处于北纬 28°25′33″～29°51′00″，东经 112°18′31″～114°09′06″。岳阳市处在东亚季风气候区中，气候带上具有中亚热带向北亚热带过渡性质，属湿润的大陆性季风气候。岳阳市年平均气温为 17.1℃，最高气温为 39.3℃，最低气温为-11.8℃；年平均相对湿度 78%；常年主导风向为北东北，频率为 18%；冬季主导风向为北东北（22%），夏季主导风向为南东南（15%），年平均风速为 2.9 m/s。

项目所在区域紧靠长江干流和洞庭湖出口，附近设有洞庭湖出口控制站城陵矶水文站和控制长江来水和洞庭湖来水的螺山水文站。根据城陵矶水文站 2003～2016 年的统计资料，洞庭湖出口多年平均流量为 7 590 m³/s，实测最大年流量为 22 100 m³/s（2016 年 7 月），最小年流量为 1 620 m³/s（2009 年 12 月）；城陵矶水文站多年平均水位为 22.56 m，历史最高水位为 33.91 m，历史最低水位为 15.24 m。根据螺山水文站 1984～2016 年统计资料，长江岳阳、螺山段多年平均流量为 20 100 m³/s，最枯月均流量为 4 640 m³/s（1987 年 2 月），三峡工程运行后（2003～2016 年）最枯月均流量为 6 200 m³/s（2004 年 2 月）；长江岳阳段多年平均输沙量为 4.1×10⁷ t/a，多年平均含沙量为 0.141 kg/m³。

2. 论证水域水功能区现状

1）水域水质现状

长江岳阳工业、农业用水区水质管理目标为 Ⅲ 类。根据水功能区 2015 年 1 月至 2017

年 12 月逐月水质监测数据，主要监测项目为常规 24 项，根据《地表水环境质量标准》（GB 3838—2002），分别使用全指标和高锰酸盐指数、氨氮双指标评价。2015～2017 年，采用双指标水质达标率均为 100%，全指标水质达标率分别为 100%、75%、100%。

2）水功能区现有取水、排水状况

根据调查，长江岳阳工业、农业用水区内主要取水口共计 5 处、排污口 6 处，详情见表 5.5.9 和表 5.5.10。

表 5.5.9　长江岳阳工业、农业用水区取水口统计表

取水单位	取水量/（万 m³/a）	位置	相对位置
岳阳林纸股份有限公司	4 300	长江右岸	论证排污口上游约 1.0 km
华能湖南岳阳发电有限责任公司一期工程	49 800	长江右岸	论证排污口下游约 1.4 km
华能湖南岳阳发电有限责任公司三期工程	55 600	长江右岸	论证排污口下游约 1.5 km
中国石化巴陵分公司	2 100	长江右岸	论证排污口下游约 11.8 km
中国石化长岭分公司（含催化剂长岭分公司）	1 500	长江右岸	论证排污口下游约 19.0 km
合计	113 300		

表 5.5.10　长江岳阳工业、农业用水区入河排污口特征表

排污口	排水量/（万 m³/a）	COD_{Cr}/（t/a）	NH_3-N/（t/a）	排放口位置	相对位置	类型
岳阳林纸股份有限公司岳阳分公司 1# 工业废水排污口	2 100.93	1891.08	168.10	长江右岸	论证 1#排污口	工业废水
岳阳林纸股份有限公司岳阳分公司 2# 直流冷却排水口	548.59	—	—	长江右岸	论证 2#排污口，距 1#排污口 950 m	温排水
华能湖南岳阳发电有限责任公司一期 1#、2#机组循环冷却排水口	14 600	—	—	长江右岸	论证 1#排污口下游 700 m	温排水
华能湖南岳阳发电有限责任公司三期 5#、6#机组循环冷却排水口	19 049	—	—	长江右岸	论证 1#排污口下游 800 m	温排水
中国石化巴陵分公司工业入河排污口	860.74	516.44	68.86	长江右岸	论证 1#排污口下游 12 km	工业废水
中国石化长岭分公司工业入河排污口（含催化剂长岭分公司）	568.72	341.23	45.5	长江右岸	论证 1#排污口下游约 20 km	工业废水
合计	37 727.98	2 748.75	282.46			

3）水功能区纳污能力

根据《长江流域重要江河湖泊水功能区纳污能力核定及限制排污总量控制方案》（长江流域水资源保护局，2012 年，以下简称《纳污能力核定及总量控制方案》）成果，论

证水域水功能区纳污能力见表 5.5.11。长江岳阳工业、农业用水区 COD_{Cr} 纳污能力为 11 054.7 t/a，NH_3-N 纳污能力为 518.4 t/a。

表 5.5.11　水功能区纳污能力核定表

功能区名称	范围			纳污能力/(t/a)	
	起始断面	终止断面	长度/km	COD_{Cr}	NH_3-N
长江岳阳工业、农业用水区	岳阳市城陵矶	临湘市儒溪镇	24	11 054.7	518.4

3. 项目概况

1）公司生产项目

根据企业项目建设历程和规划方案，公司生产项目由主体工程、公用工程、储运设施等项目内容组成。其中，主体工程为 50.5 万 t/a 制浆（漂白化学木浆、杨木化机浆、废纸脱墨浆）生产线、81 万 t/a 造纸生产线、70 万 t/a 涂布纸工程、湘江纸业搬迁工程及碱性过氧化氢化学机械浆技改工程，公用工程包括 188 MW 热电车间、设计取水能力为 2.5 万 m^3/d 的取水泵房和设计规模 1.9 万 m^3/d 的给水处理厂总处理能力 10.2 万 m^3/d 的污水处理站，配套工程包括 2 座 0.5 万吨级码头、储煤量 7 万 t 的储煤场、废纸库、化学品仓库、成品仓库、芦苇堆场和木材堆场。

2）废污水来源分析

根据厂区生产工艺，生产过程中的废污水主要来源于化机浆生产线、化木浆生产线、废纸脱墨浆生产线、造纸生产线、碱回收车间、备料洗水和地面冲洗、热电厂循环和直流冷却水、生活污水、初期雨水。

（1）化机浆生产线中段废水。化机浆生产废水主要来自木片洗涤和制浆过程中溶出的有机物和细小纤维，产生于木片洗涤、挤压机压榨脱水等工序。废水中的污染物主要是以细小纤维为主的悬浮物，以低分子量的木素降解产物、碳水化合物降解产物和水溶性抽出物等为主的溶解物。其水质特征主要为高浓度有机废水。全厂化机浆生产线共产生废污水 13 211 m^3/d，化机浆生产废水送入厌氧污水处理系统进行处理。

（2）化木浆生产线中段废水。化木浆车间产生的废水主要来自备料废水、蒸煮及黑液蒸发产生的冷凝水、粗浆洗涤筛选废水、漂白废水、各工段临时排放的废水。全厂化木浆生产线共产生废污水 10 112 m^3/d，化木浆生产废水送入好氧污水处理系统（一）进行处理。

（3）废纸脱墨浆生产线中段废水。新脱墨车间废水和老脱墨车间废水主要来自浓缩过程产生的中段废水。近期规划项目完成后，老脱墨车间生产线共产生废污水 1 605 m^3/d，新脱墨车间生产线废污水量为 6 050 m^3/d。其中，废纸浆生产废水送入好氧污水处理系统（一）进行处理，脱墨浆生产废水送入厌氧污水处理系统进行处理。

（4）造纸生产线废水。造纸生产线产生的废水主要是造纸白水、除渣器排污及冲洗地面等排水。造纸白水、除渣器排污水、纸机压榨部冲洗毛布排水及冲洗地面排水，进多盘过滤后一部分回用，一部分进好氧处理系统进行处理。全厂造纸生产线共产生废污水 70 677 m³/d，造纸车间废水送入好氧污水处理系统（二、三）进行处理。

（5）碱回收车间废水。碱回收车间废水主要为污冷凝水及冷却水。蒸发工段板式冷凝器排出的冷却水，可经降温处理后循环使用。近期规划项目完成后，全厂碱回收车间共产生废污水 1200 m³/d，污冷凝水进入好氧处理系统（一）进行处理。

（6）备料洗水和地面冲洗废水。备料洗水和地面冲洗废水主要来自备料场地的冲洗废水和生产车间的冲洗废水。近期规划项目完成后，全厂备料洗水和地面冲洗共产生废污水 1 005 m³/d，废污水收集后送入好氧处理系统（一）进行处理。

（7）热电站循环和直流冷却水。热电站在运行过程中产生脱硫废水和冷却水，其中原水经过热电厂 1#、3#机组冷却后一部分直接排入长江，一部分在净水处理系统净水制备过程中作为含泥水排入长江。近期规划项目完成后，2#直流冷却水排放量为夏季 30 560 m³/d、春秋季 17 560 m³/d、冬季 10 560 m³/d。热电厂产生的脱硫废水量为 400 m³/d，送入好氧处理系统（一）进行处理。

（8）生活污水。厂区厕所冲洗等生活污水产生量为 315 m³/d，生活污水收集后进入好氧处理系统（二）进行处理。

（9）初期雨水。纸厂所在区域日最大降雨量为 270 mm（2011 年 6 月 11 日，300 年一遇），全厂汇水面积达 93 万 m²，径流系数可取 0.8，在该暴雨状态下，污染物很快就冲刷干净，初期雨水收集时间可取 0.5 h，则初期雨水量折合 4 000 m³/d。

3）污水处理工艺

公司自建污水处理站一座，用于处理厂区的生产和生活污水，污水处理工程包括两套系统：一套为制浆生产废水处理系统，一套为造纸生产废水处理系统，见图 5.5.6。

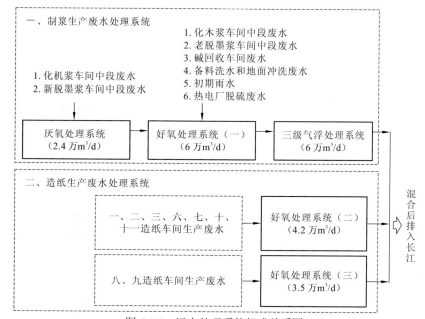

图 5.5.6　污水处理系统组成关系图

I. 制浆生产废水处理系统

制浆生产废水处理系统由高浓废水厌氧处理系统、制浆车间中段废水好氧处理系统（一）和三级气浮处理系统组成。

高浓度废水处理站，采用帕克厌氧处理工艺，规模为 2.4 万 m^3/d，用于预处理杨木化机浆车间和新脱墨浆车间排放的高浓度制浆废水，废水经处理后送制浆中段废水处理站处理。

岳阳林纸的厌氧污水处理站于 2003 年建成投产，当时设计规模为 9 600 m^3/d，2008 年增加一套直径为 9 m 的 IC 厌氧反应塔，污水处理量增加至 18 000 m^3/d，主要处理化机浆高浓废水和脱墨浆废水，厌氧污水采用荷兰帕克厌氧工艺和广西博世科厌氧工艺。待碱性过氧化氢化学机械浆技改项目完成后，将新增 6 000 m^3/d 的厌氧处理设施。因此，在建和搬迁等项目完成后，全厂高浓度废水厌氧处理系统的处理规模将增至 2.4 万 m^3/d。厌氧处理工艺流程见图 5.5.7。

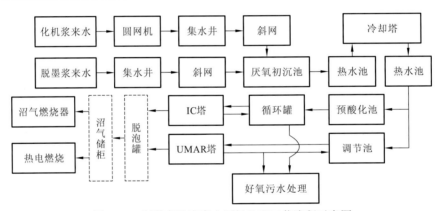

图 5.5.7　制浆高浓度废水厌氧处理工艺流程示意图

IC 为内部循环厌氧反应（Internal circulation），UMAR 为上流式多级反应（upflow multi-stage anaerobic reactor）

制浆车间中段废水主要来自化木车间、碱回收车间、美国旧瓦楞纸箱（American old corrugated container，AOCC）纸浆车间、厌氧污水处理站出水，以及热电站脱硫废水和厂区初期雨水。纸浆中段废水处理系统采用"传统活性污泥+超浅层气浮"工艺，规模为 6 万 m^3/d。

制浆中段废水处理站的运行流程：浆沟废水、碱回收车间废水、脱硫废水、高浓度废水处理站出水→集水井、泵房→斜网→初沉池→混合水池（加入厌氧系统出水）→冷却塔→曝气池→二沉池/浓缩池→中间水池→深度处理工段→处理出水达标排放。具体见图 5.5.8。

II. 造纸生产废水处理系统

造纸废水处理站采用"A/O 生化处理"工艺，规模为 7.7 万 m^3/d，包括 4.2 万 m^3/d 的好氧处理系统（二）和 3.5 万 m^3/d 的好氧处理系统（三），用于处理全厂造纸车间排放的工艺废水和厂区生活污水。具体工艺流程见图 5.5.9。

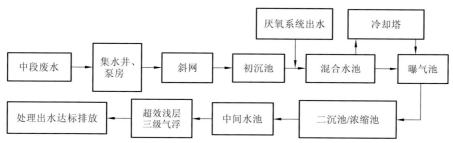

图 5.5.8　制浆中段废水好氧处理和三级气浮处理流程示意图

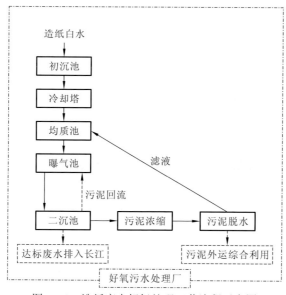

图 5.5.9　造纸废水好氧处理工艺流程示意图

4）污水处理站进水和出水水质

公司污水处理站进出水水质见表 5.5.12。其中，出水水质执行《制浆造纸工业水污染物排放标准》（GB 3544—2008）中表 3 水污染物特别排放限值的要求。

表 5.5.12　制浆造纸工业水污染物排放标准（GB 3544—2008 中表 2 和表 3 规定）

	污染物	制浆和造纸联合生产企业排放限值	
		表 2 新建企业水污染物排放限值	表 3 水污染物特别排放限值
1	pH	6～9	6～9
2	色度（稀释倍数）	50	50
3	悬浮物/（mg/L）	30	10
4	五日生化需氧量 BOD_5/（mg/L）	20	10
5	化学需氧量 COD_{Cr}/（mg/L）	90	60
6	氨氮/（mg/L）	8	5

污染物		制浆和造纸联合生产企业排放限值	
		表2 新建企业水污染物排放值	表3 水污染物特别排放限值
7	总氮/(mg/L)	12	10
8	总磷/(mg/L)	0.8	0.5
9	可吸附有机卤素/(mg/L)	12	8
10	二噁英/(pgTEQ/L)	30	30
单位产品基准排水量/[t/t(浆)]		40	25

4. 入河排污口设置方案

（1）入河排污口位置：岳阳林纸共有 2 处入河排污口，包括 1#工业废水排污口和 2#直流冷却温排水口。本小节仅分析 1#工业废水排污口排水对水质的影响。

（2）入河排污口性质：排污口均属于历史已建排污口，排污口设置于 1958 年。

（3）入河排污口类型：工业排污口。

（4）入河排污口排放方式：连续排放。

（5）入河排污口入河排放：入河排污口厂内排污管线为 DN1 500 mm 铸铁暗管，穿堤后堤内管线矩形水泥管，入江口具体尺寸为 1 500 mm×1 500 mm，出入水高程约为 12 m（吴淞高程）。

5. 污水总量及污染物负荷

入河排污口污水排放总量为 10.8 万 m³/d，入河污水污染物排放浓度及总量见表 5.5.13。

表 5.5.13　入河排污口入河污水污染物排放浓度及总量

污染物组分	排放浓度/(mg/L)	日排放总量/(t/d)	年排放总量/(t/a)
化学需氧量	60	6.51	2 214.93
氨氮	5	0.54	184.58
总磷	0.5	0.05	18.46
悬浮物	10	1.09	369.16
五日生化需氧量	10	1.09	369.16
总氮	10	1.09	369.16

6. 入河排污口设置对区域水质的影响

采用河流二维数值解模型计算和分析入河排污口设置对区域水质的影响。

1）模型计算范围分析

根据入河排污口所在水域状况，结合河道地形资料和江段取排水口分布情况，以及以往入河排污口设置对长江干流的影响程度的研究成果等因素分析。确定本次论证计算范围为洞庭湖与长江交汇的三江口上游 2 km 至论证入河排污口下游 10 km 的江段，长约 12 km（图 5.5.10）。同时考虑长江来水和洞庭湖来水叠加的情况。

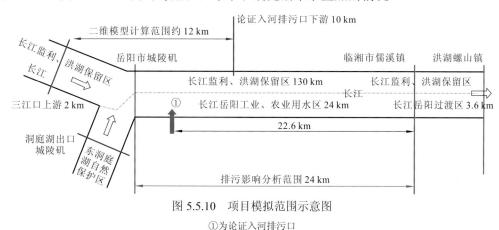

图 5.5.10　项目模拟范围示意图

①为论证入河排污口

2）网格划分

长江干流江段采用矩形网格，洞庭湖出口水域采用三角形网格，同时将排污口附近水域网格进行加密处理，计算范围内网格划分和水下地形插值情况见图 5.5.11。

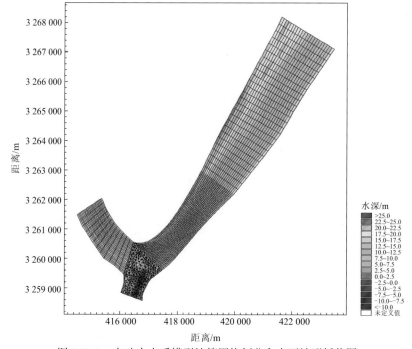

图 5.5.11　水动力水质模型计算网格划分和水下地形插值图

3）水质影响预测分析

I. 设计水文条件

通常情况下，天然河流的枯水期是对其水质最不利的时期，河流水质问题也一般出现在枯水期。距离论证排污口最近的水文站为下游的螺山水文站和洞庭湖出口的城陵矶水文站。由于 2003 年以后，螺山水文站流量受到三峡水库调蓄影响，本次论证选取 2003～2016 年最枯月均流量为 6200 m^3/s（2004 年 2 月）作为设计流量条件。对应城陵矶水文站的流量为 1880 m^3/s，长江荆江段来水流量为 4320 m^3/s，以此作为上游流量边界条件。根据水位-流量关系曲线，螺山水文站 2003～2016 年最枯月均流量 6200 m^3/s 对应的水位为 17.97 m，以此作为模型输入的下边界条件。

II. 模拟指标及背景浓度

根据公司工业废污水污染物特点及长江水质现状，选取 COD、氨氮和总磷作为本次模拟预测的指标，COD、氨氮和总磷综合衰减系数分别取 0.2 d^{-1}、0.18 d^{-1}、0.08 d^{-1}。

背景浓度选取参考长江岳阳开发利用区上断面岳阳市城陵矶（莲花塘）近 3 年（2015～2017 年）枯水期常规水质监测成果，各指标背景浓度取值 COD 为 10 mg/L，氨氮为 0.65 mg/L，总磷为 0.14 mg/L。

III. 计算工况

根据对岳阳林纸排污口废污水总量及污染负荷的分析，近期论证 1#工业废水排污口废污水排放量为 10.8 万 m^3/d（1.26 m^3/s）。按照正常排放和非正常排放两种情况进行计算工况设计。

正常排放（工况 1）是指岳阳林纸污水处理站正常运行，出水水质达到设计要求即《制浆造纸工业水污染物排放标准》（GB 3544—2008）中表 3 对制浆和造纸联合生产企业的要求：COD 排放浓度为 60 mg/L；氨氮排放浓度为 5 mg/L；总磷排放浓度为 0.5mg/L。

非正常排放（工况 2）是指岳阳林纸污水处理站运行不正常情况下的污水排放。在实际情况中，虽然此类事件发生概率极小，但存在可能性。非正常排放浓度按照岳阳林纸污水处理站进水浓度，即 COD 排放浓度为 1200 mg/L，氨氮排放浓度为 30 mg/L，总磷排放浓度为 1.4 mg/L。

IV. COD 排放影响预测

公司污水处理站正常运行情况下，论证排污口处 COD 浓度最大，为 11.21 mg/L，超背景浓度 12.1%，超现状（工况 0）4.86%，未形成超过地表水 II 类的污染带。排污口下游 COD 浓度逐渐衰减，至下游 1.4 km 华能电厂 1#、2#机组取水口处时 COD 浓度衰减至 10.22 mg/L（超背景浓度 2.2%），至下游 1.5 km 华能电厂 5#、6#机组取水口处时 COD 浓度衰减至 10.21 mg/L（超背景浓度 2.1%），基本不影响华能电厂循环冷却水取水需求；至下游 10 km 时基本恢复至背景浓度[图 5.5.12（a）]。

公司污水处理站非正常运行情况下，论证排污口处 COD 浓度最大，为 28.25 mg/L，形成地表水 IV 类水域范围为 250 m×45 m，地表水 III 类水域范围为 600 m×60 m，至下游 1.4 km 华能电厂 1#、2#机组取水口处时 COD 浓度衰减至 13.33 mg/L，至下游 1.5 km 华能电厂 5-6#机组取水口处时 COD 浓度衰减至 13.16 mg/L，基本不影响华能电厂循环冷却水取水需求；至下游 10 km 时，COD 浓度衰减至 10.4 mg/L，超背景浓度 4%［图 5.5.12（b）］。

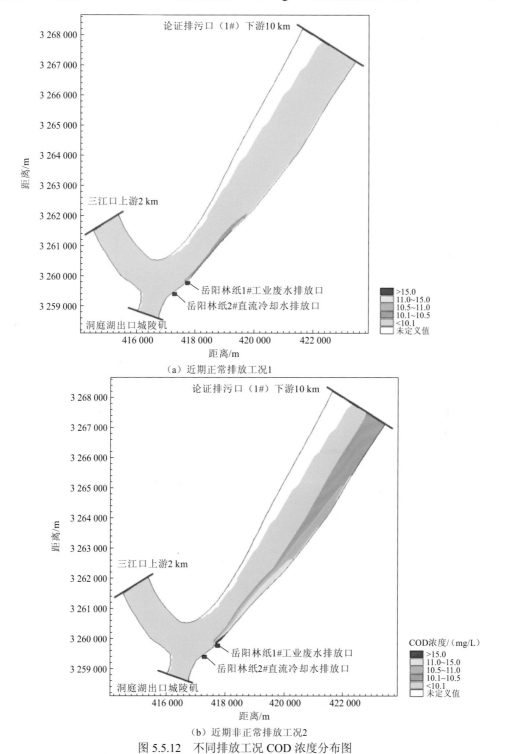

（a）近期正常排放工况1

（b）近期非正常排放工况2

图 5.5.12　不同排放工况 COD 浓度分布图

V. 氨氮排放影响预测

由图 5.5.13 可知，公司污水处理站正常运行情况下，论证排污口处氨氮浓度最大，为 0.761 mg/L，超背景浓度 17.08%，超现状（工况 0）6.73%，未形成超过地表水 III 类

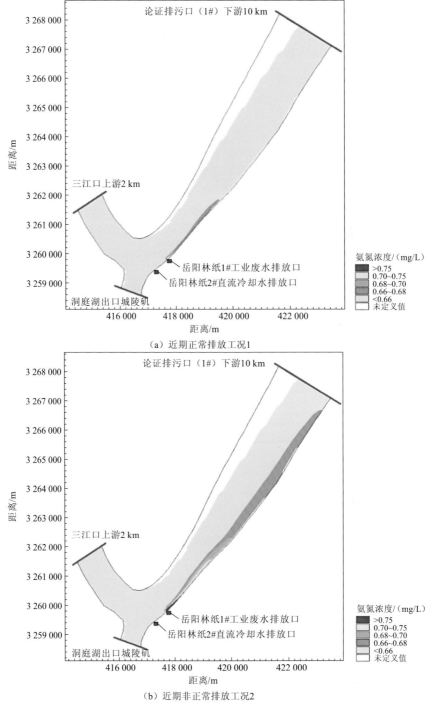

（a）近期正常排放工况1

（b）近期非正常排放工况2

图 5.5.13　不同排放工况氨氮浓度分布图

的污染带。排污口下游氨氮浓度逐渐衰减，至下游 1.4 km 华能电厂 1#、2#机组取水口处时氨氮浓度衰减至 0.671 mg/L（超背景浓度 3.23%），至下游 1.5 km 华能电厂 5#、6#机组取水口处时氨氮浓度衰减至 0.669 mg/L（超背景浓度 2.92%），基本不影响华能电厂循环冷却水取水需求；至下游 10 km 时基本恢复至背景浓度。

公司污水处理站非正常运行情况下，论证排污口处氨氮浓度最大，为 1.095 mg/L，形成地表水 IV 类水域范围为 100 m×5 m，至下游 1.4 km 华能电厂 1#、2#机组取水口处时氨氮浓度衰减至 0.732 mg/L，至下游 1.5 km 华能电厂 5#、6#机组取水口处时氨氮浓度衰减至 0.728 mg/L，基本不影响华能电厂循环冷却水取水需求；至下游 10 km 时，氨氮浓度衰减至 0.659 mg/L，基本恢复至背景浓度。

VI. 总磷排放影响预测

由图 5.5.14 可知，公司污水处理站正常运行情况下，论证排污口处总磷浓度最大，为 0.15 mg/L，超背景 17.08%，超现状（工况 0）7.14%，未形成超过地表水 III 类的污染带。排污口下游总磷浓度逐渐衰减，至下游 1.4 km 华能电厂 1#、2#机组取水口处时总磷浓度衰减至 0.142 mg/L（超背景 1.43%），至下游 1.5 km 华能电厂 5#、6#机组取水口处时总磷浓度衰减至 0.142 mg/L（超背景 1.43%），基本不影响华能电厂循环冷却水取水需求；至下游 10 km 时基本恢复至背景浓度。

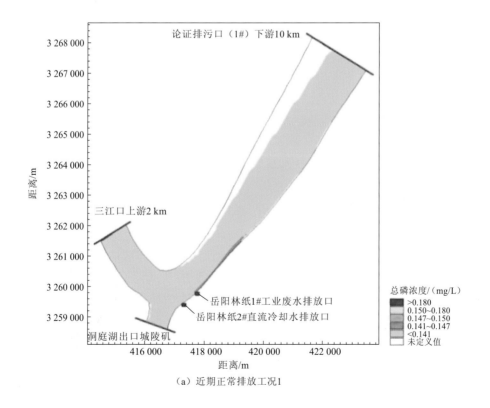

（a）近期正常排放工况1

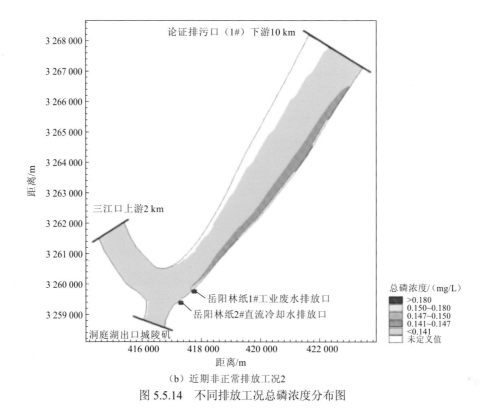

（b）近期非正常排放工况2

图 5.5.14　不同排放工况总磷浓度分布图

公司污水处理站非正常运行情况下，论证排污口处总磷浓度最大，为 0.183 mg/L，未形成超过地表水 IV 类水域范围，至下游 1.4 km 华能电厂 1#、2#机组取水口处时总磷浓度衰减至 0.148 mg/L，至下游 1.5 km 华能电厂 5#、6#机组取水口处时总磷浓度衰减至 0.146 mg/L，基本不影响华能电厂循环冷却水取水需求；至下游 10 km 时，总磷浓度衰减至 0.141 mg/L，基本恢复至背景浓度。

4）入河排污口设置对水功能区水质影响分析

论证排污口所在水功能区为长江岳阳工业、农业用水区，水质管理目标为 III 类，目前该江段 2015～2017 年水质稳定在 II～III 类，其中 COD 指标稳定在 I 类，氨氮和总磷为 II～III 类。

根据模型预测结果，公司污水处理站正常运行，即达标排放情况下，废污水排放仅影响排污口附近局部水域的水质，未形成超过地表水 III 类的污染带，不会对水功能区水质达标率产生影响。公司污水处理站非正常排放，即事故排放情况下，一旦事故发生，岳阳林纸立即启动事故应急处置方案，杜绝污水入江，因此不会出现该类对长江水质有较大威胁的事件发生。

点源污染源反演技术

6.1 概　述

近年来，河流中发生水污染事件的频率越来越高。统计资料表明，我国相当一部分水污染事故是由入河排污口事故排放引起的。水污染事件发生以后，事故污染源（事故排污口）的识别成为应急抢险过程中的首要环节，由于污染源反演十分困难，从而引起了研究者们的广泛关注。薛光璞和王春（1997）采用监测-判断方法成功识别了某水源地事故污染源，但该方法适用于连续排放源，且需多频次和多地点监测。王琳等（2009）借助于政府部门建立的污染源数据库，提出了事故污染源识别的"指纹对比"方法，通过现场监测的致害物质与数据库中污染源的特征污染物信息进行对比来发现事故污染源。

随着数值模拟技术的不断发展，利用水质数值模型模拟反演事故污染源的研究开始出现。Boano 等（2005）将河流一维水质模型与地理统计方法（geostatistical method）相结合，在污染源位置已知的情况下，对污染物总量进行了反演识别。Katopodes 和 Piasecki（1996）将河流二维水质模型与伴随状态方法（adjoint method）相结合对污染源的位置和总量进行了反演。Neupauer 和 Wilson（2004）将地下水水质模型（MODFLOW 和 MT3DMS）与后向位置概率密度模型（BL-PDF）相结合，提出了地下水污染源识别模型。Cheng 和 Jia（2010）将河流平面二维水质数学模型与后向位置概率密度模型相结合，提出了地表水污染源反演模型。朱嵩等（2009）将水质模型与贝叶斯估计方法相结合，得出了污染源位置的概率分布。数学领域的研究者也对水污染事故污染源的反演问题进行了研究。他们直接采用数学分析的方法求得地表水水质控制方程的解析解，然后采用优化方法进行反演。王泽文和徐定华（2006）采用相关数据理论证明了河流点污染源识别的唯一性，并给出了计算方法。王泽文和邱淑芳（2008）采用分离变量法和数值模拟方法相结合，证明了河流点污染源识别的稳定性。

总体而言，水质数值模型法对河流的地形、水文、水质数据的要求较高，且需要大量的事故应急监测数据做支撑，使用受到很大的限制。数学分析法简单实用，借助于优秀的优化算法来实现对污染源的识别，得到了广泛应用。如曹小群等（2010）以水质数学分析公式为基础，提出了污染源识别的马尔可夫链蒙特卡罗方法（Markov chain Monte Carlo，MCMC）。殷凤兰等（2011）提出了污染源识别的最佳摄动量方法。遗传算法具有全局搜索的能力，且具有鲁棒性好，效率高的特点，被广泛应用于水环境反问题研究。

河流水质模型中的反演污染源位置、源强和纵向离散系数属于反问题，一直是环境水力学领域中的热点问题之一。在事故发生地点和污染源强已知的情况下，现有的研究成果可以准确地预测污染物在水体中的运移过程，水污染事故责任的认定比较明确。但并非所有的污染事故都能立刻确定污染源，存在污染物事故不明确的情况，水质监测部门发现污染物指标异常后，然后寻找污染源。采用人为排查事故污染源的方法费时费力，且精度较低。本章将提出利用水质监测数据（如污染物浓度等）快速准确地反馈出污染源的位置和排放强度的技术，并基于此技术认定水污染事故责任主体。

对于污染源反问题的研究，本章将遗传算法与数学分析方法相结合，提出基于遗传算法的突发水污染事故污染源识别模型，可简捷有效地解决事故污染源难以确定的问题。

6.2 水污染事故水质方程及其解析解法

突发水污染事故可以描述成事故污染物瞬间进入河流后在水体中的对流和扩散过程。一般情况下，该过程可以用河流一维对流扩散方程进行数学描述。在事故应急抢险工作中，通常河道地形和水文资料十分不足。因此，可对河流一维对流扩散方程进行简化：①将事故发生河流简化成一条长度为 l 的顺直河道，水流为均匀流，水体介质为均匀介质；②河流两个端点处及河流初始状态下该种污染物质的浓度相对于事故污染物的入河总量而言，近似为 0；③污染物质在河流中沿断面均匀混合，并会有一定的衰减。因此多点源事故污染物质进入河流后的浓度分布可简化为如下偏微分方程：

$$\begin{cases} \dfrac{\partial C}{\partial t} + u\dfrac{\partial C}{\partial x} = E_x\dfrac{\partial^2 C}{\partial x^2} - KC + \sum_{i=1}^{q} M_i\delta(x-x_i), & 0 < x < l,\ 0 < t \\ C(x,0) = 0, & 0 < x < l \\ C(0,t) = 0, & 0 < t \\ C(l,t) = 0, & 0 < t \end{cases} \quad (6.2.1)$$

式中：C 为引起水污染事故的污染物质量浓度，mg/L；t 为时间，s；x 为沿河长方向的位置坐标，m；u 为河流流速，m/s；E_x 为纵向扩散系数，m²/s；K 为综合衰减系数，s⁻¹；M_i 为突发水污染事故污染源强度，g/s；δ 为狄拉克函数；x_i 为事故发生地点坐标，m；q 为发生事故的污染源总个数。

已知污染源的位置 x_i 和入河污染物质总量 M_i，求解不同时刻污染物浓度在河段内的分布 $C(x,t)$，属于突发水污染事故模拟预测中的正问题。而已知某一时刻某些地点的浓度监测值，识别突发水污染事故污染源的位置或入河污染物质总量，被称为反问题。在反问题的求解过程中，首先需要应用正问题的解构建反问题的优化目标函数，因此首先利用合适的方法求解方程组（6.2.1）。偏微分方程组（6.2.1）在形式上属于非齐次热传导方程，Kumar 等（2010）和冯安住（2012）采用傅里叶变换和拉普拉斯变换法相结合的方法，闵涛等（2007）和吴自库等（2008）采用分离变量方法对定解问题方程组（6.2.1）

进行了求解。首先进行函数变换将方程组（6.2.1）转换成热传导方程的标准形式，令

$$C(x,t) = V(x,t)\exp\left(\frac{ux}{2E_x} - \frac{u^2t}{4E_x}\right) \tag{6.2.2}$$

定解问题方程组（6.2.1）可转化为定解问题方程组（6.2.3）：

$$\begin{cases} \dfrac{\partial V}{\partial t} = E_x\dfrac{\partial^2 V}{\partial x^2} - KV + \exp\left(\dfrac{u^2t}{4E_x} - \dfrac{ux}{2E_x}\right)\sum\limits_{i=1}^{q}M_i\delta(x - x_i), & 0 < x < l,\ 0 < t \\ V(x,0) = 0, & 0 < x < l \\ V(0,t) = 0, & 0 < t \\ V(l,t) = 0, & 0 < t \end{cases} \tag{6.2.3}$$

利用分离变量法求出方程组（6.2.3）的特征值和特征函数：

$$\lambda_n = \left(\frac{n\pi}{l}\right)^2 \tag{6.2.4}$$

$$\phi_n = \sin\frac{n\pi x}{l}, \quad n = 1, 2, \cdots \tag{6.2.5}$$

用特征函数将方程组（6.2.3）展开，可得出

$$V(x,t) = \sum_{n=1}^{\infty}T_n(t)\sin\frac{n\pi x}{l} \tag{6.2.6}$$

把方程组（6.2.3）中偏微分方程的右端的源项也用固有函数展开，得到

$$\exp\left(\frac{u^2t}{4E_x} - \frac{ux}{2E_x}\right)\sum_{i=1}^{q}M_i\delta(x - x_i) = \sum_{n=1}^{\infty}f_n\sin\frac{n\pi x}{l}$$

其中，

$$f_n = \frac{2}{l}\int_0^l\exp\left(\frac{u^2t}{4E_x} - \frac{ux}{2E_x}\right)\sum_{i=1}^{q}M_i\delta(x - x_i)\sin\frac{n\pi x}{l}dx = \frac{2}{l}\exp\left(\frac{u^2t}{4E_x}\right)\sum_{i=1}^{q}M_i\exp\left(-\frac{ux_i}{2E_x}\right)\sin\frac{n\pi x_i}{l} \tag{6.2.7}$$

将式（6.2.6）和式（6.2.7）代入式（6.2.3）中，可求出 $T_n(t)$ 的解为

$$T_n(t) = \frac{\dfrac{2}{l}\sum\limits_{i=1}^{q}M_i\exp\left(-\dfrac{ux_i}{2E_x}\right)\sin\dfrac{n\pi x_i}{l}}{\dfrac{u^2}{4E_x} + \left(\dfrac{n\pi}{l}\right)^2 + K}\left\{\exp\left(\frac{u^2t}{4E}\right) - \exp\left[-t\left(\frac{n\pi}{l}\right)^2 + k\right]\right\} \tag{6.2.8}$$

最终得出水污染事故水质方程组（6.2.1）的解析解为

$$C(x,t) = \sum_{n=1}^{\infty}\frac{\dfrac{2}{l}\sum\limits_{i=1}^{q}M_i\exp\left(-\dfrac{ux_i}{2E_x}\right)\sin\dfrac{n\pi x_i}{l}}{\dfrac{u^2}{4E_x} + \left(\dfrac{n\pi}{l}\right)^2 + K}\left\{\exp\left(\frac{u^2t}{4E}\right) - \exp\left[-t\left(\frac{n\pi}{l}\right)^2 + k\right]\right\}\sin\frac{n\pi x}{l}\cdot\exp\left(\frac{ux}{2E_x} - \frac{u^2t}{4E_x}\right) \tag{6.2.9}$$

假设某河段长度为 1 m，流速为 0.01 m/s，扩散系数为 0.001 m²/s，综合衰减系数为 0.00001 s⁻¹。考虑两种工况，工况 1 为单个污染源发生事故的情形，工况 2 为两个污染

源发生事故的情形，试验河段的水动力和水环境特征参数及两种工况的污染源位置和污染物排放强度见表 6.2.1。利用傅里叶级数表达式（6.2.9），取级数前 50 项（$n=50$）求和计算得出的各时刻污染物浓度，计算得出两种工况条件下的各时刻浓度沿程分布如图 6.2.1 所示，各断面浓度随时间分布如图 6.2.2 所示。

表 6.2.1　试验河段水动力水环境特征参数和污染源参数

河段长 l /m	流速 u /(m/s)	扩散系数 E_x /(m²/s)	衰减系数 K /s⁻¹	工况 1 污染源 (m, g/s)	工况 2 污染源 (m, g/s)
1	0.01	0.001	0.000 01	(0.5, 3.0)	(0.5, 3.0)、(0.8, 3.5)

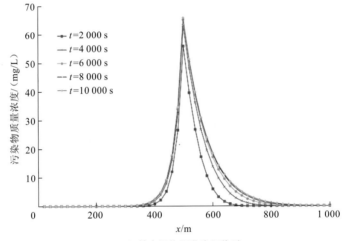

（a）单个污染源发生污染时

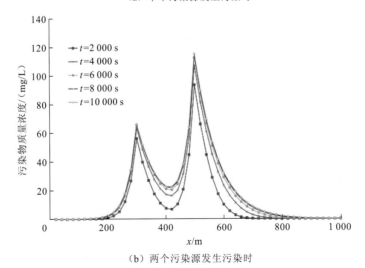

（b）两个污染源发生污染时

图 6.2.1　污染事件发生后各时刻污染物浓度分布图

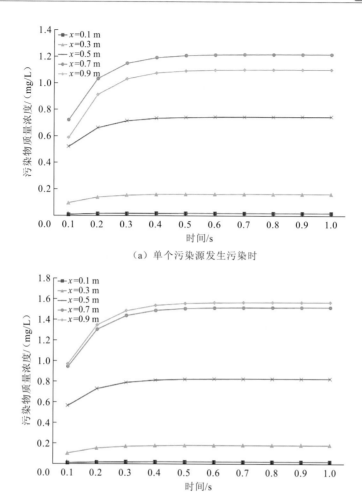

（a）单个污染源发生污染时

（b）两个污染源发生污染时

图 6.2.2　事故发生后各断面污染物浓度随时间分布示意图

6.3　基于遗传算法的水污染事故污染源识别模型构建

6.3.1　模型建立

由式（6.2.9）可知，求解 $C(x,t)$ 依赖于点源污染源的位置 x_i 和入河污染物质总量 M_i，因此，不同的 x_i 和 M_i 可以决定不同的污染物浓度分布。如果在 T 时刻，通过在河流上布设足够的水质监测断面，获取污染物的沿程分布状况为 $\overline{C}(\overline{x_i},T)$，其中 i 为监测断面的个数，$\overline{x_i}$ 表示第 i 个监测断面的坐标位置。那么污染源反演问题就可转化为非线性离散型函数优化问题：

$$\min \sum_{i=1}^{n} C(x_i, M_i, \overline{x_i}, T) - \overline{C}(\overline{x_i}, T) \tag{6.3.1}$$

即通过优化式（6.3.1）求得计算值与实测值 $\overline{C}(x_i,T)$ 最接近的 x_i 和 M_i，就确定了污染源的位置和污染物总量。这个优化搜索过程可交由遗传算法来完成。该优化模型具有不可导、多参数、非凸函数、非连续性等特征，采用常规的数学分析法难以获得极值从而得到最优解，需要选择鲁棒性更好的优化算法来实现求解的目的，本节选择遗传算法开展优化研究。

基于遗传算法的污染源识别模型可通过如下步骤来建立。

（1）确定遗传算法的参数。包括个体的基因个数 N_g，基因的取值范围，交叉概率 p_c，变异概率 p_m，种群中的个体数 I_m，最大进化代数 T_m。其中，基因个数由优化变量的个数确定，交叉概率、变异概率、种群规模根据经验确定。

（2）确定染色体基因编码。一个污染源对应一个位置和一个污染物排放负荷，因此 N_p 个点源就有 $2N_p$ 个反演变量。为便于编码和解码，采用实数编码方法，个体的基因个数为 $2N_p$。种群中第 k 个个体的染色体的基因为 $X^k=(x_i^k,M_i^k)$。

（3）产生初始种群。$x_i^k=x_{i,\min}+\text{rand}(x_{i,\max}-x_{i,\min})$，$M_i^k=M_{i,\min}+\text{rand}(M_{i,\max}-M_{i,\min})$，其中 rand 是产生 $(0,1)$ 区间内随机数的函数。

（4）建立优化目标函数（遗传算法适应度函数）。由于遗传算法只能使个体朝着适应度值不断增加的方向进化，而式（6.3.1）要求优化变量朝着目标函数值减少的方向变化，修改目标函数为适应度函数：

$$F=\frac{1}{[C(x_i,M_i,\overline{x_i},T)-\overline{C}(x_i,T)]^2} \tag{6.3.2}$$

（5）遗传优化搜索。对生成的初始种群应用选择算子、交叉算子和变异算子进行操作运算，直至算法收敛或达到最大进化代数为止。模型中适应度最大的个体即为污染源的位置和污染物总量值。基于遗传算法的点源污染源识别模型工作流程见图 6.3.1。

6.3.2　单点源单变量识别

在实际情况中，有一些水污染事件发生后，虽然已通过其他途径调查得到事故污染源的位置，但是不知道入河污染物质的总量；或者是已获知污染物总量，但不明确污染源的入河位置，导致无法进一步预测污染物的影响范围，从而给事故抢险和责任界定带来困难。因此首先应用建立的事故污染源识别模型，反演单个污染源发生水污染事故后的入河污染物总量或污染源位置。以污染物总量真值为 3.0 g/s、污染源位置真值为 500 m 的突发水污染事故为案例，利用 $t=4\,000$ s 时刻正问题的解作为反问题的监测值 $\overline{C}(x_i,T)$，监测断面的布置见图 6.3.2，现场监测值见表 6.3.1。遗传算法的种群规模对识别模型的影响较大，因此设定不同工况进行计算。各工况的计算参数见表 6.3.2。污染物的总量或污染源的位置识别结果见表 6.3.3。可以看出，基于遗传算法的突发水污染事故识别模型具有较高精度，污染物总量识别结果相对误差为 $-1.7\%\sim5.0\%$，污染源位置识别结果相

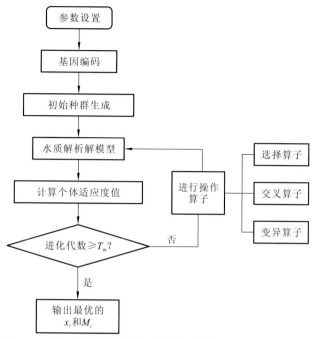

图 6.3.1　基于遗传算法的点源污染反演模型工作流程示意图

对误差为-1.6%～0。且随着种群规模的增大，交叉运算比较充分，可避免"早熟"现象的发生，且模型收敛较快，当种群规模取为 10 时，模型识别结果与真值完全相同，相对误差为 0。单点源位置和污染物总量识别模型适应度值变化过程见图 6.3.3。

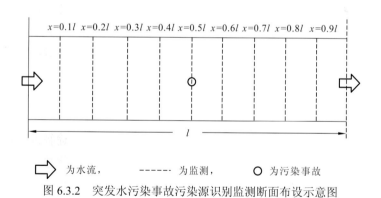

图 6.3.2　突发水污染事故污染源识别监测断面布设示意图

表 6.3.1　单点源 $t = 4\ 000$ s 时各坐标对应的浓度真值

项目	1#	2#	3#	4#	5#	6#	7#	8#	9#	10#
位置坐标/m	0.11	0.21	0.31	0.41	0.51	0.61	0.71	0.81	0.91	1.01
污染物质量浓度/（mg/L）	0.00	0.00	0.03	1.89	63.23	13.94	1.75	0.09	0.00	0.00

表 6.3.2　单点源识别模型各工况条件下的计算参数

工况编号	反演变量	交叉概率 p_c	变异概率 p_m	种群规模 I_m	最大进化代数 T_m
工况 1	总量	0.8	0.05	4	200
工况 2	总量	0.8	0.05	6	200
工况 3	总量	0.8	0.05	8	200
工况 4	总量	0.8	0.05	10	200
工况 5	位置	0.8	0.05	4	200
工况 6	位置	0.8	0.05	6	200
工况 7	位置	0.8	0.05	8	200
工况 8	位置	0.8	0.05	10	200

表 6.3.3　单点源识别模型各工况条件下的计算结果

工况编号	位置/m	总量/(g/s)	相对误差/%	初始最优适应度值	收敛代数	末代最优适应度值
工况 1	—	3.03	1.0	0.12	40	178
工况 2	—	2.95	-1.7	0.29	25	188
工况 3	—	3.15	5.0	0.09	10	2
工况 4	—	3.00	0	0.22	5	9 613
工况 5	492	—	-1.6	0.00	96	32
工况 6	493	—	-1.4	0.00	118	78
工况 7	493	—	-1.4	0.00	96	78
工况 8	500	—	0	0.00	10	2 150

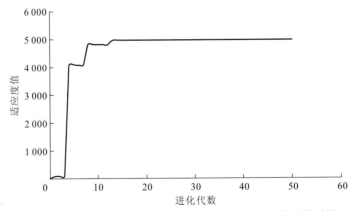

图 6.3.3　单点源位置和污染物总量识别模型适应度值变化过程

6.3.3　单点源位置和污染物总量识别

有一些突发水污染事故发生后，既无法知道事故污染源的位置，也无法了解入河污染物的总量，因此需要对污染源的两个参数同时进行识别。

仍然以污染物总量真值为 3.0 g/s、污染源位置真值为 0.5 m 的突发水污染事故为案例，利用 $t = 0.1$ s 时刻正问题的解作为反问题的监测值 $\overline{C}(\overline{x_i}, T)$，见表 6.3.1，建立识别模型对污染源的位置和污染物总量进行识别试验。识别模型的计算参数见表 6.3.4，识别结果见表 6.3.5。可见，识别模型计算出的污染源位置为 0.495 m（相对误差 -1.0%），污染物总量为 2.95 g/s（相对误差 1.67%），误差在可接受范围之内。当模型计算至 30 代时，模型收敛，模型适应度值随进化代数的变化曲线见图 6.3.4。

表 6.3.4　单点源多变量识别模型的计算参数

工况编号	反演变量	交叉概率 p_c	变异概率 p_m	种群规模 I_m	最大进化代数 T_m
工况 1	总量和位置	0.9	0.2	10	500

表 6.3.5　单点源多变量识别模型的计算参数

工况编号	污染源位置/m	污染物总量/(g/s)	初始最优个体适应度值	稳定收敛代数	末代最优个体适应度值
工况 1	0.495	2.95	4.38	30	4 969

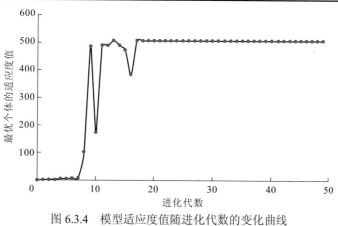

图 6.3.4　模型适应度值随进化代数的变化曲线

6.3.4　多点源位置和污染物总量识别

仍然以污染物总量为 3.0 g/s 和 5.0 g/s，污染源位置为 300 m 和 500 m 的两个点源突发水污染事故为对象，利用 $t = 4\,000$ s 时刻各坐标对应的计算值作为监测值 $\overline{C}(\overline{x_i}, T)$，建立多点源位置和污染物总量的识别模型。通过模型试算，两个点源的污染源位置识别结果为 520 m 和 295 m，相对误差为 0 和 0.3%，污染物总量识别结果为 9.15 g/s 和 2.4 g/s，模型计算得到错误的反演结果。说明对于多点源的情形，该模型不具有适定性(ill-posed)。

6.4 点源污染源反演实例

2018 年 9 月湘江株洲段突发重金属铊污染事故，事故发生后相关部门迅速采取行动，对湘江重要断面铊浓度进行了跟踪测量，但事故初期并不知道事故污染源的位置，只是对株洲—濠河口（湘江河口）段的污染物浓度开展了监测，见图 6.4.1。本节根据铊浓度沿程实际测量结果，运用反演模型成功地反演出猴子石、望城水厂断面和铜官水厂的浓度变化曲线，见图 6.4.2 和图 6.4.3，计算得到污染源位于株洲市钻石工业园，污染源强度为 0.26 g/s，位置与实际情况基本相符，由于现场追责工作之后，污染负荷强度反演精度难以评估。

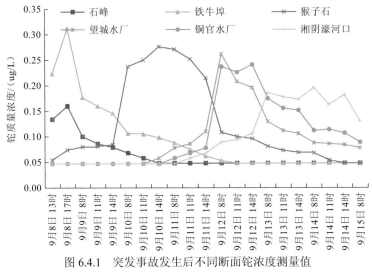

图 6.4.1 突发事故发生后不同断面铊浓度测量值

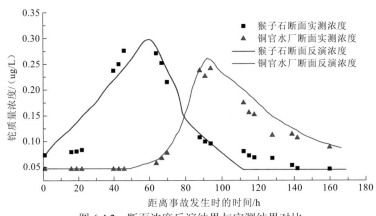

图 6.4.2 断面浓度反演结果与实测结果对比

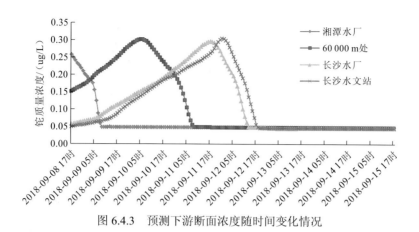

图 6.4.3　预测下游断面浓度随时间变化情况

第
7
章

污染源追踪技术

7.1 概　述

　　污染源追踪的实质是找污染源头并对污染源强进行评估的行为。一般水体污染源包括化学源（化工原料或废污水）污染、营养盐（生活和农业废污水）污染及细菌源（微生物）污染。污染物进入水体后，首先在入河排污口附近与水体快速混合，这时期是污染物衰减的最快时期。参混后的污染物根据水流条件，分别向下游、左右岸及上下水面扩散。根据污染物性质的不同，污染物输移和衰减距离不同。通常来说，从点源排放到污染物扩散稳定，需要相对较长的时间，该时期内污染物会形成一个污染带。对大多数污染物来说，污染物在排放瞬间就实现了垂向方向的完全混合，垂向方向污染物浓度分布均匀，然后主要是向横向发展，该过程可视为二维扩散，可用二维水质模型模拟。污染源追踪包括向前追踪污染物和向后溯源污染源两部分，如图 7.1.1 所示。

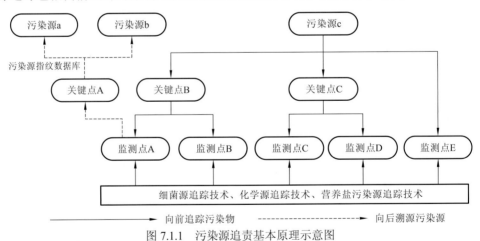

图 7.1.1　污染源追责基本原理示意图

　　向前追踪既沿着污染物扩散方向，实时跟踪监测关键点，预测污染物到达下一个敏感关键点时的时间和浓度，以便管理部门做出相应处理决策。向后溯源即从污染团实时浓度向上游反演污染源位置，采用污染物追踪技术跟踪每个关键点污染物特性，同时将污染物特性和已知污染物"指纹数据库"进行对比，确定污染物排放时的特性，判断排污口位置，实现逆向追踪污染源的位置。因此，污染源追踪主要是以监测数据为基础，以水力学数学模型为工具，以污染源追责技术为支撑，以污染物"指纹数据库"为溯源参照数据库，确定污染源排放位置的过程。目前常见的污染源追踪技术按照污染来源可分为化学源追踪（chemical source tracking，CST）技术、营养盐追踪（nutrient source tracking，NST）技术和细菌源追踪（bacterial source tracking，BST）技术，以上三种技术简称 3ST 技术。

化学源追踪技术是依据有机物的荧光团特征，采用荧光光度法来分析水体中溶解性有机物的化学组成，解决目前在水污染控制措施中污染源的控制问题。运用该技术能对研究区域内污染物来源进行追踪鉴别，并对污染进行定量模拟。

营养盐追踪技术是一种非点源污染物来源追踪集成技术，是氮同位素示踪技术和SWAT 模型的有机组合，能对研究区域内非点源污染物来源进行追踪鉴别和对污染进行定量模拟。该技术以氮同位素示踪技术和 SWAT 污染源模拟为核心，通过氮同位素示踪方法，诊断溶解性氮素的主要污染源，确定硝态氮的主要污染输出源及区域，结合农业生态管理理念，提出农业管理措施，利用 SWAT 模型，对农业管理措施的氮素控制效果进行模拟，最终提出氮素污染治理对策方案。

细菌源追踪技术是一种确定水体中以生活水为主要来源的点源污染源的技术，又称为微生物源追踪（microbial source tracking，MST）技术。细菌源追踪技术主要通过采集已知点源污染源环境样本，根据不同细菌的宿主的群体或种群的差异性，利用不同的分析方法对已知源中的 Ecoli 或肠球菌进行分析，并获得其"指纹"（fingerprint），进而建立"指纹数据库"，利用细菌源追踪技术对污染源特征进行识别；在此基础上，对水体水质进行监测，通过细菌源追踪技术能对水质超标区域内点源污染物来源进行追踪鉴别，并对污染物产生量进行定量模拟，从而可以确定研究区域内不同点源污染物的贡献率和来源，鉴别、量化进入水体的污染物。

7.2　化学源追踪技术

化学源追踪及污染源模拟集成技术（CST-Basin2）是一种非点源污染物来源追踪技术，能对研究区域内非点源污染物来源进行追踪鉴别和对污染进行定量模拟。化学源追踪技术是 20 世纪 90 年代中期发展起来的新技术，依据有机物的荧光团特征，采用荧光光度法来分析水体中溶解性有机物的化学组成，能把非点源污染监测转化为点源污染监测，解决目前在水污染控制措施中非点源的控制问题。污染源模拟集成技术支持以流域为基础的众多污染物的点源和非点源管理方案的分析，可进行从简单到复杂的流域水环境评价和模拟，便于用户获得满足水质要求的最佳点源和非点源控制方案。化学追踪法具有操作快捷的特点，更具有源的特征性，不随地区和时间而变异。然而化学方法需要特殊的测量仪器，仪器一般比较贵。此外，大多数随污水排放的特征化学物，一旦进入环境，常被稀释到监测线以下。这两方面的原因使得化学源追踪技术只能成为辅助的技术，而不能代替微生物源追踪技术。不过，荧光增白剂在追踪方面具有应用和待发展的前景。光学发亮剂虽然不如微生物灵敏，但用一台手持荧光仪就可以测定发亮剂，接近实时监测，可以在现场追踪信号，只要人类粪便源强能发出可测定的信号。

7.2.1　三维荧光示踪技术概念

三维荧光示踪技术是利用自然界溶解性有机物普遍存在荧光团物质的特性，利用三维图谱特征，分析水体荧光物质特性，进而判断水体污染物来源及污染程度的一种快速、便捷的技术。三维荧光光谱（three dimensional fluo-rescence spectrum）也可称为总发光光谱或多维荧光光谱，与常规荧光光谱技术的主要区别是能够获得激发波长和发射波长同时变化时的荧光强度信息。三维荧光光谱有两种表示形式，等（强度）高线图和等角三维投影图。等高线图易于获得更多的信息，能体现与常规荧光光谱、同步荧光光谱的关系，而等角三维投影图则可以更加直观地反映发射、激发和荧光强度的三者关系。

三维荧光光谱能够获得完整的光谱信息，是一种很有价值的光谱指纹技术。自从美国海洋化学家科布尔（Coble）等应用三维荧光光谱研究了黑海溶解有机质（dissolved organic matter，DOM）的荧光特性以来，国际上地球科学和环境科学家们广泛应用三维荧光光谱来研究和表征 DOM 的来源、组成等地球化学信息。三维荧光示踪技术具有灵敏度高、检测限低的特点，并且由于不同荧光团物质具有不同的荧光寿命、激发波长和发射波长，因此具有较好的选择性，与现在进行的常规 COD、BOD 监测方法相比较，便捷且快速，在线监测领域具有推广价值。根据不同污染源荧光团物质组成结构的不同，该技术可以快速准确地判断水体是否受到人类或动物排泄物的影响，从荧光团含量上，可以给出定量评价结论。

1. 光致发光原理

基本而言，光致发光是分子受光子激发后发生的一种去激发过程。在吸收紫外线和可见光电磁辐射的过程中，分子受激跃迁到激发电子态。多数分子将通过与其他分子的碰撞，以热的形式散发掉多余的这部分能量；部分分子则以光的形式释放出这部分能量，放射出光的波长不同于所吸收辐射的波长。后一种过程称为光致发光。

室温下，大多数分子处于基态的最低振动能层。处于基态的分子吸收能量（电能、热能、化学能或光能等）后被激发为激发态。激发态不稳定，将很快衰变为基态。当以一定波长的光波照射荧光物质时，被测的分子吸收光线时，从原来的基态跃迁到激发态，在激发态做短暂停留，下降至基态，在这个过程中发生以光的形式的辐射能量，这个过程发出的光为荧光。

分子产生荧光必须具备两个条件：①分子必须具有与所照射的辐射频率相适应的结构，才能够吸收激发光；②吸收了与其本身特征频率相同的能量后，必须具有一定的荧光量子产率。

2. 溶解性有机物组成

有机质作为全球碳循环的重要组成部分，存在于所有水生生态系统中，如海洋、河流、湖泊、沼泽、地下水、雨水、沉积物孔隙水等。水环境中的有机质既可来源于植物或土壤有机质，又可来源于水体微生物或藻类分解，其形成过程极其复杂多变。按粒径大小（一般以 0.45 nm 或 0.22 nm 为界）可将有机质分为颗粒有机质和溶解有机质两大类。在湿地和沼泽中存在溶解有机质的明显证据是其带有黄色或棕色的颜色特征；在河流或湖泊中溶解有机质颜色较浅；在更洁净的水体中（例如远离人类活动的湖泊深部或者深海）也含有少量有机质。

一般而言，溶解有机质的组分除腐殖酸（humic acid，HA）、富里酸（fulvic acid，FA）以外，还含有一些亲水性有机酸、羧酸、氨基酸、碳水化合物等。例如氨基酸，在天然水体中可以自由态、缩氨酸（peptides，即多肽）或者作为腐殖质结构中的一个官能团成分存在，占到天然水体溶解有机碳（dissolved organic carbon，DOC）含量的 1%～3%。

尽管人们对天然有机质的研究可以追溯到 18 世纪，但是由于有机质结构极其复杂，早期研究对天然有机质的了解较少。

人们对河流、湖泊、湿地中的溶解性有机物等的研究表明，来源不同的溶解性有机物具有不同的荧光基团，并且荧光峰的位置和荧光强度也不尽相同。一般而言，天然环境中各种溶解性有机物的 E_x/E_m 荧光峰的位置可概述如下：Class I（E_x 为 350～440 nm，E_m 为 430～510 nm）Clas II（E_x 为 310～3 600 nm，E_m 为 370～450 nm），Class III（E_x 为 240～270 nm，E_m 为 300～350 nm），Class IV（E_x 为 240～270 nm，E_m 为 370～440 nm）。其中 Class I 为类腐殖酸荧光，Clas II 和 Class IV 为类富里酸荧光，Class III 为类蛋白荧光。

3. 荧光强度与有机物浓度的相关关系

利用三维荧光图谱可以很清晰地得到激发、发射和荧光强度三者之间的关系。荧光强度与水体中荧光物质的浓度有着密切的关联，为了说明荧光强度与水体中荧光物质浓度的相关关系，因此开展相关分析。根据荧光物质在自然界存在的浓度范围，设定了 7 个浓度梯度（表 7.2.1），并对相应的标准样品进行分析，绘制图 7.2.1 和图 7.2.2。

表 7.2.1　荧光源物质浓度配比表

浓度/(mol/L)	1 L 溶液需要的克数	100 mL 溶液需要的克数	集中区	解决准备方案
1	204.23	20.423		
0.1	20.423	2.0423		
0.01	2.0423	0.20423		
0.001	0.20423	0.020423		
0.0001	0.020423	0.0020423	上限	1
0.00005				2
0.00001	0.0020423	0.00020423	核心目标	3
0.000005				4
0.000001	0.00020423	0.000020423	下限	5
0.0000001	0.000020423	2.0423×10^{-6}	Extra 1	6
0.00000001	2.0423×10^{-6}	2.0423×10^{-7}	Extra 2	7

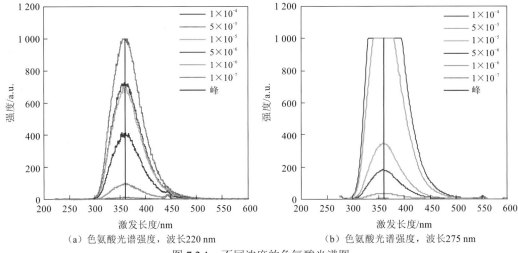

（a）色氨酸光谱强度，波长220 nm　　　　　　（b）色氨酸光谱强度，波长275 nm

图 7.2.1　不同浓度的色氨酸光谱图

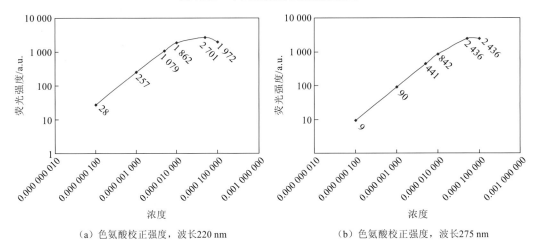

（a）色氨酸校正强度，波长220 nm　　　　　　（b）色氨酸校正强度，波长275 nm

图 7.2.2　色氨酸浓度与荧光强度的相关关系图

根据测定结果，荧光强度和荧光源物质浓度的相关关系式为

$$E_x = 220 \text{ nm}, \quad E_m = 360 \text{ nm}, \quad y = 1 \times 10^{-8}x - 4 \times 10^{-7}, \quad R^2 = 0.988\,4$$

$$E_x = 275 \text{ nm}, \quad E_m = 360 \text{ nm}, \quad y = 3 \times 10^{-8}x - 6 \times 10^{-8}, \quad R^2 = 0.999\,6$$

当色氨酸质量浓度小于 10 mg/L，在低浓度条件下，荧光团浓度与荧光强度之间存在较好的线性相关性。

7.2.2　化学源追踪污染源模拟集成系统

BASINS（better assessment science integrating point and nonpoint sources）为美国国家环境保护局于 1996 年开发出的多目标环境分析系统，其内整合集水区资料库、地理信息系统、模式及资料分析工具。其主要作用：①快速地检索环境资料；②进行环境系统分析；③评估环境管理方案。此系统可提供污染物的点源和非点源污染分析，故可用于每日最大污染负荷量（total maximum daily loads，TMDLs）的研究。整合式的 GIS 界面可将各种环境信息以地图、表格或图片的方式呈现，并进行不同尺度下的分析。BASINS 软件为 HSPF 模型所需空间数据的提取提供了一个平台。该软件把 HSPF 模型集成在 ArcView 上，利用 ArcView 对空间数据的存储和处理能力，HSPF 模型可以自动提取模拟区域所需要的地形、地貌、土地利用、土壤、植被、河流等数据，进行非点源污染负荷的长时间连续模拟。HSPF 模型在美国、澳大利亚、韩国、德国等许多国家的水文水质问题研究中都得到了应用。

BASINS Version 4.0 是一个开放源码的与地理信息系统相结合的环境数据分析工具和模型系统。WinHSPF-HSPF 是界面版本。GenScn 是一个典型的后期处理和场景分析的工具，用于分析输出。WDMUtil 是一个可用于管理和创建气象数据和其他时间序列数据的数据管理系统。PLOAD 是一个地理信息系统和电子表格工具用于计算污染源。AQUATOX 是一个能模拟水生生态系统效应的模型。

7.2.3　化学源追踪技术的应用情况

污染源追踪技术之所以受到科学工作者的高度重视，是因为在水资源和水环境保护和管理中起着重要作用。当水污染事件发生时，它可以较准确地指明污染来源，不仅可以协助公共健康的风险管理，还能协助管理者对污染危害的突发事件做出快速的应急反应，还能够满足修订方案的需要，帮助指证环境污染的责任者。以下将对化学源追踪技术的应用进行简要评述。

1. 流域非点源污染来源识别与评价

随着工业废水和城市生活污染等点源污染控制得到有效控制，非点源污染引起的非点源污染成为水环境污染重要来源。非点源污染产生的时间、方式、总量的不确定性给环境管理带来了很大困难，控制措施难以有效实施，导致非点源污染日益加剧，水环境质量不断恶化。传统的环境监测指示方法只能反映环境的污染程度，不能明确污染的真正来源，特别是对于来自非点源的污染。这就需要采用监测、溯源和示踪为一体的污染源追踪技术对非点源污染进行追踪分析，以便给出全面而清晰的污染来源。用污染源追踪技术进行非点源污染的转化，是水环境质量管理科学决策的有效手段之一。目前对这一方面的报道很多，Robin 和 Kloot（2001）应用 Ribotyping 方法对萨佩洛（Sapelo）流域非点源污染进行了追踪研究，发现 50%的粪污染来源于流域附近的污水处理厂管道泄漏，其他少部分粪污染则来源于野生海鸟（白鹭和鹳类）。Simmons 等（2006）用 PFGE 方法追踪了来自一个城市分水岭的一条小溪细菌非点源来源并且发现多数分离菌落来源于野生动物（特别是浣熊）和狗。Wiggins 等（2003）用 ARA 方法建立一个村落地区的已知源数据库，取 7 个地点的水样的分离菌株与已知源数据库进行比较，发现有 4 个地点分离菌株来自人类的菌株，而 3 个地点分离菌株来自狗的菌株。值得注意的是，由于流域环境本身的复杂性，数据库的误差等因素，细菌源追踪方法并不能分析出非点源污染物质的量。目前的技术只能分析出在这一段时间内各种非点源污染源所占污染百分比进而概化成点源污染，而不能明确点源产生的污染量。

2. 水质管理中的应用

1）化学源追踪技术在制订流域 TMDL 计划的运用

TMDL 为在满足水质标准的条件下，水体能够接受的某种污染物的最大日负荷量，类似国内的"环境容量"。化学源追踪技术在制订流域 TMDL 计划的运用，主要是通过 CST 技术对污染进行评估—进而确定建立 TMDL 的水体—制订 TMDL 计划—执行 TMDL 计划。化学源追踪是进行 TMDL 的基础，通过化学源追踪技术分析，识别水体污染的来源，为制订 TMDL 计划提供依据。

2）化学源追踪在污染物最大日负荷总量治理阶段的运用

通过化学源追踪数据分析可确定难以找到污染源的地点（如舍弃的腐烂物系统和废弃物直接排放的管道）。通过化学源追踪技术和全球定位系统技术的结合，可以确立污染物质进入水体的具体位置，可以采取针对性强的治理措施，能够解决目前在水污染控制措施中非点源的控制问题。

美国国家环境保护局已经将化学源追踪技术作为水质管理规划的重要组成部分，并且已在美国全国范围使用 ARA 技术鉴定粪便的大肠菌来源，从 4 种来源（家畜、家禽、人和宠物）中确定有关百分比来支持粪便的大肠菌 TMDL 污染限排等政策的实施。现有的研究也已证实将化学源追踪技术用于执行 TMDL 计划是最有效地进行污染负荷配置的方法，除此之外，在美国非点源污染控制决策中最受重视的最佳管理措施（best management practices，BMPs）也将化学源追踪技术的分析结果直接应用到水质改善中，为流域水质管理做出贡献。这些水质管理规划的成功应用事例都充分地说明化学源追踪技术已经从研究领域过渡到了立法管理领域。

7.3　营养盐追踪技术

水体中氮的来源主要为自然过程和人为作用。其中人为因素造成的氮含量升高可带来一系列环境问题，如湖泊、河流及沿海地区水体的富营养化，脆弱环境的酸化及饮用水质的恶化等。面对 NO_3^- 的危害及地表水污染现状，重视并开展对地表水中 NO_3^- 的污染来源、污染机理和污染防治的研究有其重要的学术及现实意义。

7.3.1　同位素示踪技术原理

1. 氮稳定同位素

来自自然和人类活动的氮污染物有两个稳定同位素存在，并且具有相对恒定的比例

（表 7.3.1）。同位素具有轻微的质量依赖特性，进而影响不同的化学反应速率和化学平衡中元素比例的变化。根据这一特点氮素的不同化合物中的稳定同位素可以被区别，根据同位素组成，氮污染源可以被识别。

表 7.3.1　自然环境中存在的氮同位素

氮同位素	质子数	中子数	质量数	类型	半衰期	大气中的丰度
^{14}N	7	7	14	稳定	—	99.633%
^{15}N	7	8	15	稳定	—	0.366%
^{12}N	7	5	12	放射性	11 μs	微量
^{13}N	7	6	13	稳定	10 min	微量
^{16}N	7	9	16	稳定	7.1 s	微量
^{17}N	7	10	17	稳定	4.16 s	微量
^{18}N	7	11	18	稳定	0.63 s	微量

氮是环境中最重要和最敏感的元素之一，在自然界中氮素存在 7 种同位素。其中 ^{14}N 和 ^{15}N 的原子核是稳定的，它们在大气圈中的丰度分别为 99.633% 和 0.366%，其原子比值一般为 $\dfrac{1}{272}$。

2. 氮同位素分馏机理

氮同位素分馏是指氮同位素在任意两种氮素或两种物相间的不均匀分配现象。分馏程度通常用分馏系数表示。根据体系所处的最终状态可将氮同位素分馏分为平衡分馏和动力学分馏两大类，相应的分馏系数称为氮同位素平衡分馏系数（α）和氮同位素动力学分馏系数（α^{κ}）。定义为

$$\alpha（或~\alpha^{\kappa}）= R_A/R_B$$

式中：R 为氮同位素 ^{15}N 与 ^{14}N 比值；A、B 分别为两种氮素或两种物相。

平衡分馏系数（α）的大小通常只是温度的函数，造成平衡分馏的主要机理是氮同位素交换反应。动力学分馏系数（α^{κ}）的大小不仅与温度有关，还与时间、反应速度和反应进行的程度及体系所在的物理化学及生物地球化学条件有关，因而具有更大的不稳定性和复杂性。但对一定的体系来说，分馏的方向通常不会因上述条件的变化而变化。例如在反硝化过程中，反硝化产物 N_2 总是优先富集 ^{14}N，而残留硝酸盐则相对富集 ^{15}N，这一点不会改变，所以硝酸盐与反硝化物 N_2 之间的分馏系数总是大于 1，即

$$\alpha^{\kappa} = \frac{R_{NO_3^-}}{R_{N_2}} = \frac{(^{15}N/^{14}N)_{NO_3^-}}{(^{15}N/^{14}N)_{N_2}} > 1$$

发生在环境中的氮同位素分馏主要是动力学分馏。按产生分馏的机理可分为两类：

一类与生物地球化学过程有关，如固氮、同化、胺化、硝化和反硝化作用；另一类与无机物理化学过程有关，包括氮的挥发和土壤的离子交换和吸附作用。由上述过程引起的氮同位素分馏多数情况下是与氮转化过程相伴的（图 7.3.1）。

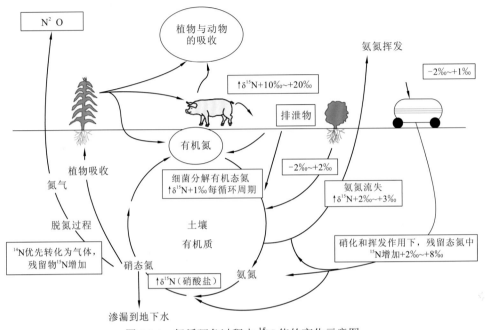

图 7.3.1　氮循环各过程中 ^{15}N 值的变化示意图

1）固氮作用

固氮作用是生物圈氮循环的重要过程，它使大气 N_2 进入生物体转化为有机氮。当生物死亡腐烂后，有机氮转入土壤或地下水，若进一步转化将变成 NO_3^--N。因此，研究固氮作用引起的氮同位素分馏将有助于了解 NO_3^--N 的同位素组成特征。国外学者研究表明，豆科植物和固氮菌多固定的氮与大气 N_2 之间只存在极少的氮同位素分馏，固定氮的 $\delta^{15}N$ 只比大气 N_2 平均低 0.72‰，说明由固氮作用引起的分馏是很少的。

2）同化作用

同化作用是生物利用土壤和水中营养氮的重要过程，也是无机氮向有机氮转化的主要形式。同化作用引起的氮同位素分馏与固氮作用相似，也是很少的，但微生物和高等植物的情况有所不同，微生物中同化作用引起的分馏较大，而高等植物中同化作用引起的分馏则很少。总体来说，因同化作用而进入微生物或高等植物中的无机营养氮是贫化 ^{15}N 的。

3）矿化作用

矿化作用是指有机氮化合物的降解或无机化过程，由于降解的最终产物通常是 NH_4^+，其又称为铵化作用。铵化作用形成的 NH_4^+ 将比原来的有机氮贫化 ^{15}N。从有机氮向 NH_4^+ 转化的过程中，产物 NH_4^+ 的 ^{15}N 将降低 5‰～10‰，而残留有机氮则相对富集 ^{15}N。

4）硝化作用

硝化作用，它是使 NH_4^+ 通过自养型微生物氧化为 NO_3^--N 的过程。反应可分为两步进行：

$$NH_4^+ + 1.5O_2 \longrightarrow NO_2^- + H_2O + H^+ + 能量$$
$$NO_2^- + 0.5O_2 \longrightarrow NO_3^- + 能量$$

这两个过程导致硝化产物 NO_3^- 中的 ^{15}N 的贫化，常温下的贫化程度为 18‰左右。

在地表和土壤环境中，硝化作用是经常发生的，土壤中 NO_3^- 累积和地下水中 NO_3^- 的污染都直接或间接地受到硝化作用的控制。土壤和地下水中的 NO_3^- 的同位素组成特征在很大程度上也受控于由硝化作用引起的氮同位素分馏。由于 NO_3^- 所处环境的物理化学条件不同，NO_3^- 的 ^{15}N 值可能存在较大的分布范围。因此，在分析研究具体问题时要充分考虑环境的物理化学条件。

5）反硝化作用

反硝化作用，它是指 NO_3^- 通过微生物还原为气态氮（N_2、N_2O）的过程。参加反硝化作用的微生物通常以异养型细菌为主，故其细胞合成需要有机碳作为能源。反硝化作用对于自然界的氮平衡过程具有重要影响。研究结果表明，在地球表面和近地表环境中有 99%以上的氮以 N_2 存在，它们通过固氮、同化、矿化和硝化等一系列物理化学及生物地球化学作用转变成有机氮及各种无机氮化合物。据已知的固氮速率估算，假如自然界中没有反硝化作用将 NO_2^-/NO_3^- 重新转变成 N_2 的话，大气圈中的氮到不了一百万年就会消耗殆尽。最终结果是绝大部分氮都变成 NO_3^-，这是不可想象的。可见反硝化作用对于保持自然界的氮平衡是何等重要。在水土环境中，反硝化作用对减轻土壤中 NO_3^- 的积累和地下水中的 NO_3^- 的污染也起着重要作用。

反硝化作用的氮同位素分馏非常显著，残留 NO_3^- 比反硝化物 N_2/N_2O 明显富集 ^{15}N。但不同研究学者在不用条件下得到的分馏系数也存在很大差异。这种现象表明，在反硝化过程中，氮同位素分馏是非常复杂的，影响因素很多，其分馏系数可能受体系的 NO_3^- 浓度、氧化压、温度及还原细菌的数量等许多因素制约。反硝化作用必然使体系中的硝酸盐含量降低，与此同时残留在体系中的硝酸盐则相对富集 ^{15}N。

6）离子交换反应

自然界中与氮有关的离子交换反应主要发生在 NH_4^+、NO_3^-、NO_2^- 等离子与土壤或黏土之间，其中以 NH_4^+ 与土壤或黏土的交换最为容易。许多研究结果表明，变换后的 NH_4^+ 是富集 ^{15}N。

7）氮的挥发作用

在含有 NH_4^+ 的体系中，NH_3 的挥发将导致 NH_4^+ 明显富集 ^{15}N。如果体系的气相、液相之一发生同位素交换反应：$^{14}NH_4^+ (ag) + {}^{15}NH_3(g) \longrightarrow {}^{15}NH_4^+ (ag) + {}^{14}NH_3(g)$ 且达到平

衡。通过理论计算得到常温（25℃）下的分馏系数为 1.034，说明在平衡状态下发生 NH_3 挥发将使 NH_4^+ 富集 34‰的 ^{15}N，而且在常温下分馏系数是个常数，这在理论上是成立的。但在自然环境中，氮的挥发常常不是平衡过程，而是极为复杂的动力学过程，所以体系中残留 NH_4^+ 的 $\delta^{15}N$ 值也就很高。

总之，在环境中，上述 7 种过程都可能引起氮同位素的分馏，从而控制土壤和水体中 NO_3^- 的同位素组成变化。其中固氮、同化、矿化和离子变换等过程引起的分馏较小，对水中 NO_3^- 的同位素组成变化没有明显的直接影响，而硝化、反硝化和氮的挥发则是影响水中硝酸盐同位素组成变化最直接和最重要的过程。

3. 水中硝酸盐来源

1）天然土壤中的硝酸盐

天然土壤中的 NO_3^- 主要来源于土壤有机氮或腐殖质的降解和硝化。而土壤有机氮或腐殖质中的氮则来源于植物的固氮作用。由于固氮作用引起的氮同位素分馏非常小，因而未开垦的土壤中有机氮的 $\delta^{15}N$ 与大气氮相似，一般为 0 左右，而后来的硝化作用又使新生成的 NO_3^- 进一步贫化 ^{15}N，于是 NO_3^- 中的 $\delta^{15}N$ 就更低，从理论上讲应为负值。例如北京西部自然土中 NO_3^- 的 $\delta^{15}N$ 仅为-1.9‰。而耕作土壤的情况则有所不同，其中 NO_3^- 中的 $\delta^{15}N$ 比未开垦的土壤 NO_3^- 中的 $\delta^{15}N$ 明显更高，$\delta^{15}N$ 比较典型的变化范围为 0‰～+8‰。

2）粪便形成的硝酸盐

粪便是水体中 NO_3^- 的主要非点源污染源之一。受粪便污染或施粪肥的土壤中 NO_3^- 中的 $\delta^{15}N$ 较高。美国得克萨斯州某地化肥池和牛圈土壤剖面中 NO_3^- 中的 $\delta^{15}N$ 变化范围为 +10‰～+22‰。据邵益生等（1992）的研究，采自北京丰台西局某地粪堆的粪肥凯氏氮与附近菜地土壤凯氏氮的 $\delta^{15}N$ 都较高，其中畜类的 $\delta^{15}N$ 为+9.7‰，附近土壤的 $\delta^{15}N$ 为 +10.0‰，人类的 $\delta^{15}N$ 为+15.4‰，附近土壤的 $\delta^{15}N$ 为+13.0‰。显然，菜地土壤氮的主要来源是附近的化粪堆。资料表明，与粪便源有关的 NO_3^- 中的 $\delta^{15}N$ 升高主要与氮的挥发作用有关。粪便中 80%的氮含在尿里，而尿的 50%～80%为尿素（$CO(NH_2)_2$）。因此尿素的化学性质和变化特征对粪便氮的转化及同位素分馏起着主导作用。在常温条件下，尿素水解生成二氧化碳和氮气：$CO(NH_2)_2(aq) + H_2O(aq) \longrightarrow CO_2(g) + 2NH_3(g)$，25℃时，$\Delta G_0 = 290$ cal[①]，表明该反应能自发进行。CO_2 和 NH_3 溶于水后形成弱酸（CO_3^{2-}、HCO_3^-）和弱碱（NH_4^+），每形成 1 mol CO_3^{2-} 或 HCO_3^- 便同时产生 2 mol NH_4^+，溶液中 H^+ 的大量消耗，使 pH 升高，从而引起 NH_3 的挥发并导致强烈的同位素分馏，使残留在体系中的 NH_4^+ 及由此硝化形成的 NO_3^- 明显富集 ^{15}N。如得克萨斯州某地牛圈和饲养场被牲口尿湿的土壤中，NH_3 中的 $\delta^{15}N$ 很低，为-21.0‰～-21.6‰，NO_3^- 中的 $\delta^{15}N$ 则很高，为+13.8‰～ +19.5‰，分馏幅度达 35.4‰～40.8‰（Kreitler，1975）。可见 NH_4^+ 的挥发的确是造成粪

---

① 1 cal = 1 cal_{rr}（国际蒸汽表卡）= 4.186 8 J

便源硝酸盐 $\delta^{15}N$ 升高的主要原因,而升高的幅度又与氮的挥发有关,挥发程度越高。$\delta^{15}N$ 升高的幅度也就越大。化粪池(堆)及与粪便有关的土壤环境在通常情况下 pH 都比较高,有利于氮的挥发。在这些环境中形成的 NO_3^- 都可能具有较高的 $\delta^{15}N$,但由于不同环境物理化学条件的差异而引起的氮的挥发程度不同,必将导致这类 NO_3^- 的 $\delta^{15}N$ 具有较大的变化幅度,$\delta^{15}N$ 典型的变化范围是 +10‰~+22‰。

3)合成化肥形成的硝酸盐

人造化肥对水体的污染日益严重,在这里主要指人造氮化肥。人造氮化肥主要包括碳酸氢铵、硫酸铵、尿素、氨水、硝酸铵和硝酸钾等。已有资料表明,化肥氮的 $\delta^{15}N$ 较低,变化范围为 -7.4‰~+3.0‰,平均值为 0。上述氮肥的绝大多数都含氨基,因此在施化肥过程中可能不同程度地发生氮的挥发,故残留在土壤中的 NH_4^+ 或由此而形成的 NO_3^- 相对富集 ^{15}N。例如在中国农业科学院原子能研究所苗圃中施用化肥的实验土中,NO_3^- 的 $\delta^{15}N$ 高达 +9.9‰。另外在长期施用化肥的得克萨斯州某冲积扇土壤中 NO_3^- 的 $\delta^{15}N$ 也比较高,变化范围为 +2‰~+14‰,平均值为 +8.8‰。曹亚澄等(1993)调查了中国主要氮肥的 ^{15}N 天然丰度,结果统计表明:化肥氮的 $\delta^{15}N$ 变化很大(-5.61‰~+21.33‰),但除硝态氮肥的 $\delta^{15}N$ 较高外,90% 以上的化肥氮 $\delta^{15}N$ 为 -4‰~+4‰。造成 $\delta^{15}N$ 变化范围如此宽的原因可能是在不同地点或不同环境条件下,施肥过程中氮的损失程度不同,损失越大,$\delta^{15}N$ 越高。在该报道中测得范县金村施肥土中 $\delta^{15}N$ 为 6.92‰。化肥来源的 NO_3^- 和土壤有机氮矿化生成 NO_3^- 的 $\delta^{15}N$ 部分重叠,这给区别两种来源 NO_3^- 带来困难。根据焦鹏程(1992)的研究及课题组的实践和国外资料,较高含量的 NO_3^- 和较低的 $\delta^{15}N$(<6‰)是研究区水中化肥来源硝酸盐的特征。

4)污水形成的 NO_3^-

污水形成的 NO_3^- 污染有两种,生活污水和工业污水。生活污水的氮化学组成以 NH_4^+ 中的 N 为主,约占总氮的 80%~90%,其次是有机物中的 N,约占 10%~15%;而 NO_3^- 和 NO_2^- 中的 N 含量均很低。其中有机氮主要成分来自天然有机物中的蛋白质和氨基酸,NH_4^+ 则主要是这些有机氮的降解产物。由此可见,由生活污水转化形成的 NO_3^- 中的 N,其同位素组成应与天然土壤的 NO_3^- 中的 N 具有相似性。例如,北京丰台污水灌溉区菜地土壤中硝酸盐的 $\delta^{15}N$ 变化范围为 +3.1‰~+5.6‰,正好处在天然土壤中 NO_3^- 的 $\delta^{15}N$ 变化范围内(+2‰~+8‰)。工业污水的氮化学组成也以 NH_4^+ 中的 N 为主,约占总氮的 80%~90%,而有机氮只占 5% 左右。与生活污水相比,工业污水的总氮和有机氮浓度明显下降,NO_3^- 中的 $\delta^{15}N$ 含量显著上升,而 NH_4^+ 中的 $\delta^{15}N$ 和 NO_3^- 中的 $\delta^{15}N$ 主要来源于工业生产过程及其化学制品。因此,工业污水的氮同位素组成可能更接近于氮化肥。例如,北京石景山工业污水中 NO_3^- 的 $\delta^{15}N$ 为 +2.9‰,该值正好与化肥及化学试剂中 NO_3^- 的 $\delta^{15}N$ 相近。

水中 NO_3^- 的潜在污染源主要有 4 种类型,并且有各自特征的氮同位素组成。来自非点源污染的硝酸盐在进入水体之前,多数情况下都要经过土壤环境,并在土壤中留下氮同位素标记。因此，比较土壤和水中NO_3^-之间氮同位素组成的差异是鉴别水中NO_3^-来源的主要依据。但由于水是流动介质，其环境的物理化学条件与土壤不同，当土壤NO_3^-通过淋滤或入渗输入地下水后，水体的氮化学组成将会改变，与此同时水中NO_3^-的氮同位素组成也可能发生变化。

4. 氮同位素组成特性

1）氮同位素组成的继承性

通常所说的氮同位素组成是指^{15}N和^{14}N的原子比值，或其比值相对于标准大气的千分偏差值$\delta^{15}N$。当其中氮素物质从一种环境向另一种环境迁移时，如果不发生物相或化学转变，其同位素组成不会因环境的改变而变化，从而具有继承性。这是由^{15}N和^{14}N原子核的稳定性决定的。

在水土系统中，土壤或其他来源的硝酸盐进入水体以后，如不发生反硝化作用它们将继承土壤或其他来源硝酸盐的同位素组成特征。Kreitler（1975）首先发现美国得克萨斯州某地一些牛圈和化粪池中土壤的NO_3^-与附近浅层水中的NO_3^-具有相似的$\delta^{15}N$。美国密苏里州、纽约长岛和北京等地也有类似现象。如邵益生和纪杉（1992）测得北京北郊一亩园污灌区土壤中硝酸盐的$\delta^{15}N$为+10.2‰～+11.9‰，与附近浅井（上层滞水）中硝酸盐的$\delta^{15}N$（+10.9‰～+11.4‰）也很接近。

显然继承性是普遍存在的，它是水中硝酸盐氮同位素组成的最基本特征，也是氮同位素示踪的基本依据。但必须注意两点：第一，这里所说的继承性强调的是NO_3^-在迁移过程中不发生化学交换，否则将发生分馏而失去继承性；第二，当水中有一种来源的NO_3^-时，氮同位素组成的继承性便简单地表现为$\delta^{15}N$的相似性。当水中存在两种或两种以上来源的NO_3^-时，氮同位素的继承性仍然存在，但表现出的不是相似性，而是混合特征。

2）氮同位素组成的混合特征

水是流动介质，不同来源的水常常发生混合，作为溶解于水中的硝酸盐与其他化学物质一样，自然也会发生混合。由于不同来源的NO_3^-在氮同位素组成上可能存在差异，因此水中的NO_3^-的氮同位素组成也将发生混合并改变其原来的特征。假如混合过程不伴随体系的氮化学转化，混合后氮同位素组成的变化应服从简单混合规则。

根据质量守恒定律，在二元组分（a，b）发生混合（m）的情况下，混合前后体系中的水（V）、硝态氮含量（C）和$\delta^{15}N$分别存在如下平衡：

水量：$V_m = V_a + V_b$

水质：$V_m C_m = V_a C_a + V_b C_b$

同位素：$V_m C_m \delta^{15}N_m = V_a C_a \delta^{15}N_a + V_b C_b \delta^{15}N_b$

若分别测定了混合前后体系中硝态氮的$\delta^{15}N$，则可通过上述公式求出两种来源的硝态氮在混合体系中所占的比例F_a和F_b：

$$F_a = \frac{V_a C_a}{V_m C_m} = \frac{\delta^{15}N_m - \delta^{15}N_b}{\delta^{15}N_a - \delta^{15}N_b}$$

$$F_b = 1 - F_a$$

对于三元或多元混合体系，同样也存在水量、水质和同位素的平衡。

3）氮同位素组成的分馏特点

就水中的 NO_3^- 而言，可能引起氮同位素分馏的过程只有反硝化作用，反硝化过程使水中的硝酸盐浓度降低。由于轻、重同位素分子之间反应速度常数存在差异，$^{14}NO_3^-$ 分子的反应速度大于 $^{15}NO_3^-$ 分子，于是在反硝化产物（N_2 或 N_2O）中将优先富集 ^{14}N，而残留在水中的硝酸盐则相对富集 ^{15}N。同理，在反硝化产物（N_2 或 N_2O）中将优先富集 ^{16}O，而残留在水中的硝酸盐则相对富集 ^{18}O。因此在反硝化作用比较显著的水中，NO_3^- 浓度的降低必然伴随着硝酸盐 $\delta^{15}N$ 和 $\delta^{18}O$ 的升高。或者说硝酸盐的 $\delta^{15}N$ 和 $\delta^{18}O$ 与浓度之间存在负相关，并且 $\delta^{15}N$ 和 $\delta^{18}O$ 之间也存在一种线性关系，用它们来判断 NO_3^- 的起源和迁移过程的解释更加可靠。

Mengis 等（1999）在研究河边地带水中 NO_3^- 浓度的演变时发现，从分水岭到排泄的河边地带的浅层水（<1.5 m）中 NO_3^- 浓度急剧下降（从 12 mg/L 降到 0）。而残余 NO_3^- 中的 $\delta^{15}N$ 和 $\delta^{18}O$ 则明显增大。这说明细菌的反硝化作用影响了氮的迁移。对于草莓溪（Strawberry Ckeek）地区所有地下水来说，$\delta^{15}N$ 和 $\delta^{18}O$ 存在一种有意义的线性关系。有学者在研究菲尔伯格菲尔德（Fuhrberger Feld）地区水时也有相同的发现。$\delta^{15}N$ 和 $\delta^{18}O$ 呈线性相关，相关方程为 $\delta^{18}O = 0.48 \times \delta^{15}N + 3.89$，$R^2 = 0.95$，反硝化过程中硝酸盐 ^{15}N 的富集比率是 ^{18}O 的两倍。

7.3.2　同位素示踪技术方法

1. 水样采集与保存方法

可采用国产强碱性苯乙烯系阴离子交换树脂，氯型树脂，交换柱的规格为 12 cm×2 cm，装 2 mL 的树脂，即 2.4 mg 当量交换容量为 1.2 meq/mL。在使用之前，先向层析柱内加入 2 mL 1.25 mol/L 的 $CaCl_2$ 溶液，目的是检验交换树脂的节点是否完全被氯离子所占据。然后用 10 mL 去离子水分 5 次（每次 2 mL）冲洗交换树脂，以便冲洗掉过多的氯离子。最后再加入 0.5 mL 的去离子水，以保证交换树脂床是完全饱水的。最后用橡皮塞密封交换柱，在室温下保存备用。

根据水样中 NO_3^- 浓度，确定采集地表水样量为 10～15 L。将水样用 0.45 μm 的聚碳酸酯膜过滤，去掉水中的颗粒物，以防止其阻塞交换树脂。阴离子交换柱在使用前，将水样通过专门的交换装置。通过调节分液漏斗上的活塞控制交换柱的流速为 5～15 mL/min。

2. 阴离子交换柱洗脱过程

在实验室，将阴离子交换柱放在试管架上（同时放 13 个交换柱，以便同时进行解吸）。

对每一个阴离子交换柱准备 15 mL 的 3 mol/L 盐酸（3 mol/L 盐酸为 0.2 L 36%~38%的盐酸和 0.6 L 的一级水配比），分 5 次向交换柱内加入，每次 3 mL。每次加入 3 mL 盐酸，控制流速为 2~5 mL/min，3 mL 盐酸洗脱完以后，用一个吸耳球向交换柱内施加点压力，把粘在树脂上的洗脱液赶走，然后再进行下一次洗脱，这样有利于洗脱完全。同时，把先后得到的 15 mL 含有 NO_3^- 的洗脱液收集在烧杯中。

3. 制备无水 AgNO₃

将收集交换液的烧杯放在冷水浴上，加入过量的 Ag_2O 进行中和（逐次向洗脱液中加入 Ag_2O，每次加入 1 g），将溶解性 NO_3^- 转化为 $AgNO_3$。每次加入 Ag_2O 后要用玻璃棒充分搅拌，用玻璃棒的末端把硬壳捣碎，因为硬壳能包住未反应的试剂。最后用 pH 试纸检验，pH 在 5.5~6.0。

用过滤方法去除 AgCl 沉淀，把滤液收集在 100 mL 的塑料三角瓶中，最后用去离子水冲洗过滤器使滤液总体积达到约 40 mL。

1）测氮同位素的无水 AgNO₃

将 40 mL 样品等分 20 mL，测量 $\delta^{15}N$ 的样品放入塑料蒸发皿中，测量 $\delta^{18}O$ 的样品装在 100 mL 的塑料三角瓶中，要尽可能减少样品的曝光。先将测量 $\delta^{15}N$ 的蒸发皿放入冰箱冷冻，使样品冷凝，防止液体在冷冻干燥过程中飞溅。用保鲜膜密封后，用牙签扎孔，便于后期的冷冻干燥。将处理后的蒸发皿放入冷冻干燥机中进行 48 h 干燥，得到无水 AgNO₃，遮光保存。

2）测氧同位素的无水 AgNO₃

为减少主要含氧成分（SO_4^{2-} 和 PO_4^{3-}）对 NO_3^- 中 $\delta^{18}O$ 测定的干扰，由于 PO_4^{3-} 含量一般比较少，所以根据 SO_4^{2-} 含量在 100 mL 的塑料三角瓶洗脱液中加入 2 mL、1 mol 的 $BaCl_2$ 溶液，冰箱冷藏处理过夜，使硫酸钡和磷酸钡充分沉淀，然后通过 0.45 μm 的滤膜过滤将沉淀去除，留下清液备用。

为了有效去除有机质对 NO_3^- 中 $\delta^{18}O$ 测定的干扰，每 20 mL 溶液加 2.5 mg 的 Norit2 G-60 活性炭加入样品中，在振荡仪上振荡，转速 180 r/min，时间 20 min，然后用事先冲洗好的 0.45 μm 滤膜过滤去除活性炭。把除掉有机质和 SO_4^{2-} 后的清液从顶端注入阳离子交换树脂柱，控制流速为 2~5 mL/min，并用去离子水冲洗交换柱。用过量的 Ag_2O 来中和样品，使 pH 达到 6，通过 0.45 μm 的滤膜将得到的 AgCl 沉淀和多余的 Ag_2O 过滤掉，留下滤液备用。将测量 $\delta^{18}O$ 的蒸发皿放入冰箱冷冻，使样品冷凝，防止液体在冷冻干燥过程中飞溅。用保鲜膜密封后，用牙签扎孔，便于后期的冷冻干燥。将处理后的蒸发皿放入冷冻干燥机中进行 48 h 干燥，得到无水 AgNO₃，遮光保存。

4. NO_3^- 中 $\delta^{15}N$ 和 $\delta^{18}O$ 的测试

将制好的 AgNO₃ 放入 MAT 253 型稳定同位素质谱仪的元素分析仪中，测定其 ^{15}N 和 ^{18}O 同位素的组成。

7.3.3　营养盐追踪技术的应用情况

1. 氮同位素技术的应用

营养盐追踪技术的核心是氮同位素示踪技术。自 20 世纪以来,同位素示踪技术在农业生态系统中得到了广泛的应用和迅猛发展,对营养元素、有毒有害元素在土壤、大气、生物中的迁移、转换、累积规律及其对土壤的侵蚀、污染历史等方面的研究起了很重要的作用,极大地推动了环境科学、农业科学及生命科学的发展,已成为这几门学科研究的重要方法和工具之一。

水体中氮的来源主要为自然过程和人为作用。

2. 非点源污染模拟技术的应用

根据同位素示踪研究结果,研究区小流域 NO_3^- 的来源主要是农田化肥、畜禽粪便或生活污水。作为丹江口水库的库周小流域,研究区小流域的氮流失将会直接影响丹江口水库水质,因此有必要对研究区小流域的氮流失进行模拟和追踪,通过追踪氮的来源从源头控制氮的流失,保护丹江口水库水质。

7.4　细菌源追踪技术

7.4.1　细菌源追踪技术原理

细菌源追踪技术是一种通过分析水体中粪细菌确定污染物来源的技术。其技术原理是:每种生物污染源的粪细菌群落由一定比例的不同类型细菌组成,在已知生物污染源粪细菌组成特征的基础上,可以通过统计分析的手段,判断水体不同生物污染源的贡献量。

在细菌源追踪技术中,抗生素抵抗力分析法(antibiotic resistance analysis,ARA)的特点是准确性较高、经济性较好,因此应用较普遍,其技术原理是:根据不同生物污染源的细菌群对抗生素的抵抗能力,判断细菌类型。细菌源追踪的基本流程见图 7.4.1。

7.4.2　细菌源追踪技术的应用步骤

细菌源追踪技术主要包括三个重要环节,即样品采集、已知源数据库的建立和水样分析及污染源的识别。

1. 样品采集

细菌源追踪技术的采样分已知源样品的采集和水质样品的采集。

图 7.4.1　细菌源追踪研究基本流程图

细菌源追踪技术一般按照流域为单元建立已知源数据库，已知源样品的采集按照项目区的面积来确定样品数量，并对已知污染来源进行分类。为确保已知源数据库分析识别的准确率，样品采集必须满足两个条件：①建立已知源数据库需要有足够的数据量，每一类已知源不少于 15 个样品；②采集源样本的范围要求涵盖整个研究区域或流域。

水质样品的采集按照流域的特点进行监测点的布设，并进行定期采集。通过细菌源追踪分析，对水质进行评价和识别。

2. 建立已知源库

通过已知污染源样品的实验室分析，根据对其特异性分析，运用统计学原理获得不同已知源的特征码或"指纹"，进而建立已知源的"指纹"识别数据库，以此确定水污染中污染种类及来源。建立已知源库示意图见图 7.4.2～图 7.4.4。

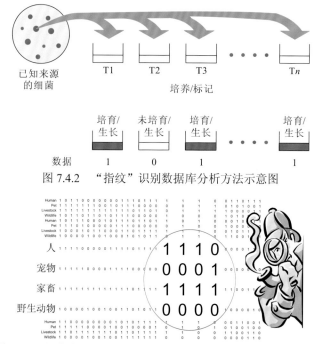

图 7.4.2　"指纹"识别数据库分析方法示意图

图 7.4.3　抗生素抵抗力分析法所获得的已知源"指纹"的示意图

大肠杆菌限制性内切

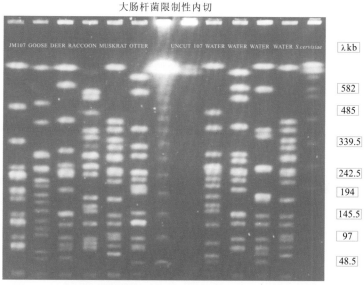

图 7.4.4　脉冲电场凝胶电泳方法所获得的已知源"指纹"的示意图

3. 水样分析及污染源的识别

运用数理统计分析,使细菌源与已知源数据库建立一种相关关系,使每一类污染源有其独特的"指纹",就像每一类商品有其单独的条形码一样。

通过对水样进行 BST 分析,利用已知源数据库对水体的由排泄物引起的污染进行来源识别和评估，为制订针对性的非点源控制措施提供依据。具体方法见图 7.4.5。

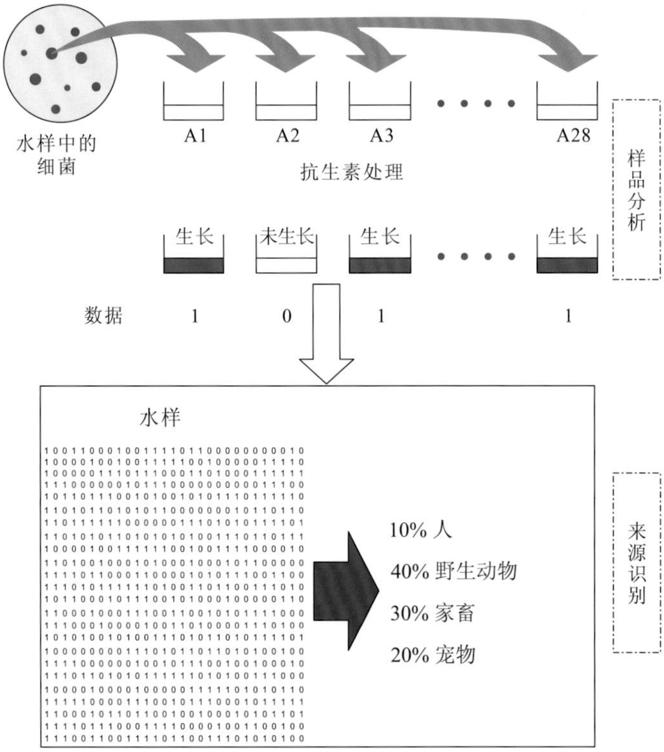

图 7.4.5　水质的污染源识别示意图

细菌非点源污染追踪的方法按鉴别分析研究方式的不同分为表型方法（即生物化学方法）和基因方法（即分子方法）两大类。

自细菌源追踪方法诞生的 20 多年里，其生物化学方法和分子方法都得到了迅速的发展。表型方法以微生物基因产生生化物质效应为基础，分析得出生化产物的类型和数量。通过这些特征的差异区分各个种属的细菌。目前常用的表型方法包括抗生素抵抗力分析法和碳源利用法（carbon source utilization）。分子（基因）方法依赖于"DNA 指纹"，将不同种类大肠杆菌或其子属独一无二的基因组分作为分子方法的基础。通过分析菌株特定的基因位点或染色体多态性判别污染物种类。目前基因方法包括特异性菌株聚合酶链式反应法（strain specific PCR）、16SrRNA 基因法、DNA 随机片段扩增法（amplified fragment length polymorphism，AFLP）、寄主特异性毒素基因法（Host-specific toxin Genes）、脉冲电场凝胶电泳法（pulsed-field gel electrophoresis，PFGE）、脱氧核糖核酸法（ribotyping）、噬菌体分型法（phage typing）、限制性片段长度多态性（restriction fragment length polymorphism，RFLP）分析、重复序列聚合酶链式反应法（repetitive element sequence PCR，rep-PCR）、随机扩增多态性 DNA 分析法（random amplification of polymorphic DNA，RAPD）、基因谱图法。其中，抗菌素抵抗力分析法和脉冲电场凝胶电泳法是目前较为常用的细菌源追踪方法。

7.4.3 细菌源追踪技术方法

1. 表型方法（phenotypic methods）

1）抗生素抵抗力分析法

抗生素广泛应用于治疗人类的疾病感染中，目前在动物饲料中也加入了抗生素。细菌对于抗生素抵抗力的表现不仅存在于人类粪便，还存在于家禽，牛及猪粪便中。抗生素抵抗力分析法是分析人类和动物的粪大肠菌群在抗生素抑制生长下表现出不同程度抵抗力的细菌源追踪方法。当人类或动物肠道中栖息的大肠杆菌在应用抗生素时会表现出抗药性的不同。而不同的抗药类型恰好反映了微生物群落的存在。这些不同的类型就被认为是表型的"生物指纹"。抗生素抵抗力分析法以不同微生物群粪源暴露在不同抗生素及不同浓度的抗生素下时，各种属粪大肠菌群表现出的变化特征为前提，建立区域已知源数据库，并用刀切法（jackknife）分析，得到其平均准确率（average rate of correct classification，ARCC），判断其是否具有代表性，同时运用数理统计方法对微生物群间差异比例进行处理，获取非点源污染的信息及各非点源对某污染物的分配。通过分析污染水样中细菌的抵抗力模式，运用聚类分析方法，对比分析已知源数据库，鉴别水体中分离的菌落污染来源。抗生素抵抗力分析法的特点是不但能直接反映水体受某些非点源污染物的污染状况，而且能确定不同非点源污染源的贡献率。不同地区的生物因为气候、水质及饮食习惯的不同，其生物体内肠道的微生物群有所不同，即便是同类生物粪大肠菌群在同种抗生素作用下也可能表现出不同的抵抗力。因此在研究不同区域粪大肠菌群或大肠杆菌非点源污染来源时应结合当地的生物特性建立该区域的"生物指纹库"，应用这些指纹库来确定湖泊、河流中的粪源污染的源头。这种方法适用于细菌来源的追踪，任何实验室都可以采用抗生素抵抗力分析法，因为其技术本身并不需要特别的实验仪器和专业的技术人员，且实验启动经费不高。

2）碳源利用法

通过比较代谢过程中细菌对碳源及氮源利用模式的不同，判定污染来源的碳源利用法在小范围研究区域追踪细菌来源同样有效。区域环境差异导致细菌营养需求的不同，是使用碳源利用法的理论依据。Biolog 商业碳源板可以快速地鉴别超过 1400 多种好氧细菌、厌氧细菌及乳酸菌。Biolog 商业系统会在 4～24 h 内鉴别 434 种厌氧革兰氏阴性细菌。鉴别系统工具包括微型计算机工作站、测量范围在 590 nm 的光学浊度仪、微软件、酶标仪等。实验过程中可以自动记录目标细菌碳源利用的"指纹"并进行分析。

2. 基因方法（genotypic methods）

1）噬菌体分型法

研究者们发现大部分的生物中有相应种类的噬菌体。噬菌体对宿主的感染和裂解作用具有高度的特异性，即一种噬菌体往往只能感染或裂解特定某种细菌，甚至只裂解种内的某些菌株。因此，根据噬菌体的宿主范围可将细菌分为不同的噬菌型进行细菌来源追踪鉴定。

噬菌体分型方法是用特定大肠杆菌噬菌体 F-specific RNA（FRNA）攻击的特定生物体菌株来做分析，F-specific RNA（FRNA）是通过吸附到 F-或性别菌毛上而进入寄主体内的大肠杆菌噬菌体。通过血清来区别这些大肠杆菌噬菌体进而确定细菌的来源。尽管许多血清型是人类和动物共有的，但是主要的血清型无显著性交叉。F-specific RNA（FRNA）大肠杆菌噬菌体包括两类光滑噬菌体科，光滑噬菌体科可再划节分成两个属：轻小病毒（一类噬菌体）和肠肝菌噬菌体。轻小病毒和肠肝菌噬菌体各有两个子群分别为 I 和 II 及 III 和 IV。噬菌体分型的细菌源追踪方法的关键在于子群中的 I 和 IV 的噬菌体主要从动物粪便中分离，而子群中的 II 和 III 主要从人类粪源中分离出来。这一现象首先由日本的庆应义塾大学的工作小组发现。运用噬菌体分型法进行细菌源追踪是不需要建立已知源数据库的。因此，该方法只能粗略地区别人源与非人源的非点源污染。实验表明，该方法在检测生活污染、医疗废水、肉食动物屠宰场及污染处理厂发生细菌污染时追踪效果良好，但在追踪个体污染上表现出很大的局限性。

2）脱氧核糖核酸法

脱氧核糖核酸法是限制性片段多态性中 Southern 印迹杂交（blot）分析法的一种，是通过检测细菌基因序列中 16S 和 23S 的核糖体基因差异识别菌株种类。细菌基因中会有 2～11 个完全相同且高度保守的核糖体基因，用标记的 rDNA 探针与限制酶消化基因组进行杂交，得到类似于条形码的标记片段云梯图，最后通过研究人员或计算机程序解说达到鉴别菌株的目的。目前，脱氧核糖核酸法已经广泛应用于分子流行病学、分类学及大肠杆菌的鉴别等研究领域中。脱氧核糖核酸法在细菌源追踪研究中的价值在于当大肠杆菌和非大肠杆菌用生物化学实验鉴别有误的情况下，它有更强的鉴别能力。

3）脉冲电场凝胶电泳法（PFGE）

1984 年脉冲电场凝胶电泳法被首次提出。方法原理是使凝胶经过的电场由连续的改为脉冲的，这就使百万兆基大小的 DNA 片段以特定的大小尺寸进行分离，同时使得片段的分析精确性更高。脉冲电场凝胶电泳法不同于其他基因方法的地方在于染色体被分离成数百个更小的片段，这样可以对同一进化谱系的菌株的差别进行分析。现已证实脉冲电场凝胶电泳法具有相当高的鉴别能力且在大肠杆菌的研究领域中占有很大优势。

人类大肠杆菌株通过噬菌体分型法和脉冲电场凝胶电泳法进行比较分析。噬菌体分型法将菌株分为 7 种噬菌体类型。但是，脉冲电场凝胶电泳法将菌株分为 22 个不同的子类型。Tenover 研究指出脉冲电场凝胶电泳法能区别所有的菌株。脉冲电场凝胶电泳法的辨别能力最佳——能正确鉴别 29 种菌株的 28 种。

脉冲电场凝胶电泳法是重现和鉴别细菌的最佳方法之一。其技术方法、仪器设备性能及成本、操作标准等都在不断完善中。

4）重复序列聚合酶链式反应法（rep-PCR）

rep-PCR 通过扩大 DNA 相邻且重复的基因外的元素获得株系特异性的 DNA"指纹"。这种方法简单易行但是不能区别相系密切的细菌。Dombek 用 A1R 引物进行实验时，rep-PCR 十分成功。对鸡和奶牛菌株的鉴别准确率为 100%，对人类菌株的鉴别准确率为 82.8%，对鹅菌株的鉴别准确率为 81%，对鸭菌株的鉴别准确率为 78.3%，对猪菌株的鉴别准确率为 81%，对羊菌株的鉴别准确率为 89.5%。

rep-PCR 已经迅速成为常用的 DNA 分型技术。它不但操作简单，且对于大数量或小数量的菌株都适用，现已证明该方法比脱氧核糖核酸法准确性更好。

7.4.4　细菌源追踪技术的应用情况

随着工业废水和城市生活污染等点源污染量及突发性水污染事故的增多，突发性点源污染产生的时间、方式、总量的不确定性给环境管理带来了很大困难，控制措施难以有效实施，导致点源污染日益加剧，水环境质量不断恶化。用细菌源追踪技术进行点源污染追踪，是水环境质量管理科学决策的有效手段之一。

课题组建立了国内首个细菌源追踪环境诊断实验室，并运用实验手段成功在丹江口库区污染追责事件中进行了应用研究。建立了丹江口库区研究区小流域已知污染源"指纹"数据库，共有 2117 组、8 万多个数据。经过分析，所建立的已知源"指纹"数据库对污染源的识别的平均准确率为 86.4%，刀切法平均准确率为 73.5%，随机平均准确率为 36.9%。

7.5　污染源追踪实例

7.5.1　细菌源追踪技术在丹江口水库的应用

1. 研究区概况

1）自然环境

研究区位于丹江口库区习家店镇，多年平均气温为 16.1℃，年均降水量为 797.6 mm，蒸发量为 1600 mm 左右，无霜期 250 d。多年平均日照时数为 1932.7 h，年太阳辐射总量为 104 484 J/cm²。流域内水资源相对充足，水系发源于海拔 300～500 m 以上的丘陵山地。研究区属北亚热带半湿润季风气候，冬夏温差大。区内土壤类型主要有石灰土、紫色土、黄棕壤。黄棕壤数量最大，分布广泛，石灰土次之。耕地土壤中质地轻壤、中壤的面积占耕地总面积的 34%，主要是基性结晶岩、泥质岩等母质发育的土壤。土地利用现状的突出特点：山地资源利用率低，坡耕地面积较大，农业单产低；植被覆盖率低，水土流失严重。

2）社会经济

研究区属习家店镇青塘管理区，辖5个村，总人口7385人，其中农业人口6885人，农业劳动力3192人，人口自然增长率为2.58‰。人均GDP较低，主要收入来源为经济作物及烟叶种植。流域内主要家畜、家禽种类有牛、猪、羊、鸡、鸭、鹅、马，饲养方式主要是圈养和散养，饲料来源主要是农作物的秸秆、树叶，以及零星荒草地。经营方式主要是以一家一户管理为主。

3）水环境现状

研究区是汉江的一个小支流，河流流量变化规律呈现出随暴雨骤涨骤落的特征。受水土流失影响，降雨径流中颗粒态污染物浓度较高。监测结果显示：研究区氨氮浓度一般为Ⅱ～Ⅲ类，多为Ⅱ类，平均值为0.048 mg/L；总磷浓度一般为Ⅱ类，平均值为0.08 mg/L；高锰酸盐指数多为Ⅲ类，平均值为3.71 mg/L。总体而言，研究区水质良好，为Ⅲ类水质。但在暴雨径流中，颗粒态污染物浓度的增加，会造成水质下降。

研究区内以农业生产为主，无大型工矿企业，且人口数量较少，因此在该地区影响河流水质的因素主要来自农村非点源和农业非点源。农业非点源污染主要受施肥管理和暴雨侵蚀的影响，而农村非点源则更多地与农村的生活方式及管理模式有关。

在丹江口水库周边，农村缺乏统一的污水收集和垃圾收集系统，生活垃圾和人畜排泄物往往在村庄空地无序堆放，在暴雨径流的作用下，垃圾堆放地及人畜排泄物堆放点的污染物，尤其是微生物、大肠杆菌等致病生物随径流进入河流或地下水，造成饮用水源水质恶化。

在对农村生活习惯的调查中发现，农村生活污水未经任何处理，直接排入村庄周边的水渠或直接泼洒至村庄附近空地。这种生活习惯造成村庄附近土壤富集大量营养物质，在降雨径流的作用下，增大了河流污染风险，且污水直排直接影响河流局部水质状况。

2. 细菌源追踪已知源数据库的建立

1）源样的采集

实验设计包括在整个流域内源样品的采集和监测点的选择。

源样品将按照人、家畜、家禽和宠物按比例进行分配。对于每一个样品，利用细菌源追踪技术分析8个分离株，以建立已知源库。2007年10～12月对典型研究区——丹江口库区清塘河小流域进行已知源样品的采集，共采集300份。考虑到已知源数据库有效性，已知源样品经实验室分析，有效已知源样品265份，其中人63份、家畜84份、宠物41份、家禽77份，具体见表7.5.1。

表 7.5.1　细菌源追踪数据库源样品数

来源	源	样品采集数量	布点分布
人	化粪池、厕所……	63	五龙池、王家岭各 20 份，研究区 12 份、朱家院 11 份
家畜	牛、羊、马、猪……	84	五龙池 30 份、王家岭各 20 份，研究区 15 份、朱家院 19 份
宠物	狗、猫……	41	五龙池 12 份、王家岭各 10 份，研究区 13 份、朱家院 6 份
家禽	鸡、鸭、鹅	77	五龙池 25 份、王家岭各 18 份，研究区 18 份、朱家院 16 份
总计		265	

2）实验室分析

选取合适的抗生素及浓度是抗生素抵抗力分析法成功的关键，包括以下步骤。

（1）抗生素的选择。由于抗生素要用于动物或人，必须经过挑选。开始时，应在较大范围（抗生素的种类、浓度）进行测试，然后尽可能减少抗生素的种类和浓度组成，使所建立的数据库能够达到足够的分辨率。

（2）抗生素浓度的确定。通过抗生素抵抗力分析研究，应用 9 种抗生素在 4 种不同浓度下评价粪大肠菌群的抵抗力类型，它们的取值分别是头孢氨苄 $2\sim80\ \mu g/mL$，阿莫西林 $10\sim40\ \mu g/mL$，新霉素 $5\sim50\ \mu g/mL$，盐酸氯四环素 $10\sim80\ \mu g/mL$，土霉素 $10\sim80\ \mu g/mL$，链霉素 $10\sim80\ \mu g/mL$，四环素 $5\sim60\ \mu g/mL$，红霉素 $5\sim60\ \mu g/mL$，万古霉素 $2\sim60\ \mu g/mL$。

3）源数据库的评价

I. 随机化检验

随机化检验（randomized test）算法的思想是，如果样品 X 和 Y 没有差异，则个体在样品 X 和 Y 中的分布是将混合样品中的个体随机地分入与原样品等大小的两个样品的结果。

这些方法虽然互有差异，但它们有一个共同特点，就是不需要对样本及待估量做任何分布假定，直接由观察数据计算置信度。除此之外，随机化检验方法还适用于小样本及样本非随机的情形。

细菌源追踪中随机化检验的一般方法：将已知源样品随机分类命名；建立新的随机模型，并计算分类平均准确率。

判别标准：当已知源分为 4 类时，计算的随机平均准确率（randomized ARCC，RARCC）应该接近 25%；如果 RARCC＞25%表明存在伪聚类（pseudo clustering）或者已知源数据库数据量不足。

RARCC 的计算运用 JMP 统计软件完成，一般当 RARCC＜40%可视为该数据库可信可用。

II. Jackknife 分析法

Jackknife 技术是一种估计复杂函数变量变异程度的非参数估计方法，其基本原理：①重组原始数据；②利用重组的原始数据计算变量的“假值”；③这些“假值”构成一个新的样本，根据这些"假值"计算该变量的平均值和标准误差。Jackknife 分析法在细菌源追踪方面主要用于检验已知源数据库的准确率及其标准误差。

4）评价结果

经过对建立的丹江口库区清塘河小流域的已知源数据库的分析，ARCC 达到 86.4%，其中人 87.1%、家畜 84.2%、宠物 89.3%、家禽 86.6%，刀切法分类平均准确率（Jackknifed ARCC）73.5%，随机分类平均准确率 35.9%（表 7.5.2 和图 7.5.1）。

表 7.5.2   已知源库的准确率参数一览表

分类	数量	平均准确率/%	刀切法分类平均准确率/%	随机分类平均准确率/%
人	504	87.1	71.2	35.3
家畜	671	84.2	79.4	34.3
宠物	328	89.3	63.9	39.0
家禽	614	86.6	79.4	35.2
合计	2117	86.4	73.5	35.9

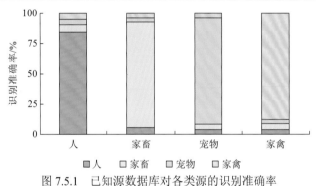

图 7.5.1   已知源数据库对各类源的识别准确率

通过数据分析可以看出，所建立的已知源数据库对不同来源的粪大肠菌群的识别 ARCC 为 86.4%>70%、RARCC 为 35.9%<40%，因此，可以说该细菌源追踪已知数据库是可靠可信的，对污染物的识别是有效的。

3. TMDL 的应用

1）TMDL 的基本概念

TMDL 指在满足水质标准的条件下，水体能够接受的某种污染物的最大日负荷量。它包括污染负荷在点源和非点源之间的分配，还要考虑安全临界值和季节性的变化。

TMDL 计划研究的基本过程：识别水质受限制的水体—按优先顺序确定水质指标—最大日负荷总量的确定及分配—执行控制措施—评价水质控制措施。

TMDL 作为目前改善区域水质最为有效的技术方法之一，在美国已经全面推广，在点源和非点源污染综合控制方面成效显著。美国许多州已对受损水体实施了 TMDL 计划，EPA 为了进一步提高国家的水体质量，不断地努力改善 TMDL 计划。在 2003 年和 2004 年，被批准或实施的 TMDL 计划超过 5 300 个。新批准的 TMDL 计划数量也呈不断上升趋势，从 1996 年的 143 个上升到 2004 年的 2 657 个。实践表明，TMDL 计划对于改善水体质量是行之有效的。

2）TMDL 模型选择

TMDL 方法中最关键的便是对非点源污染负荷的定量化估算。国外最直接的方法就是运用模型，其中最值得关注的是 Basins 模型和 Swat 模型。Basins 是 EPA 开发的集水区多目标环境分析系统，将集水区数据及评估工具整合于 ArcView/GIS 架构下，使该系统和应用模型在 Windows 环境下运行，利用 GIS 使集水区数据以可视化方式呈现出来，使用者可直接在 GIS 地图上选取准备模拟的区域，利用非点源负荷模型和水质模型进行各项模拟和数据评估，并且提供集水区在 TMDL 方面的分析，数据的展示、整合、模拟、结果输出均可在 Basins 系统中完成。该系统适合对环境和生态问题进行流域规划和水质研究，已在美国的政府机关、学术单位及民间环境顾问公司广泛使用，也逐渐被其他国家所推崇。此外，Swat 模型也被 EPA 作为 TMDL 的首选模型，并被集成到 Basins 系统中，以协助该系统进行非点源污染负荷的估算、重点源区的识别和控制等。这些模型的最大特点是将流域分析、评价、总量控制、污染治理与费用效益分析综合于一体，实现数据与分析工具的集成，为流域水质管理提供便利。

3）HSPF 模型

建立入流水质和水源之间的关系是 TMDL 发展的一个重要目标。

USGS 水动力模拟水质模型（HSPF）被作为模型框架用来模拟现有的情况和进行 TMDL 分配。HSPF 模型是一个连续的模型可以计算非点源污染物，同时可以模拟随点源污染径流进入的污染物。模型建立后，水文、气候条件的季节性变化和流域活动能明确地在模型中计算。

HSPF 模型是由美国国家环境保护局开发，用于较大流域范围内的水文水质过程的连续模拟。HSPF 模型将模拟地段分为透水地面、不透水地面、河流或完全混合型湖泊水库三部分，分别对三种不同性质的地表水文和水质过程进行模拟，三个大模块下面又可以分为若干子模块，实现对泥沙、BOD、DO、氮、磷、农药等污染物的迁移转化和负荷的连续模拟。水文模块采用斯坦福 IV 模型计算径流量。侵蚀模块采用具有机理性的土壤侵蚀模型，将土壤侵蚀分为雨滴溅蚀、径流冲蚀和径流运移等若干子过程。而污染物的迁移转化模块则考虑了氮、磷、农药等污染物的复杂平衡过程。

4）模型设置

HSPF 模型将需模拟的流域划分成小河段网络（每一段作为一个区域），分为封闭土地区域和开边界陆地面积。每个支流包含一个单独的区域，在模拟时作为入流、陆地边界和开边界，代表那个区域的不同的土地利用，以及随入流而带入的陆地污染物质的情况。在研究区设置了 8 个水质监测点位和 1 个水文观测点位，连续观察获取水质和水流数据。所有的水质建模（粪便大肠菌和水质）均被削弱再参与计算。为充分地表述空间变异在平直河流的作用，排水区被划分成 9 条支流（图 7.5.2）。在研究区流域出口是水文学模型的出口。

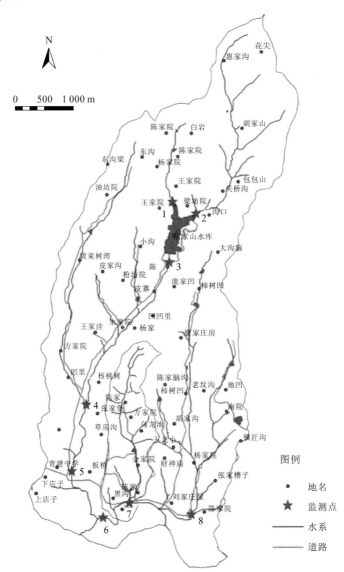

图 7.5.2　研究区小流域水文学模型的支流划分图

选择支流的基本理论是根据表面水流数据和水质数据的可用性（粪便大肠菌和TDS），这些都是在整个流域的某些区域都能利用到的。支流出口的选择点要与模型监测站点一致。因为模型的输出只能从模型支流出口处获取。流域空间的划分考虑用流域污染物来源的一个更精确的表示法和一个更现实的水文因素描述。

利用遥感影像对该区域内土地类型进行土地利用分类。根据污染物装载的水文特征的相似性，土地利用类型分为 14 个类别。每种土地利用参量的描述与其区域的水文条件、污染物状况相关。流域内土地利用具有山区特色，林地和草地面积偏小，基本农田少，坡耕地面积大，肥力和土质差。土地总面积 2 646.54 hm²，其中耕地 808.67 hm²，占总面积的 30.56%；林地 788.53 hm²，占总面积的 29.79%；草灌 792.88 hm²，占总面积的 29.96%；水体 17.06 hm²，占总面积的 0.64%；非生产用地 102.43 hm²，占总面积的 3.87%；未利用地 137 hm²，占总面积的 5.18%。农业人均土地 0.9 hm²，人均占有耕地 0.27 hm²。

5）污染源的评估

据初步统计，研究区小流域属习家店镇，辖 5 个村，总人口 7385 人，小流域的畜牧业主要以牛、猪、鸡等为主，具体见表 7.5.3。

表 7.5.3　研究区流域人、动物密度，污染负荷及粪大肠菌群的密度

类型	数量	污染负荷/（g/d/an）	粪大肠菌群密度/（cfu/g）
人	7 385	1 200	130 000 000
牛	2 590	21 060	101 000
马	280	23 150	94 000
猪	4 020	5 628	8 600
山羊	911	2 588	15 000
公鸡	15 000	118	586 000
鸭	2 050	150	3 500
鹅	660	227	250 000
狗	1 586	450	480 000
猫	563	19.4	9

人和动物的大肠菌群通过 4 种途径污染水体：①集中养殖使家畜的粪便被统一采集、储存、施肥到土地上，当降雨发生时，随着径流过程污染水体；②家畜直接排便到土地上，当降雨发生时，随着径流过程污染水体；③家畜可能活动在流域的周边，粪便直接排入水体中，污染即刻发生；④粪便的排水设施可能直接排入流域中污染水体。

6）TMDL 分配

（1）污染负荷分配方法。污染负荷分配是指在点源和非点源及污染个体之间进行的污染负荷分配。依据的公式为

$$TMDL = WLA + LA + BL + MOS$$

式中：WLA 为允许的现存和未来点源的污染负荷；LA 为允许的现存和未来非点源的污染负荷；BL 为水体自然背景负荷；MOS 为安全临界值（指关于污染物质负荷与受纳水体水质之间关系的不确定数量）。

（2）污染负荷分配方案。非点源负荷归为陆源负荷，就像土地利用，直接排放到小

溪的负荷（如家畜）。源削减量包括那些受影响的高流量和低流量的水流条件。陆源非点源负荷在高流量条件下有重大影响，而直接沉积物在低流量条件下有最显著的影响。细菌源追踪通过 2007~2008 年这个周期发现存在人、宠物、家畜的污染物。

模型结果显示人的直接污染物，农业非点源很显著地出现在流域的每个地方。这个同第 5 章的细菌源追踪分析结果一致。研究区小流域细菌浓度当前削减评估的分配方案（allocation scenarios）见表 7.5.4。

表 7.5.4 研究区小流域细菌浓度当前削减评估的分配方案

| 方案 | 非点源消减量 | | | | 细菌浓度 |
	森林/湿地	畜牧业/牧场/农作物	明管/下水道溢流	城市/农村	GM＞10 000 cfu/L
1	0	0	0	0	100.00
2	0	100	100	100	0.00
3	0	15	100	15	33.00
4	0	50	100	50	16.66
5	0	80	100	80	0.00
6	0	85	100	85	0.00

（3）最终 TMDL 分配。研究区小流域中粪大肠菌群平均浓度的现有和分配情况见表 7.5.5。研究区小流域粪大肠菌群的最终 TMDL 负荷情况见表 7.5.6。

表 7.5.5 研究区各单元粪大肠菌群平均浓度的现有和分配情况

区域	年均负荷量/(cfu/a)	年均分配负荷量/(cfu/a)	消减率/%	监测点位
1	$5.239\,59×10^{13}$	$8.836\,34×10^{12}$	83.14	5
2	$1.126\,82×10^{13}$	$3.681\,21×10^{12}$	67.33	6
3	$4.536\,31×10^{13}$	$1.348\,01×10^{13}$	70.28	7
4	$2.072\,10×10^{14}$	$3.599\,39×10^{13}$	82.63	4
5	$3.440\,58×10^{14}$	$5.556\,86×10^{13}$	83.85	8
6	$1.421\,87×10^{14}$	$2.096\,01×10^{13}$	85.26	3
7	$1.122\,22×10^{14}$	$1.119\,39×10^{13}$	90.03	2
8	$1.460\,99×10^{14}$	$3.195\,52×10^{13}$	78.13	9
9	$3.865\,25×10^{13}$	$9.796\,11×10^{12}$	74.66	1

表 7.5.6 研究区小流域粪大肠菌群的最终 TMDL 负荷情况

水体	允许最大点源污染负荷/(cfu/a)	允许最大非点源污染负荷/(cfu/a)	安全临界值/(cfu/a)	总分配量/(cfu/a)
研究区小流域	$2.3×10^{13}$	$1.68×10^{14}$	0	$1.91×10^{14}$

7.5.2　营养盐追踪技术在丹江口小流域的应用

1. 研究区小流域概况

1）自然环境

研究区小流域位于丹江口库区的丹江口市习家店镇，其地理位置示意图见图 7.5.3。研究区北边与习家店镇的大沟林业开发管理区相连，东边与蒿坪镇的王家岭、寺沟村接壤。境内最高山脉为北部的横山，海拔 968 m，最低为入库河口 172 m，相对高差 796 m，属汉江北岸丘陵岗地，地势北高南低，地形复杂，山高谷低，切割深。流域流经青塘、朱家院、五龙池、板桥、行陡坡 5 个村进入丹江口水库，总汇水面积为 22.26 km²。研究区小流域属北亚热带半湿润季风气候，冬夏温差大。多年平均气温为 16.1 ℃，年极端最高气温为 41.5 ℃，年极端最低气温为-12.4 ℃，无霜期 250 d，相对湿度一般为 75%，蒸发量在 1600 mm 左右。多年平均日照时数为 1932.7 h，年太阳辐射总量为 104484 J/cm²，大于 10 ℃的积温为 4953.5 ℃。自然灾害主要有干旱、低温、洪涝、干热风等，其中夏旱频率最高。流域内降雨天数占全年的 32.71%，不降雨天数占全年的 67.29%。年均降水量为 797.6 mm，降雨量年际变化不大，受北亚热带季风气候影响，其年内各月分配变化比较大。

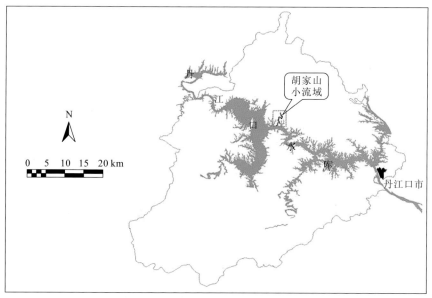

图 7.5.3　研究区小流域地理位置示意图

2）社会经济

研究区粮食作物的种类主要有水稻、小麦、玉米、大豆、油菜等，耕作制度主要是小麦-水稻、油菜-水稻、小麦-玉米、小麦-大豆-玉米、小麦-杂粮，粮食播种面积为 964.97 hm²，人均基本农田 0.03 hm²，粮食单产 2435 kg/hm²，人均粮食 341 kg。经济作物种植偏少,品种仅局限于油菜、烟叶等。流域内现有林地面积 1 700.32 hm^2,其中乔木林面积 435 hm^2,年产材量 400.2 m^3,产柴量 21.75 万 kg;灌木林面积 250.03 hm^2,年产材 440 m^3,产柴量 32.67 万 kg;人工林主要为人工栽植的经果林、用材林及四旁植树等,其中经果林面积 219.73 hm^2,年产鲜果 131.84 万 kg。

3)非点源污染现状

2010 年对流域内非点源污染输入途径进行了调查,主要有以下污染源。

(1)化肥农药污染源。研究区小流域内氮肥施用以尿素、碳酸氢铵为主,磷肥以过磷酸钙为主,复合肥以磷酸二氢钾为主。其中,碳酸氢铵和过磷酸钙一般作底肥,尿素用于追肥。2010 年整个流域耕地化肥平均施用折纯量约为 650 kg/(hm^2·a),其中氮肥占 70%、磷肥占 19%。

(2)畜禽污染源。研究区小流域的畜牧业主要以牛、猪、鸡等为主,其中有禽类 1500 只,牛 235 头,生猪存栏 394 头。畜禽污染主要是畜禽产生的粪便。根据国内外有关研究,结合研究区小流域畜禽粪便污染物的排泄系数,畜禽粪便污染物进入水体的排泄系数见表 7.5.7。

表 7.5.7　畜禽粪尿污染物排泄系数

污染物	家禽	猪粪	猪尿	牛粪	牛尿
TN 当量/[kg/(头·a)]	0.275	2.34	2.17	31.9	29.2
TP 当量/[kg/(头·a)]	0.115	1.36	0.34	8.61	1.46

根据部分采样调查结果畜禽污染物排入水体的量按产生量的 8%计算。研究区年畜禽污染产生并进入水体的 TN、TP 总量分别为 1.32 t、0.26 t。

(3)生活污染源。流域内的生活污染源主要源于农村人口的生活污水和粪尿,小流域内村落发展落后,村落雨后由人为干扰导致的污染物输出较为严重,而且村落内无规划的污水收集和垃圾收集系统,生活垃圾和人畜排泄物在村庄空地无序堆放,在暴雨径流的作用下,垃圾堆放地及人畜排泄物堆放点的污染物,尤其是微生物、大肠杆菌等致病生物随径流进入河流或地下水,造成饮用水源水质恶化。

2. 农业非点源污染特征

1)研究方法

在对研究区小流域地形状况、土地利用状况、植被状况和土壤状况进行分析的基础上,在研究区小流域干流及 3 条支流上共布设 13 个采样点,采样点布设情况具体见图 7.5.4。1~5 号采样点位于研究区小流域西侧板桥支流上;6~8 号采样点分别位于研究区小流域内中间支流(五龙池支流)的上、中、下游;9~11 号采样点在研究区小流域东边王家岭支流上,12 号采样点控制五龙池与王家岭支流;13 号采样点则控制整个研究区小流域。

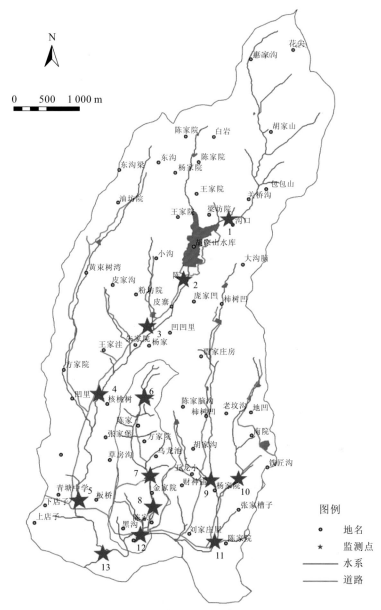

图 7.5.4　研究区小流域采样点分布图

　　丹江口水库目前主要受到水体富营养化物氮素的影响，因此本节主要选择了总氮（TN）、硝态氮（NO_3^--N）、氨态氮（NH_4^+-N）3 个监测指标，以此获得研究区氮素的输出特征。采样时间为 2011 年 1～12 月，两周一次，每次每点取样 1000 mL 装入聚乙烯瓶中，贴上标记，注明日期和样地号，密封保存带到实验室检测。TN 测定采用过硫酸钾氧化—紫外分光光度法，NO_3^--N 测定采用紫外分光光度法，NH_4^+-N 采用纳氏试剂比色法。经检测发现 TN 的输出形态基本为 NO_3^--N，NH_4^+-N 的输出多低于测定的下线，因此以下研究仅分析 TN 和 NO_3^--N 两个指标。

2）支流地表径流氮素输出特征分析

研究区小流域以农业生产为主，无工矿企业和大的点源污染源，是丹江口库区典型的农业生态系统流域。流域水系由三条主要支流组成，分别为板桥、五龙池和王家岭。

研究区小流域出口（13 号采样点）全年 TN 输出浓度平均值为 3.56 mg/L，NO_3^--N 为 1.74 mg/L。3 条支流中，板桥支流 TN 和 NO_3^--N 质量浓度分别为 0.14～4.72 mg/L 和 0.003～4.12 mg/L，平均值为 1.46 mg/L 和 1.09 mg/L；五龙池支流 TN 和 NO_3^--N 质量浓度分别为 1.33～6.46 mg/L 和 0.94～5.05 mg/L，平均值分别为 3.62 mg/L 和 3.02 mg/L，劣于《中华人民共和国地表水环境质量标准》（GB 3838—2002）中 V 类水标准（TN 浓度≤2.0 mg/L）；王家岭支流 TN 和 NO_3^--N 质量浓度分别为 0.67～6.42 mg/L 和 0.08～4.83 mg/L，平均值为 2.06 mg/L 和 1.58 mg/L。

板桥支流位于研究区小流域西侧，共设 5 个采样点，根据全年观测，支流上游 1 号和 2 号采样点水质全年变幅较小，TN 为 0.48～1.48 mg/L，NO_3^--N 为 0.03～0.30 mg/L，标准差小于 0.35；随着农业活动的增强，支流中下游氮素浓度年内变幅较大，3 号、4 号和 5 号采样点 TN 变幅为 0.22～4.72 mg/L，NO_3^--N 变幅为 0.01～4.12 mg/L，标准差为 0.69～1.11。王家岭支流表现出相似规律，支流上游 9 号采样点 TN 与 NO_3^--N 浓度保持在同一水平，变幅较小，TN 与 NO_3^--N 平均质量浓度分别为 1.84 mg/L 和 1.44 mg/L；支流中下游 TN 与 NO_3^--N 浓度变化大，且明显高于上游。五龙池支流 3 个采样点（6～8号）TN 与 NO_3^--N 浓度变化情况与以上两个支流明显不同，TN 和 NO_3^--N 质量浓度分别为 1.33～6.46 mg/L 和 0.94～5.05 mg/L，平均值分别为 3.62 mg/L 和 3.02 mg/L，从上游至下游 TN 和 NO_3^--N 浓度均较高，全年变幅较大。2011 年研究区小流域采样点的 TN、NO_3^--N 浓度变化如图 7.5.5 所示。

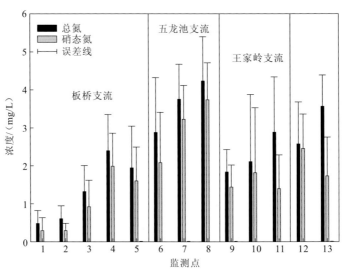

图 7.5.5　研究区小流域氮素浓度分布图

3）支流地表径流氮素浓度值的季节变化特征分析

降雨是土壤养分流失的主要驱动力，大量文献证明，进入雨季，氮素流失表现为雨季初期，氮素浓度较高，随着降雨量的增加，地表径流量增大，氮素浓度下降。本次全年监测结果显示，流域内降雨量与氮流失浓度没有形成简单线性关系。板桥、王家岭和五龙池支流均未出现该变化规律，且板桥支流 TN 和 NO_3^--N 浓度变化曲线在 5 月和 9 月出现两个峰值，TN 质量浓度分别为 4.36 mg/L 和 4.66 mg/L，NO_3^--N 质量浓度分别为 4.12 mg/L 和 2.05 mg/L；王家岭支流在 9 月出现峰值，TN 质量浓度为 4.78 mg/L，NO_3^--N 质量浓度为 3.51 mg/L；五龙池支流 9 月虽未形成明显峰值，但 TN 和 NO_3^--N 浓度均有所回升。根据农业管理状况调查，流域内农业施肥活动多集中于 4 月、5 月和 9 月、10月，春季种植作物以油菜和小麦为主，秋季以玉米为主。板桥支流在两次施肥时段均表现出氮素浓度升高的现象，这表明板桥支流氮素流失受农业耕作影响较为突出。

3. 地表水氮同位素来源辨析

水体中硝酸盐的潜在污染源可分为天然硝酸盐和非天然硝酸盐两种。前者来源于天然有机氮或腐殖质的降解和消化，后者则为人、畜粪便，人造化肥和污水等人类活动有关。由于同位素具有轻微的质量依赖特性，不同来源的氮素根据其不同的化学反应速率和化学平衡中元素比例的变化，来源不同的硝酸盐氮同位素 $\delta^{15}N$ 值一般在一个特征范围内变化：雨水的 N 值为-8‰～2‰；化学肥料的 N 值为-7.4‰～6.8‰；养殖粪便（有机肥）的 N 值为 10‰～22‰；生活排水的 N 值为 10‰～17‰。

1）板桥支流地表水中硝态氮主要来源辨析

板桥支流是研究区小流域中最大的支流，集水面积为 14.03 km²，其中林地面积 7.85 km²，旱地面积 5.58 km²，荒草地面积 1.43 km²，居民点面积 0.25 km²，土地利用情况如图 7.5.6 所示。

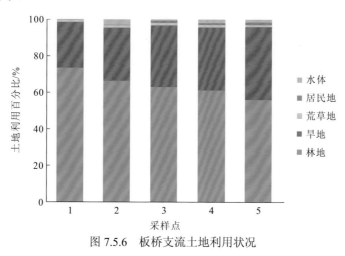

图 7.5.6　板桥支流土地利用状况

板桥支流共布设 5 个采样点，从上至下采样点编号为 1~5。板桥支流地表水中 TN、NO_3^- 和 NH_4^+ 的质量浓度分别为 0.34~2.84 mg/L、0.09~2.16 mg/L 和 0.11~0.42 mg/L。总体而言，板桥支流 TN、NO_3^- 和 NH_4^+ 浓度均较低。除 4 号采样点和 5 号采样点的浓度相对较高外，各个采样点之间的差异不显著。降雨期 NO_3^- 和 TN 浓度略高于非降雨期，但方差分析显示，降雨期和非降雨期 NO_3^- 和 TN 差异不显著，板桥支流地表水氮素浓度与硝酸盐氮同位素测定值见表 7.5.8。

表 7.5.8　板桥支流地表水氮素浓度与硝酸盐氮同位素测定值

时间	采样点编号	TN/（mg/L）	NO_3^-/（mg/L）	NH_4^+/（mg/L）	$\delta^{15}N$/‰
降雨期	1	0.8	0.32	0.23	5.11
	2	0.38	0.28	0.11	5.79
	3	0.65	0.42	0.2	9.2
	4	1.71	1.48	0.19	11.57
	5	1.96	1.46	0.26	9.15
非降雨期	1	0.43	0.09	0.23	0.41
	2	0.34	0.12	0.18	6.78
	3	0.6	0.27	0.42	11.54
	4	2.84	1.8	0.25	10.04
	5	2.66	2.16	0.37	10.54

1 号采样点位于研究区水库上游。两次观测结果显示 NO_3^- 的 $\delta^{15}N$ 值差异较大。对照不同来源 NO_3^- 中 $\delta^{15}N$ 特征值范围，非降雨期 1 号采样点 NO_3^- 的 $\delta^{15}N$ 值处于无机化肥（-7‰~5‰）和天然降雨（-8‰~2‰）之间，降雨期 1 号采样点的 $\delta^{15}N$ 值处于无机化肥和土壤有机氮（-3‰~8‰）特征值范围的上限。结合硝态氮浓度较低的这一特征，同时与板桥支流的土地利用状况相结合，可判断 1 号采样点的 NO_3^- 主要来自天然 NO_3^-，在降雨期，受地表径流冲刷的影响，来自土壤有机氮的贡献率增大，进而 $\delta^{15}N$ 值更接近土壤有机氮特征值范围的上限。

2 号采样点位于研究区水库坝下。受水库滞留效应，2 号采样点 TN 和 NO_3^- 浓度略低于上游 1 号采样点，但两次检测 NO_3^- 的 $\delta^{15}N$ 值无显著差异，基本处于无机化肥和土壤有机氮来源的特征值范围内，与 1 号采样点相似。这一结果与 2 号采样点控制流域面积仍以林地为主有关（林地面积大于 65%），因此可以判断 2 号采样点 NO_3^- 仍然主要来自土壤有机氮，属于天然 NO_3^-。

从 3 号采样点至 5 号采样点，在非降雨期和降雨期，TN、NO_3^- 和 NH_4^+ 的浓度均表现出了逐渐升高的趋势。两次观测中 NO_3^- 的 $\delta^{15}N$ 值多超出了土壤有机氮特征值范围的上限，处于动物排泄物来源的特征值（10‰~22‰）和生活排水来源的特征值（10‰~17‰）

范围内,且降雨期和非降雨期 $\delta^{15}N$ 值基本稳定于同一水平,明显高于 1 号采样点和 2 号采样点。结合 3 号、4 号和 5 号采样点土地利用状况,这三个采样点集水区内,居民点面积和旱地所占比例均升高,相反,林地所占比例下降。由此可见,在板桥支流,旱地和居民点主要集中分布于小流域的下游地区,因此地表径流流经下游,受耕作和居民生活污水污染,TN 和 NO_3^- 显著高于上游。经过对当地施肥情况的调查,目前旱地施用有机肥极少,因此可以进一步判断该时段,3～5 号采样点 NO_3^- 主要来自居民点养殖或生活污水。

　　2)五龙池支流地表水中硝态氮主要来源辨析

　　五龙池支流是研究区小流域中最小的支流,集水区面积仅为 1.40 km^2,共布设 3 个采样点,从上至下采样点编号为 6～8。与板桥支流相比,五龙池支流 6～8 号采样点控制面积内林地所占比例分别为 62.1%、31.7% 和 27.9%,旱地所占比例分别为 36.1%、63.5% 和 67.3%,居民点面积分别为 0、4.0% 和 3.9%。

　　五龙池支流地表水中 TN、NO_3^- 和 NH_4^+ 的浓度分别为 0.83～2.52 mg/L、0.47～1.42 mg/L 和 0.19～0.40 mg/L。总体而言,降雨期 TN 和 NO_3^- 浓度略高于非降雨期,6 号采样点明显高于 7 号采样点和采样点 8。降雨期和非降雨期五龙池支流的氮素特征及氮氧同位素测定值见表 7.5.9。

表 7.5.9　五龙池支流地表水重氮素浓度与硝酸盐氮同位素测定值

时间	样点	总氮	硝氮	氨氮	$\delta^{15}N$/‰
降雨期	6	2.52	1.42	0.27	7.34
	7	1.42	0.63	0.40	14.02
	8	1.17	0.66	0.33	13.86
非降雨期	6	1.10	0.71	0.19	16.81
	7	0.83	0.47	0.31	9.78
	8	1.63	0.90	0.30	11.07

　　五龙池支流上游 6 号采样点非降雨期和降雨期 NO_3^- 中 $\delta^{15}N$ 值分别为 16.81‰ 和 7.34‰。对照不同来源的 $\delta^{15}N$ 特征值范围,非降雨期 6 号采样点的 $\delta^{15}N$ 值处于养殖粪便(有机肥)(10‰～22‰)和生活排水 $\delta^{15}N$ 特征值(10‰～17‰)范围内,可以判断 6 号采样点主要受养殖或生活污水污染;在降雨期,6 号采样点的 $\delta^{15}N$ 值降至 7.34‰,在土壤 $\delta^{15}N$ 特征值范围内,且明显低于非降雨期。这一变化特征与 NO_3^- 浓度变化相反,由此推测在降雨期土壤有机氮对 6 号采样点 NO_3^- 浓度影响较大。

　　7 号采样点和 8 号采样点在非降雨期和降雨期 $\delta^{15}N$ 值的变化特征相似,均表现为降雨期 $\delta^{15}N$ 值高于非降雨期。对照不同来源的 $\delta^{15}N$ 特征值范围,在非降雨期 7 号采样点和 8 号采样点 NO_3^- 主要来自土壤有机氮、有机肥料或生活污水,其中土壤有机氮在硝酸盐来源中占主导地位。在降雨期,2 个采样点硝酸盐的来源以养殖或生活污水为主,土壤有机氮的组分下降,这与 7 号和 8 号采样点集水范围内土地利用格局有着密切的关系。

7 号和 8 号采样点位于五龙池支流中下游，居民点面积比例较大，来自居民生活的污染物随降雨大量进入地表水，改变了 NO_3^- 来源组成。

3）王家岭支流地表水中硝态氮主要来源辨析

王家岭支流流域面积大于五龙池支流，为 5.04 km^2，共布设 3 个采样点，从上至下采样点编号为 9～11。从上至下，采样点控制范围内林地面积占比分别为 53.6%、40.1% 和 45.4%，旱地面积占比分别为 43.7%、55.2% 和 51.3%，居民点面积占比分别为 1.1%、2.5% 和 1.7%。

王家岭支流地表水中 TN、NO_3^- 和 NH_4^+ 的质量浓度分别为 0.88～5.91 mg/L、0.25～5.46 mg/L 和 0.16～0.86 mg/L。与板桥和五龙池支流相比，王家岭支流地表水中 TN 和 NO_3^- 平均浓度介于五龙池和板桥支流之间。与上述两个小流域浓度值变化规律相同，降雨期 TN 和 NO_3^- 浓度略高于非降雨期。降雨期和非降雨期王家岭支流的氮素特征及氮氧同位素测定值见表 7.5.10。

表 7.5.10　王家岭支流地表水中氮素浓度与硝酸盐氮同位素测定值

时间	样点	总氮	硝氮	氨氮	$\delta^{15}N$/‰
降雨期	9	2.17	1.48	0.56	12.53
	10	2.24	1.25	0.86	11.11
	11	1.99	1.14	0.16	9.96
非降雨期	9	0.88	0.25	0.42	2.00
	10	5.91	5.46	0.38	15.50
	11	1.24	0.85	0.26	17.63

9 号采样点位于王家岭上游，非降雨期地表水中 NO_3^- 主要来自土壤有机氮，属于天然硝酸盐，$\delta^{15}N$ 值仅为 2‰；相反降雨期，来自耕作和居民生活的 NO_3^- 增加，$\delta^{15}N$ 值升高至 12.53‰。

王家岭中下游 10 号采样点和 11 号采样点的 NO_3^- 来源组分变化与上游相反。非降雨期地表水中 NO_3^- 主要来自养殖或居民生活污水；受上游来水组分的影响，在降雨期，NO_3^- 转化为土壤有机氮、其主要来源为有机肥料和居民生活污水。

4. 研究区小流域氮素流失分析

1）研究区小流域土壤氮同位素特征

土壤氮的 $\delta^{15}N$ 值主要受环境的影响。不同环境条件下土壤氮的 $\delta^{15}N$ 值差异较大，这种特征有助于识别土壤的利用方式和污染类型。

土壤中不同来源的硝酸盐 $\delta^{15}N$ 值不同。土壤有机氮矿化形成的 NO_3^- 中 $\delta^{15}N$ 值为 4‰～9‰；源自含氮化肥的 NO_3^- 因 N 主要来自大气 N_2 的工业固定，$\delta^{15}N$ 值接近于 0，一般为-4‰～4‰；动物粪便（厩肥）或污水由于氨的挥发，贫 $\delta^{15}N$ 的 NH_3 优先挥发后

留下富 ^{15}N 的 NH_4^+，再由此富 ^{15}N 的 NH_4^+ 硝化形成的 NO_3^- 而富集 ^{15}N。因此，由动物粪便（厩肥）或污水污染土壤的 $\delta^{15}N$ 值较大，一般为 8.8‰～22‰。值得注意的是，由于微生物的活动，土壤中氮的硝化和反硝化作用一直在进行，这在某种程度上限制了单纯利用测定土壤中 NO_3^- 的 $\delta^{15}N$ 值来判断硝酸盐来源的可靠性。尽管大量的研究表明水体中 NO_3^- 潜在污染源的同位素特征将通过土壤 NO_3^- 来体现，而土壤 NO_3^- 的来源和同位素特征则主要取决于土地的使用方式。仅使用一种稳定同位素尚不能判断不同土地利用方式下土壤 NO_3^- 的 $\delta^{15}N$ 值的变化规律。为了进一步说明土壤 NO_3^- 的污染来源，会选用多个稳定同位素进行分析，以降低不同污染来源特征值范围的重叠。大量研究普遍认为大气 NO_3^- 的 $\delta^{18}O$ 值为 23‰～75‰，硝酸盐肥料 $\delta^{18}O$ 值为 18‰～24‰，牲畜粪、氮素固定者、土壤 NO_3^- 的 $\delta^{18}O$ 值为 -5‰～7‰。

本节研究在研究区小流域共设有 18 个土壤采样点，包括 6 个林地、4 个荒地、4 个农田和 4 个村落。18 个土壤采样点氮同位素 $\delta^{15}N$ 值如表 7.5.11 所示，农田的氮同位素 $\delta^{15}N$ 值最高，其次是林地，村落和荒地次之。农田氮同位素 $\delta^{15}N$ 值处于有机肥料氮同位素 $\delta^{15}N$ 特征值（8.8‰～22‰）范围内。农田氮同位素较高的原因可能与有机肥施用或有机质含量高有关。林地氮同位素 $\delta^{15}N$ 值较高的主要原因是林地腐殖质含量较高，在微生物分解、植物吸收等过程中，土壤残留的反应物中 $\delta^{15}N$ 值较高。村落土壤较为贫瘠，土壤中硝酸盐 $\delta^{15}N$ 值仅为 7.4‰。根据大量研究，地表水中 TN 和 NO_3^- 主要与耕作和居民生活有关。结合村落土壤中硝酸盐 $\delta^{15}N$ 值与本小节 "3.地表水氮同位素来源辨析" 地表水中硝酸盐 $\delta^{15}N$ 值，可以推测村落对水质的影响更多来自居民点的养殖与生活污水排放，而来自村落土壤的硝酸盐释放是有限的。因为荒地基本没有外来氮源的输入，所以荒地土壤养分含量最低，土壤中硝酸盐 $\delta^{15}N$ 值仅为 4.2‰，接近土壤腐殖质的硝酸盐 $\delta^{15}N$ 值。

表 7.5.11　研究区小流域土壤硝酸盐氮氧同位素测定值结果

土地类型	$\delta^{15}N$ 平均值/‰	$\delta^{15}N$ 变化范围/‰	$\delta^{15}O$ 平均值/‰	$\delta^{15}O$ 变化范围/‰
村落	7.4	-1.2～15.3	10.725	7.8～15.7
林地	10.8	8.9～12.1	17.6	15.4～20
农田	17.6	7.5～28.7	16.375	15.2～19
荒地	4.2	-6.2～8.6	15.225	13.1～19

为了进一步说明土壤 NO_3^- 的污染来源，对土壤 NO_3^- 的 $\delta^{18}O$ 值进行测定分析。对照文献，本次土壤 NO_3^- 的 $\delta^{18}O$ 测定结果显示土壤 NO_3^- 的 $\delta^{18}O$ 值普遍高于 7‰，位于大气 NO_3^- 和 NO_3^- 肥料变化范围之间。结合 $\delta^{15}N$ 分析结果和 $\delta^{18}O$ 分析结果，可以进一步判断土壤硝酸盐的主要来源有大气、无机肥和有机氮，其中有机氮和无机肥对土壤硝酸盐的贡献较大。

2）研究区小流域地表水氮素流失分析

在研究区小流域布设的采样点中，12 号采样点控制五龙池与王家岭支流；13 号采样点则控制整个研究区小流域。

地表水氮同位素 $\delta^{15}N$ 值的变化特征见图 7.5.7。本小节"3.地表水氮同位素来源辨析"分别对研究区小流域中 3 条支流地表水中硝酸盐 $\delta^{15}N$ 值进行了分析。对于研究区小流域总体而言,小流域出口处(13 号采样点)地表水中 $\delta^{15}N$ 值更多继承了五龙池支流和王家岭支流的污染来源组分特征。尽管板桥支流的集水面积最大,是研究区小流域来水的主要支流,但从 $\delta^{15}N$ 值特征分析,五龙池支流和王家岭支流是研究区小流域氮污染的主要来源。

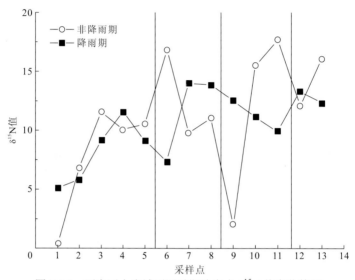

图 7.5.7 研究区小流域不同时期地表水 $\delta^{15}N$ 值变化特征

根据大量研究,氮同位素的组成具有以下指示意义:对于受粪肥或生活污水污染者,往往呈现出 $\delta^{15}N$ 值较高,且 NO_3^- 浓度也较高的双高特征;而受化肥和工业污水污染者,则呈现 $\delta^{15}N$ 值较低而 NO_3^- 浓度较高的特征;受生活污水和垦殖土壤污染者,则呈现 $\delta^{15}N$ 值中等,且 NO_3^- 浓度也中等的特征。非降雨期和降雨期 13 个采样点地表水中硝酸盐浓度分别为 1.08 mg/L(0.09~5.46 mg/L)和 1.02 mg/L(0.28~1.48 mg/L),$\delta^{15}N$ 值分别为 10.79‰(0.41‰~17.63‰)和 10.41‰(5.11‰~14.02‰)。流域总体而言,硝酸盐浓度较低,但 $\delta^{15}N$ 值的变化区间较大。在研究区小流域中 $\delta^{15}N$ 值较低而 NO_3^--N 也较低的采样点有 1 号、2 号、3 号和 7 号,说明这些采样点的外来氮源输入极少。在流域内存在 $\delta^{15}N$ 值较高而 NO_3^- 浓度较低的多个采样点,根据 $\delta^{15}N$ 特征值范围,初步推断粪便或生活污染是其主要贡献源。NO_3^- 浓度较低表明居民经济活动尚未对地表水水质构成较大风险。

为了进一步说明地表水 NO_3^- 的污染来源,本节研究同时对 13 个采样点地表水的 $\delta^{18}O$ 进行测定分析。大量研究普遍认为大气的 $\delta^{18}O$ 为 23‰~75‰,NO_3^- 肥料 $\delta^{18}O$ 为 18‰~24‰,牲畜粪、氮素固定者、土壤 NO_3^- 的 $\delta^{18}O$ 为-5‰~7‰。对照文献,本次地表水的 $\delta^{18}O$ 值为 4.33‰~19.33‰。对地表水中 NO_3^- 的 $\delta^{15}N$ 值和 $\delta^{18}O$ 值进行对比分析(图 7.5.8),

结果显示，落在有机肥料与生活污水特征值范围内的采样点共有 6 个（包括在范围边缘的 3 个采样点），其中：5 个出现在降雨期，分别是 7 号、8 号、9 号、12 号和 13 号采样点；1 个采样点出现在非降雨期，即 6 号采样点。落在土壤有机氮 $\delta^{15}N$ 特征值范围内的采样点共 2 个，为降雨期的 1 号采样点和 6 号采样点，这一结果与本小节"3.地表水氮同位素来源辨析"讨论结果一致，表明 1 号和 6 号采样点在降雨期，外来氮源输入较少。除以上 8 个采样点数据外，两次检测中其余 19 个采样点数据既不属于天然降雨和无机化肥的 $\delta^{15}N$ 值和 $\delta^{18}O$ 值范畴内，也不属于有机肥料与生活污水范畴内，但从其集中分布的区域来看，更接近于有机肥料与生活污水，这一特点可能主要是 NO_3^- 在传输过程中发生了反硝化反应，使得 $\delta^{18}O$ 值偏低。

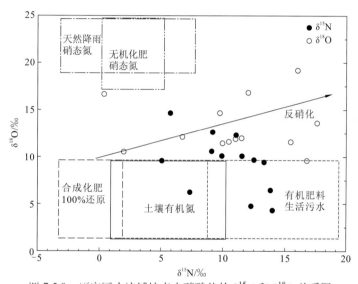

图 7.5.8　研究区小流域地表水硝酸盐的 $\delta^{15}N$ 和 $\delta^{18}O$ 关系图

总体而言，流域地表径流中 NO_3^- 污染多来自居民生活污染和粪便（或有机肥料），因此应加强农村居民点改造，推进清洁小流域建设。

5. 非点源污染模拟技术应用

1）模型的选择

流域非点源模型是以流域（单个流域或多流域）为研究对象，研究各非点源污染物进入地表水、地下水系统的方式、强度等特性规律。目前，国内外在非点源污染领域的研究已经相当广泛，采用的模型有 BASINS、ANSWERS、HSPF、GLEAMS、AGNPS、MIKE SHE、PRZM、STORM、SWMM、DH3M-QUAL、SWRRB/SWAT 等，各模型的功能和特点不尽相同。在水文模拟的过程中，最大的困难不在于对一些自然过程进行数学模拟，而是考虑参数空间异质性时要花费昂贵的费用和耗费大量时间。能有效提高非点源污染模型质量的方法就是将非点源污染模拟、数据管理和 GIS 结合起来，SWAT 模型就是集非点源污染模拟、数据管理和 GIS 于一体的模型，其有效性已经得到了科研工作者的普遍认可。

SWAT 模型是美国农业部农业研究局开发的流域尺度模型，是一个具有物理基础的，以日为时间单位运行的流域尺度动态模型，可以进行连续多年的模拟计算，SWAT 模型可以对地表水和地下水的水质和水量进行模拟，预测流域内径流、泥沙和农业非点源污染负荷的输出量。

过去几十年，SWAT 模型已被广泛应用于世界不同区域，尤其在美国和欧盟成员国，针对人类活动、气候变化或其他因素对大范围水资源的影响进行直接评价或者对模型未来应用的适应性进行探测性评价。具体来说，SWAT 模型在水量平衡、地表径流的长期模拟等方面都得到了广泛的应用，在产沙量、农药输移、非点源污染等方面也取得了初步的应用。

SWAT 模型在应用中不断地改进，日趋发展成熟。本节选择 SWAT 模型进行研究区小流域的径流、氮负荷的模拟及不同非点源控制措施的情景预报。

2）空间数据及其处理

SWAT 模型的空间数据资料主要包括数字高程模型（DEM）、土地利用图与土壤类型图三类。研究区小流域基础空间数据及来源情况如图 7.5.9 和表 7.5.12 所示。

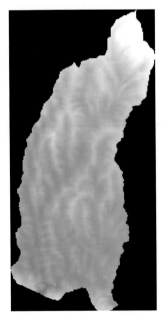 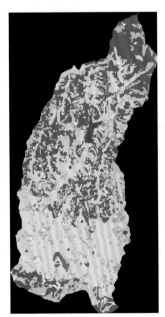 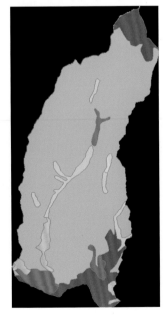

（a）数字高程模型　　　　　　　（b）土地利用图　　　　　　（c）土壤类型图

图 7.5.9　研究区小流域基础空间数据

表 7.5.12　空间数据来源及分辨率

数据	分辨率	格式	来源
数字高程模型	1∶25 万	img	国家测绘地理信息局
土地利用图	1∶25 万	img	美国地球资源观测系统科学中心
土壤类型图	1∶400 万	shape	中国科学院南京土壤研究所

SWAT 模型要求空间数据具有统一的投影坐标体系,本研究采用 ArcGIS 软件将 DEM 图、土地利用图及土壤类型图统一投影到 GS84_Mercator 坐标系下进行分析及模拟计算。

(1) DEM。DEM 是模型进行水系生成、子流域/HRU 划分及水文过程模拟的基础,在 ArcGIS 中,将收集到的 img 格式的 DEM 转化成模型要求的 grid 格式,经过投影变换及流域边界切割等步骤,生成模拟所需要的 GIS 地图。

(2) 土地利用。根据模型进一步模拟的需要,必须将研究区域土地利用图按照 SWAT 模型定义的陆地覆盖/植被类型数据库和城市数据库进行重新分类。

将土地利用图利用 ArcGIS 软件进行坐标系统投影转换,并将相同的土地利用类型进行合并,建立 landuse look up 表,对在 SWAT 模型中加载处理后的土地利用图进行重分类,最后采用流域边界自动切割得到重分类后研究区域的土地利用图。原土地利用类型分类及重分类后的土地利用类型对应关系见表 7.5.13。

表 7.5.13　流域土地利用类型原编码与重新分类表

原分类及编码		重分类及代码	
编码	名称	SWAT 中类别	SWAT 中代码
2	旱地	Agricultural Land-Generic	AGRL（耕地）
3	菜地	Agricultural Land-Generic	AGRL（耕地）
4	园地	Agricultural Land-Generic	AGRL（耕地）
		Forest Mixed	FRST（林地）
5	阔叶林	Forest Mixed	FRST（林地）
6	针叶林	Forest Mixed	FRST（林地）
7	灌木林	Range-Brush	RNGB（灌木林）
8	疏林地	Forest Mixed	FRST（林地）
9	苗圃	Agricultural Land Generic	AGRL（耕地）
10	草地	Range-Grasses	RNGE（草地）
11	居民地	Residential	URBN（居民地）
12	水域	Water	WATR（水域）
13	荒草地	RNGE	RNGE（水域）
14	裸土地	Bare	BARE（裸露地）

根据重分类后的土地利用图，统计得到不同土地利用类型面积及其百分比，见图7.5.10。研究区域总面积为22.63 km²，其中：耕地所占面积最大，其面积达10.53 km²，占研究区面积的46.53%；林地次之，面积为9.06 km²，占研究区域总面积的40.04%。林地和耕地两种土地利用类型的总面积占了研究区域总地面积的86.57%，而其他类型的土地利用总面积为13.43 km²，仅占所有土地利用类型的13.43%。

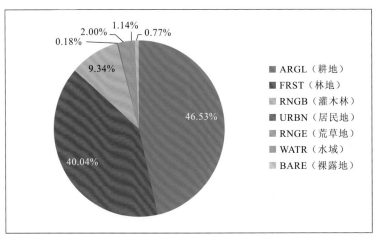

图7.5.10　土地利用类型面积

（3）土壤类型图的处理。将从中国科学院地球系统科学数据共享网获得的研究区土壤类型图（shape文件）利用ArcGIS软件以土壤类型代码字段（soil code）为值（value）转化为grid格式，并进行坐标系统投影，然后建立soil look up表，在SWAT模型中加载土壤类型图，添加look up表，由流域边界切割得到研究区域的土壤类型图，研究区域所包含的土壤类型见图7.5.11。

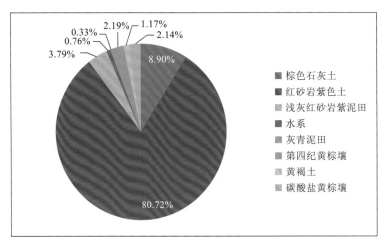

图7.5.11　研究区域土壤面积百分比图

研究区内红砂岩紫色土所占面积最大,其面积达 18.26 km²,占研究区面积的 80.72%;棕色石灰土次之,面积为 2.01 km²,占研究区域面积比例为 8.90%;其余 6 种土壤类型面积较小,所占比例仅 10.38%。

(4)气象数据。气象数据主要是收集两个站的气象资料,分别是老河口站和研究区小流域的卡口站。

老河口站:111.23°E,32.75°N,高程 91 m。在研究中收集到老河口站 1951～2000 年的逐日降雨量、日最低气温、日最高气温、日平均相对湿度、日照时数等长系列气象数据。

卡口站:111.67°E,32.38°N,高程 241 m。卡口站为 2007 年 6 月建成,收集到卡口站 2007 年～2011 年的降雨和径流数据。

3)子流域划分及数据处理

SWAT 模型以 DEM 数据作为基础,第一步是将流域划分为子流域。本小节采用模型默认值 745 hm² 作为子流域划分阈值,添加流域出口及点源后,最终将研究区域划分为 16 个子流域,如图 7.5.12 所示。

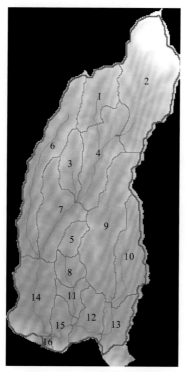

图 7.5.12　子流域划分图

依据土地利用、土壤类型,考虑坡度以 10°、25° 为划分界线,把研究区划分为 91 个水文响应单元。子流域与 HRU 划分如表 7.5.14 所示。

表 7.5.14　子流域与 HRU 划分

子流域	面积/km²	面积占比/%	HUR 个数/个
1	1.23	5.43	4
2	3.97	17.54	5
3	0.83	3.67	4
4	1.80	7.95	8
5	2.51	11.07	5
6	1.82	8.05	9
7	0.47	2.09	5
8	0.53	2.33	2
9	2.96	13.10	4
10	1.54	6.79	9
11	0.47	2.07	2
12	0.89	3.94	10
13	0.84	3.73	4
14	2.02	8.93	10
15	0.68	2.99	8
16	0.07	0.32	2

当子流域和水文响应单元都划分完成后就可以将输入数据写入模型中。这里主要是气象数据的人工导入，其他输入数据由 SWAT 从已经写入 SWAT2005 数据库的文件中导入。

气象数据导入 SWAT 提供了两种方式，一是使用天气发生器模拟生成气象数据，二是导入气象真实观测值。本次研究收集的是日观测数据，因此导入气象真实观测值，包括降雨、气温、风速、太阳辐射和相对湿度。

SWAT2005 提供了方便的数据修正界面，在这里可以对所有的数据进行修正。

由于研究流域内无大型集中居民点，无大型排污厂房，因此不存在点源排入的情况。

本小节模拟径流中 TN 的污染负荷，通过调查当地肥料的施用情况，确定模型施肥方面的参数，即一年两季，平均一季施碳酸氢铵 50 kg/hm²、尿素 15 kg/hm²；25%和 40%的复合肥施肥量均为 20 kg/hm²。

流域内存在一个研究区水库，但水库面积较小，同时缺少水库下泄等详细资料，在研究中忽略水库因素。

4）模型的运行

当数据写入完成，参数修正并重写入后模型就可以运行。流域五龙池建有气象站和流量卡口站，有 2007～2010 年的降雨数据和部分流量数据，因此模型模拟时段选择为 2007 年 1 月 1 日至 2010 年 12 月 31 日，输出数据选择以日为单位。

5）参数的校准及验证

研究区小流域内流量卡口站所控制的 subbasin 为 11 号子流域，以 11 号子流域为对象，把实测数据筛选同步模拟数据进行比对，通过不断地调整模型的输入参数，重复运行，直至模拟结果与实测结果相对吻合。

6）径流校准与验证

（1）径流校准。通过调参使径流模拟值与实测值达到最大程度的吻合，如图 7.5.13 所示，模拟结果 $R^2=0.8914$，如表 7.5.15 所示。径流模拟值与实测值日均误差为实测值的 27.7%。根据评判标准，日值的评价系数 $R^2 \geqslant 0.6$，精度满足模拟要求，结果表明模型对流域产流过程的模拟是比较符合实际的。

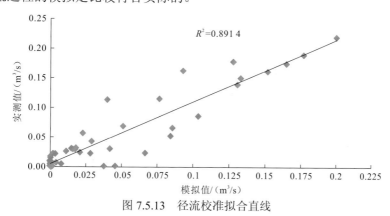

图 7.5.13　径流校准拟合直线

表 7.5.15　径流校准结果

变量	Re/%	R^2
径流/mm（2007 年 6 月 22 日～2010 年 5 月 22 日）	27.7	0.8914

注：Re 为相对误差，R^2 为评价系数，后同

（2）径流验证。比较径流的模拟值与实测值，如图 7.5.14 所示，模拟结果 $R^2=0.8239$，如表 7.5.16 所示。日模拟值与实测值相对误差为 33.7%。根据评判标准，月均值的评价系数 $R^2 \geqslant 0.6$，精度满足模拟要求，表明 SWAT 模型能适用于研究区域产流模拟。

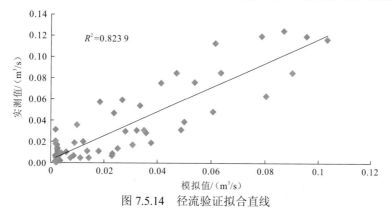

图 7.5.14　径流验证拟合直线

表 7.5.16 总径流验证结果

变量	Re/%	R^2
总径流/mm（2003～2005 年）	33.7	0.823 9

7）TN 的校准与验证

（1）TN 校准。在完成径流校准的基础上，根据实测水质数据对模型进行校准。并采用 2010 年的实测数据对模型进行验证，最终选定对 TN 负荷进行模拟的参数值。

如图 7.5.15 所示，模拟结果 $R^2=0.6718$，如表 7.5.17 所示。根据评判标准，月均值的评价系数 $R^2 \geqslant 0.6$，精度满足模拟要求，表明模型对流域 TN 过程的模拟是可以接受的。

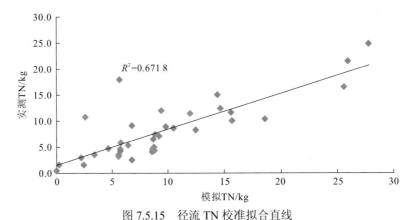

图 7.5.15 径流 TN 校准拟合直线

表 7.5.17 日 TN 负荷校准结果

变量	R^2	Re/%
TN/t（2008 年 1 月 18 日～2009 年 9 月 18）	0.671 8	70.13

（2）TN 负荷验证。比较验证期 TN 负荷的模拟值与实测值，如图 7.5.16 所示，模拟结果 $R^2=0.6295$，如表 7.5.18 所示。根据评判标准，月均值的评价系数 $R^2 \geqslant 0.6$，精度满足模拟要求。

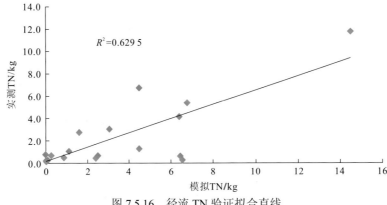

图 7.5.16 径流 TN 验证拟合直线

表 7.5.18　月 TN 负荷验证结果

变量	R^2	Re/%
TN/t（2010 年 5 月 22 日～2010 年 10 月 6 日）	0.629 5	0.15

8）模型的预测模拟

（1）小流域 TN 输出空间分布分析。对 2008～2010 年研究区 16 个子流域的 TN 的输出情况进行模拟，其均值见表 7.5.19。

表 7.5.19　研究区各子流域 TN 年输出量和流失模数

子流域编号	TN 输出量/（kg/a）	子流域面积/km²	TN 流失模数/［kg/（km²·a）］
1	561	1.23	456
2	3 010	3.97	758
3	701	0.83	844
4	1 766	1.80	981
5	1 603	2.51	639
6	2 054	1.82	1 129
7	1 132	0.47	2 409
8	1 106	0.53	2 088
9	5 127	2.96	1 732
10	2 829	1.54	1 837
11	1 113	0.47	2 369
12	996	0.89	1 119
13	1 455	0.84	1 732
14	3 745	2.02	1 854
15	265	0.68	389
16	28	0.07	403

TN 年输出量较大的子流域有 9 号、14 号、2 号、10 号、6 号、4 号和 5 号，TN 输出量均超过 1 500 kg/a。其中 9 号子流域 TN 年平均输出量高达 5 127 kg/a。从空间分布上来看，TN 年平均输出量较大的子流域，或者汇水面积大，如 2 号、9 号流域，或者以农耕地为主，如 10 号、14 号流域。

为科学客观地反映 TN 流失的空间分布情况，采用 TN 流失模数评价不同子流域的氮流失情况。由表 7.5.19 可以看出，TN 流失模数较大的子流域有 7 号、11 号、8 号、

14 号、13 号和 9 号，从空间分布上来看，主要位于各支流的下游，这与前章节研究结论相一致。

表 7.5.20 为 TN 流失模数较高的子流域的土地利用状况，可以看出，TN 的流失模数与土地利用中耕地和居民用地的比例呈正相关，8 号、11 号、12 号和 14 号子流域的耕地所占比例均超过 60%，居民用地比例多大于 2%；相反，氮流失模数相对较小的其他子流域，土地利用主要以林地为主。

表 7.5.20　TN 流失模数较高的子流域的土地利用比重状况　　　　　　（单位：%）

子流域编号	AGRL（耕地）	FRST（林地）	RNGB（灌木）	URBN（居民地）	WATR（水）	BARE（裸露地）	RNGe（草地）
7	44.59	43.67	10.03	0.40	0.13	1.19	0.00
8	78.80	12.44	1.07	7.70	0.10	0.00	0.00
9	44.78	41.92	10.37	1.16	0.67	1.10	0.00
11	86.52	9.75	0.00	2.54	1.20	0.00	0.00
12	78.8	15.27	3.85	1.85	0.10	0.00	0.22
14	62.48	25.86	3.53	7.05	0.06	0.43	0.59

氮的流失程度与农业活动密切相关。根据第 4 章和第 5 章的分析，居民点农村生活以及旱地耕作在氮素的流失过程中起到了重要的作用。

（2）小流域主要支流 TN 的输出特征分析。研究区小流域主要有三条支流，分别是王家岭、五龙池和板桥。各小流域面积分别是 5.04 km²、1.40 km²、14.02 km²。以上述校核参数为输入条件，依据当地的氮肥施用情况，基肥每亩施用氮折纯量 30 kg，追肥每亩氮折纯量 50 kg 进行施肥模拟，分析研究区小流域氮的输出情况。

根据模型输入条件，模拟出 2008 年、2009 年和 2010 年三条支流的 TN 流失情况如表 7.5.21 所示。可以看出，三条支流的 TN 的输出平均值分别为王家岭 9410 kg/a、五龙池 3352 kg/a、板桥 13440 kg/a。

表 7.5.21　研究区小流域三条支流的氮输出

项目	五龙池	王家岭	板桥
2008 年氮输出量/（kg/a）	3 187	9 312	12 064
2009 年氮输出量/（kg/a）	3 427	8 710	13 031
2010 年氮输出量/（kg/a）	3 441	10 208	15 224
平均氮输出量/（kg/a）	3 352	9 410	13 440
流失模数/[kg/（km²·a）]	2 280	1 510	948

三条支流板桥面积最大，相应的 TN 流失量也最大。板桥上游土地利用主要为林地，因降雨引发的 TN 流失并不严重，下游的耕地和居民点面积比例逐渐增多，为 TN 的流

失提供了来源，总体来看，由于整个支流林地占较大的比例，平均氮流失模数并不高，约 948 kg/(km²·a)。王家岭支流上游土地利用存在一定面积林地，呈不连片分布，覆盖度并不高，林地周围为耕地所包围，下游基本上已经开发成连片耕地和居民点，平均氮流失模数为 1510 kg/(km²·a)。五龙池支流土地利用耕地占绝大多数，上游零星分布少量面积的林地，TN 流失较为严重，TN 流失模数高达 2280 kg/(km²·a)。五龙池作为研究区小流域的典型区域，水土流失和非点源污染越来越引起人们的重视，近几年来实施了一系列的整治措施，包括坡改梯、农村非点源治理、生态塘、生态沟渠等，但 TN 输出削减效果不明显，其原因可能是：①坡改梯使耕地面积，甚至高产田的比例增大，可能使化肥的施用量增大。②居民点生活污水、畜禽养殖等废水的排放成为该地区主要的污染源之一。

7.5.3　化学源追踪技术在嫩江洮儿河流域的应用

1. 研究区概况

1）地理位置及流域概况

洮儿河流域位于嫩江右岸，是本小节研究的试验区。其为嫩江右岸的一级支流，流经内蒙古科右前旗，白城市的洮北区、洮南市、镇赉县、大安市，最后在月亮泡汇入嫩江。河道全长 563 km，总流域面积 33070 km²。察尔森以下有归流河和蛟流河两条较大支流汇入，其中归流河在乌兰浩特市城南汇入，河长 218 km，流域面积 9706 km²，蛟流河在洮南城北汇入，河长 245 km，流域面积 6170 km²。

2）自然环境状况

洮儿河流域为中温带大陆季风气候，春季干旱少雨，多大风，夏季炎热，降雨集中，秋季来霜早，冬季寒冷，持续时间较长，该地区多年平均气温 5℃，多年平均降水量 407.6 mm，降水年内分配极不均匀，多集中在夏季，据统计 6~9 月降水量占全年降水量的 83.5%，多年平均无霜期为 160 d 左右，初霜最早出现在 9 月 17 日，最晚出现在 10 月 14 日，终霜最晚出现在 5 月 27 日。

洮儿河洪水由暴雨形成。洮儿河流域的暴雨成因主要有蒙古低压、华北气旋、贝加尔湖低压、冷涡等。其特点是连续阴雨、雨强不大，笼罩面积大。流域洪水一般发生在 7 月中旬至 8 月下旬，见表 7.5.22。

表 7.5.22　年最大洪峰流量出现月份及次数统计表

站名	6 月		7 月		8 月		9 月	
	次数	占比%	次数	占比%	次数	占比%	次数	占比%
察尔森	5	9.6	29	55.8	15	28.8	3	5.8
镇西	6	11.1	27	50.0	16	29.6	5	9.30

3）非点源污染现状

那金河小流域内主要以农业生产为主，无大型工矿企业，且人口数量较少，因此在该地区影响河流水质的主要是农村非点源和农业非点源。农业非点源污染主要受施肥管理和暴雨侵蚀的影响，而农村非点源则更多地与农村的生活方式及管理模式有关。

在那金河周边，农村缺乏统一的污水收集和垃圾收集系统，生活垃圾和人畜排泄物往往在村庄空地无序堆放，在暴雨径流的作用下，垃圾堆放地及人畜排泄物堆放点的污染物，尤其是微生物、大肠杆菌等致病生物随径流进入河流或地下水，造成饮用水源水质恶化。

在对农村生活习惯的调查中发现，农村生活污水未经任何处理，直接排入村庄周边的水渠或直接泼洒至村庄附近空地。这种生活习惯造成村庄附近土壤富集大量营养物质，在降雨径流的作用下，增大了河流污染风险，且污水直排直接影响河流局部水质状况。

2. 样品采集与分析

1）采样点布设

根据实验需要，在试验流域沿程从上游至下游共布设 5 个采样点，在降雨前后分别采样 1 次，每个采样点采集水样 2 个，平行样分析。

2）样品采集与分析

（1）备置便携式冰箱、塑料瓶、标签纸等；
（2）需用河水清洗塑料瓶两次后再采水样，水样采集 200 mL；
（3）将采好的水样放置在冰箱中，带回实验室；
（4）将水样放置暗处备用，温度控制在 4℃；
（5）采集回来的样品尽量在同一天内分析；
（6）将样品放置暗处，水温恢复至室温，待测；
（7）运行 Cary Eclipase VARIAN 荧光光度计的 scan 软件，测定样品。

3. 三维荧光示踪技术的应用

1）降雨前水体荧光示踪结果

从监测样品的 EEM 图（图 7.5.17）中，可以十分清晰地看出，试验流域中除 4 号样品荧光值较高外，其他样品在激发波长 E_x 200～600 nm、发射波长 E_m 200～600 nm 未观察到荧光物质。对照图 7.5.17，4 号水样中存在的主要荧光团有机物为类蛋白物质，这表明该采样点受人类影响较大，有人类生活污水的排入。根据对现场的调查，那金河流经东升乡居民居住点，居民生活污水存在直接排入河流的现象。

胡敏酸和富里酸代表自然界可溶性有机物，主要存在于土壤中。根据对降雨前那金河小流域水样分析结果，在降雨前那金河小流域来自自然界的溶解性有机物较少，相反，

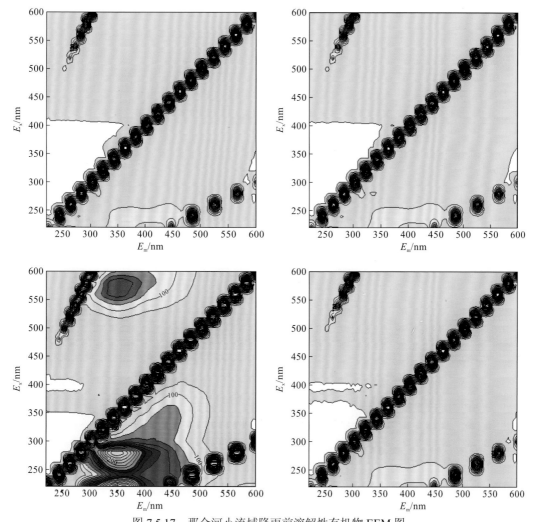

图 7.5.17 那金河小流域降雨前溶解性有机物 EEM 图

在河流与乡镇居民聚居点较近的河段，因受人为影响，这一河段类蛋白物质浓度显著高于其他河段。

2）降雨后水体荧光示踪结果

从监测样品的 EEM 图（图 7.5.18）中，可以十分清晰地看出，流域中主要存在的荧光物质为富里酸和胡敏酸，同时存在一定的类蛋白物质。但类蛋白物质的荧光强度远小于富里酸和胡敏酸，这表明，受降雨的影响来自自然界的溶解性有机物含量升高。因胡敏酸和富里酸主要存在于土壤中，因此可以进一步推断降雨引起的水土流失是造成降雨后水体中富里酸和胡敏酸荧光强度升高的主要原因。

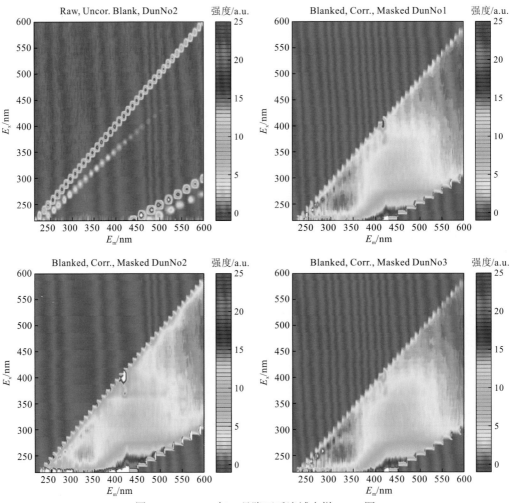

图 7.5.18 2010 年 8 月降雨后流域水样 EEM 图

参考文献

曹亚澄, 孙国庆, 施书莲, 1993. 土壤中不含氮组成份的 $\delta^{15}N$ 质谱测定法[J]. 土壤通报, 24(2): 87-90.

曹小群, 宋君强, 张卫民, 等, 2010. 对流-扩散方程源项识别反问题的 MCMC 方法[J]. 水动力学研究与进展, A 辑, 25(2): 127-136.

常绍舜, 2011. 从经典系统论到现代系统论[J]. 系统科学学报, 19(3): 1-4.

陈长杰, 马晓微, 魏一鸣, 等, 2004. 基于可持续发展的中国经济-资源系统协调性分析[J]. 系统工程, 22(3): 34-39.

邓义祥, 雷坤, 富国, 2011. 长江口及毗邻海域陆源污染物入海总量分配研究及政策建议[C]//2011 中国环境科学学会学术年会论文集(第一卷): 355-360.

邓义祥, 孟伟, 郑丙辉, 等, 2009. 基于响应场的线性规划方法在长江口总量分配计算中的应用[J]. 环境科学研究, 22(9): 995-1000.

丁国庆, 吉同元, 徐亮, 等, 2018. 基于层次分析法与模糊综合评判法的高桩码头技术状态研究[J]. 港工技术, 55(6): 100-103, 107.

冯安住, 2012. 半无限区域上常系数对流扩散方程的解析解[J]. 邵阳学院学报(自然科学版), 9(1): 19-22.

郭文, 官春芬, 蒋海涛, 2013. 长江中下游重点城市入河排污口设置优化探讨[J]. 人民长江, 44(4): 73-76.

郭颖杰, 2003. 城市生活垃圾处理系统生命周期评价[D]. 人连: 人连理工大学.

韩龙喜, 李伟, 2007. 多污染源随机排污的水质影响分析方法及其应用[J]. 水利学报, 38(8): 986-990.

韩龙喜, 朱党生, 蒋莉华, 2002. 中小型河道纳污能力计算方法研究[J]. 河海大学学报, 30(1): 35-38.

焦鹏程, 1992. 兰州市傍河水源地环境同位素和水化学研究[J]. 中国地质科学院水文地质工程地质研究所所刊(8): 78-85.

李迎喜, 王孟, 2011. 三峡库区水资源保护规划的编制思路[J]. 人民长江, 42(2): 48-50, 63.

廖重斌, 1999. 环境与经济协调发展的定量评判及其分类体系: 以珠江三角洲城市群为例[J]. 热带地理, 19(2): 171-177.

刘姝, 孔繁翔, 蔡元锋, 等, 2012. 巢湖四条入湖河流硝态氮污染来源的氮稳定同位素解析[J]. 湖泊科学, 26(2): 276-284.

刘万勋, 于琳琳, 张丽华, 等, 2020. 基于 AHP 和多级模糊综合评判的电网发展水平评估[J]. 智慧电力, 48(5): 80-85.

马萍, 2018. 基于文献计量层次分析法的研究综述[J]. 经济研究导刊(32): 6-8.

孟庆松, 韩文秀, 2000. 复合系统协调度模型研究[J]. 天津大学学报, 33(4): 444-446.

闵涛, 毕妍妍, 2012. 稳态对流-扩散方程参数反演的变分有限元法[J]. 水动力学研究与进展, A 辑, 27(3): 239-247.

闵涛, 刘相国, 张海燕, 等, 2007. 二维稳态对流-扩散方程参数反演的迭代算法[J]. 水动力学研究与进展, A 辑, 22(6): 745-752.

闵涛, 周孝德, 张世梅, 等, 2004. 对流-扩散方程源项识别反问题的遗传算法[J]. 水动力学研究与进展, A 辑, 19(4): 520-524.

裴中平, 杨芳, 辛小康, 等, 2017. 入河排污口设置论证技术与实例[M]. 武汉: 长江出版社.

彭飞翔, 韩滨, 吴时强, 等, 2000. 长江常熟段排污口布置方案数值模拟论证研究[J]. 环境科学导刊, 19(s1): 73-79.

邵益生, 纪杉, 1992. 应用氮同位素方法研究污灌对地下水氮污染的影响[J]. 工程勘察(4): 37-41.

沈虹, 张万顺, 彭红, 等, 2011. 汉江中下游非点源磷负荷对水质的影响[J]. 武汉大学学报(工学版), 44(1): 26-31.

孙立成, 2009. 区域食物-能源-经济-环境-人口(FEEEP)系统协调发展研究[D]. 南京: 南京航空航天大学.

汤铃, 李建平, 余乐安, 等, 2010. 基于距离协调度模型的系统协调发展定量评价方法[J]. 系统工程理论与实践, 30(4): 594-602.

屠姗姗, 2012. 象山港排污口优化设置研究[D]. 大连: 大连理工大学.

万珊珊, 郝莹, 2009. PBIL 进化算法求解排污口布局优化问题的研究[J]. 计算机工程与应用, 45(15): 237-240.

汪亮, 张刚, 解建仓, 等, 2012. 基于多因素的排污口优化布设模型及其动态实现[J]. 沈阳农业大学学报, 43(3): 374-377.

王琳, 王悦, 吴春笃, 等, 2009. 基于 GIS 的化工区突发水污染事故污染源识别系统的构建研究[J]. 环境科技, 22(6): 57-60.

王烨, 逢勇, 李一平, 等, 2015. 基于控制断面水质达标的允许排放量研究[J]. 水电能源科学, 33(7): 48-50.

王烨, 潘俊, 王志新, 等, 2008. 浑河沈阳段污水排放口最优规划研究[J]. 环境科学与管理, 33(9): 68-70.

王泽文, 邱淑芳, 2008. 一类流域点污染源识别的稳定性与数值模拟[J]. 水动力学研究与进展, A 辑, 23(4): 364-371.

王泽文, 徐定华, 2006. 流域点污染源识别的唯一性与计算方法[J]. 宁夏大学学报(自然科学版), 27(2): 124-129.

邬剑宇, 2018. 安吉县西苕溪流域小微水体污染源解析及生态修复模式研究[D]. 杭州: 浙江大学.

吴跃明, 郎东锋, 张子珩, 等, 1996. 环境-经济系统协调度模型及其指标体系[J]. 中国人口·资源与环境(2): 51-54.

吴自库, 范海梅, 陈秀荣, 2008. 对流-扩散方程逆过程反问题的伴随同化研究[J]. 水动力学研究与进展,

A 辑, 23(2): 121-125.

辛小康, 肖洋, 朱晓丹, 等, 2009. 基于 DGA 的 BP 神经网络及其在一维河网模拟中的应用[J]. 水利水电科技进展, 29(3): 9-13.

薛光璞, 王春, 1997. 饮用水事故污染源的确定[J]. 环境监测管理与技术, 9(6): 20-22.

杨芳, 裴中平, 周琴, 2018. 长江经济带沿江排污口布局与整治规划研究[J]. 三峡生态环境监测, 3(2): 21-26.

杨雪, 张琳, 2018. 层次分析法在护理管理领域的应用进展[J].中国卫生产业, 15(16): 193-194.

杨隆丽, 马利民, 邓燕婷, 2017. 董铺水库及其流出河流丰水期的污染源解析[J]. 广东化工, 44(2): 3, 4-5.

杨中华, 周武刚, 白凤朋, 等, 2018. 基于伴随同化法的一维河流水质模型参数反演[J]. 应用基础与工程科学学报, 26(2): 276-284.

殷凤兰, 李功胜, 贾现正, 2011. 一个多点源扩散方程的源强识别反问题[J]. 山东理工大学学报(自然科学版), 25(2): 1-5.

尹炜, 李建, 辛小康, 2019. 基于系统协调度的入河排污布设分区理论及应用[J]. 人民长江, 50(7): 54-58.

于晓燕, 宋宇辰, 魏光普, 等, 2020. 基于层次分析和模糊综合评判的尾矿库植物群落评价[J]. 稀土, 41(5): 70-79.

曾珍香, 顾培亮, 2000. 可持续发展的系统分析与评价[M]. 北京: 科学出版社.

曾珍香, 顾培亮, 张闽, 2000. DEA 方法在可持续发展评价中的应用[J]. 系统工程理论与实践, 20(8): 114-118.

张守平, 2013. 金沙江攀枝花江段入河排污口优化布设方法研究[J]. 吉林水利(9): 17-23.

张守平, 辛小康, 2013. MIKE21 模型在企业污水处理厂入河排污口布设中的应用[J]. 水电能源科学, 31(9): 101-104.

张晓平, 2003. 模糊综合评判理论与应用研究进展[J]. 山东建筑工程学院学报(4): 90-94.

周琴, 肖昌虎, 黄站峰, 等, 2018. 长江经济带取排水口和应急水源布局规划研究[J]. 人民长江, 49(5): 1-5.

朱嵩, 刘国华, 王立忠, 等, 2009. 水动力-水质耦合模型污染源识别的贝叶斯方法[J]. 四川大学学报(工程科学版), 41(5): 30-35.

ALAPATI S, KANG S, SUH Y K, 2009. Parallel computation of two-phase flow in a microchannel using the lattice Boltzmann method[J]. Journal of Mechanical Science and Technology, 23(9): 2492-2501.

BOANO F, REVELI R, RIDOLFI L, 2005. Source identification in river pollution problems: A geostatistical approach[J]. Water Resources Research, 41(7): 23-30.

CHENG W P, JIA Y F, 2010. Identification of contaminant point source in surface waters based on backward location probability density function method[J]. Advances in Water Resources, 33(4): 397-410.

HOLLAND J H, 1975. Adaption in natural and artificial systems[M]. Ann Arbor: University of Michigan Press.

KABALA Z J, EL-SAYEGH H K, 2002. Transient flowmeter test: semi-analytic crossflow model[J]. Advances in Water Resources, 25(1): 103-121.

KATOPODES N D, PIASECKI M, 1996. Site and optimization of contaminant sources in surface water system[J]. Journal of Environmental Engineering, 122: 917-923.

KREITLER C W, 1975. Determining the source of nitrate in ground water by nitrogen isotope studies. Report of Investigations No.83. Bureau of Economic Geology, Univ. Texas, Austin, Texas.

KUMAR A, JAISWAL D K, KUMAR N, 2010. Analytical solutions to one-dimensional advection-diffusion equation with variable coefficients in semi-infinite media[J]. Journal of Hydrology, 380(3): 330-337.

LI J, FENG Z P, TSUKAMOTO H, 2004. Hydrodynamic optimization design of low solidity vaned diffuser for a centrifugal pump using Genetic Algorithm[J]. Journal of Hydrodynamics, Ser.B, 16(2): 186-193.

MENGIS M, SCHIF S L, HARRIS M, 1999. Multiple geochemical and isotopic approaches for assessing ground water NO_3^- elimination in a riparian zone[J]. Ground Water, 37(3): 448-457.

NEUPAUER R M, WILSON J L, 2004. Numerical implementation of a backward probabilistic model of ground water contamination[J]. Ground Water, 42(4): 175-189.

RAJ M S, BITHIN D, 2006. Identification of groundwater pollution sources using GA-based linked simulation optimization model[J]. Journal of Hydrologic engineering (11): 101-109.

ROBIN W, KLOOT B, 2001. Locating Escherichia coli contamination in a rural South Carolina watershed[J]. Journal of Environmental Management, 83(4): 402-408.

ROSEANNA M, NEUPAUER J L W, 2004. Numerical implementation of a backward probabilistic model of ground water contamination[J]. Groundwater, 42(2): 175-188.

SIMMONS G, HOPE V, LEWIS G, et al., 2006. Contamination of potable roof-collected rainwater in Auckland, New Zealand[J]. Water Research, 35(6): 1518-1524.

SRINIVAS M, PATNAIK L M, 1994. Adaptive probabilities of crossover and mutation in genetic algorithm[J]. IEEE Trans on Systems, Man and Cybernetics, 24(4): 656-667.

TANG H W, XIN X K, DAI W H, et al., 2010. Parameter identification for modeling river network using a Genetic Algorithm [J]. Journal of Hydrodynamics, Ser. B, 22(2): 246-253.

WIGGINS B A, CASH P W, CREAMER W S, et al., 2003. Use of antibiotic resistance analysis for representativeness testing of multiwatershed libraries[J]. Applied and Environmental Microbiology, 69(6): 3399-3405.

YU H, FAN Z, DU H D, 2013. The optimal retrieval of ocean color constituent concentrations based on the variational method[J]. Journal of Hydrodynamics, Ser.B, 25(1): 62-71.

ZHANG G L, LIU X X, ZHANG T, 2009. The impact of population size on the performance of GA[J]. Proceeding of 2009 International Conference on Machine Learning and Cybernetics: 1866-1870.